全国高等职业教育示范专业规划教材

模具设计与制造专业

模 具 数 控 加 工

主　编　吕国伟

副主编　陈叶娣　王　霆

参　编　钱子龙　沈栋梁　陈　林

主　审　张金标

机 械 工 业 出 版 社

本书以典型零件的数控加工为主线，深入浅出地讲解了模具零件的数控车削加工、模具零件的数控铣削加工、模具零件的CAM加工和模具零件的线切割加工的相关知识。本书结构新颖，打破了传统的学科知识体系，采用项目形式组织内容，并且在每个模块后安排了相应的训练项目，以便于学生对本模块知识进行巩固和补充练习。

本书可作为高职高专及成人院校模具类专业的机械制造基础教材，也可供从事模具数控加工技术研究和应用的工程技术人员参考使用。

图书在版编目（CIP）数据

模具数控加工/吕国伟主编．—北京：机械工业出版社，2012.2（2015.1重印）
全国高等职业教育示范专业规划教材．模具设计与制造专业
ISBN 978-7-111-37116-8

Ⅰ.①模…　Ⅱ.①吕…　Ⅲ.①模具-数控机床-加工-高等职业教育-教材　Ⅳ.①TG76

中国版本图书馆CIP数据核字（2012）第006930号

机械工业出版社（北京市百万庄大街22号　邮政编码100037）
策划编辑：于奇慧　责任编辑：于奇慧　王丹凤
版式设计：霍永明　责任校对：李锦莉
封面设计：鞠　杨　责任印制：刘　岚
北京京丰印刷厂印刷
2015年1月第1版·第2次印刷
184mm×260mm·12.5印张·354千字
3 001—5 000册
标准书号：ISBN 978-7-111-37116-8
定价：27.00元

凡购本书，如有缺页、倒页、脱页，由本社发行部调换

电话服务
社服务中心：(010) 88361066
销售一部：(010) 68326294
销售二部：(010) 88379649
读者购书热线：(010) 88379203

网络服务
门户网：http://www.cmpbook.com
教材网：http://www.cmpedu.com
封面无防伪标均为盗版

前言

为培养适合社会需要的高素质技能型应用人才，编者以模具设计与制造专业塑料成型与模具技术方向为试点，以常州机电职业技术学院江苏省重点教改课题“重构高职模具设计与制造专业教学体系的研究与实践”为依托，开展高职课程模式改革。改革依据职业岗位（群）工作任务体系，结合模具行业现状及其发展趋势，紧密跟踪现代模具设计与制造技术的发展方向，打破传统的课程体系，从岗位工作任务分析着手，通过课程分析、知识和能力分析，构建了“以工作任务为中心，以项目课程为主体”的高职模具设计与制造专业课程体系，课程内容充分体现理论与实践的结合，充分体现知识与技能的综合，素质拓展贯穿全程。

本书是基于高职模具设计与制造专业整体教学改革框架开发的。全书以模具零件在数控加工领域的应用为主线分为模具零件的数控车削加工、模具零件的数控铣削加工、模具零件的CAM加工和模具零件的线切割加工四个项目；每个项目又按典型模具零件的类型分成若干个模块，按照由易到难的顺序递进；每个模块又以工作任务为中心，以工作化学习内容为焦点，以相关的理论知识为背景，将模具数控加工的相关知识深入浅出地传递给学生，使学生能边学边做，更加深刻地理解相关知识。

本书由常州机电职业技术学院吕国伟任主编，陈叶娣和王霆任副主编，张金标任主审。参加编写的还有常州机电职业技术学院钱子龙和常州明杰模具有限公司沈栋梁、陈林。具体编写分工为：陈叶娣负责编写项目一，吕国伟负责编写项目二，王霆负责编写项目三，钱子龙、沈栋梁、陈林负责编写项目四。全书由吕国伟、张金标统稿、审稿和定稿。

常州机电职业技术学院校企合作单位常州明杰模具有限公司、常州展翔模具厂、常州博赢模具有限公司的工程师们为本书提供了大量的素材，并提出了许多宝贵意见，在此一并致以衷心的感谢！

由于作者水平有限，加之时间仓促，书中欠妥之处在所难免，恳请读者批评指正。

本书配套有电子课件（含部分视频）、电子教案及学习案例，凡选用本书作为教材的教师可登录机械工业出版社教育服务网 www.cmpedu.com，注册后免费下载。咨询邮箱：cmpgaozhi@sina.com。咨询电话：010－88379375。

编　者

目　录

项目一　模具零件的数控车削加工

一、项目教学目标

1. 会制订各种轴类模具零件的数控加工工艺。
2. 会正确选择数控车床、刀具和夹具。
3. 会确定切削用量。
4. 会确定加工顺序及进给路线。
5. 会用 FANUC-0i 数控系统的指令编制各种轴类模具零件的数控加工程序。

二、项目工作任务

完成模块一至三中各种轴类模具零件的数控工艺编制及程序编制。

模块一　阶梯轴类模具零件的加工

一、教学目标

1. 会制订阶梯轴类模具零件的数控加工工艺。
2. 了解数控车床的结构，会正确选择数控车床。
3. 会正确选择数控车床夹具并确定零件的装夹方案。
4. 会合理选用车刀。
5. 会确定加工顺序及进给路线。
6. 会确定切削用量。
7. 会用 FANUC-0i 数控系统的 G00 ~ G03、G40/G41/G42、G90/G91、G71、G70 等指令编程。
8. 会用 FANUC-0i 数控系统的 S、F、M、D 等指令编程。
9. 会编制阶梯轴类模具零件的数控加工程序。

二、工作任务

1. 零件图样（图 1-1）
2. 生产纲领
加工 1 件凸模。

三、工作化学习内容

（一）编制凸模的数控加工工艺

1. 分析零件工艺性能

该凸模是阶梯形轴类零件，且形状简单。

加工内容：车削端面和三段轴，其尺寸分别为 ϕ38mm × 6mm、ϕ32mm × 19mm、ϕ28.2mm × 25mm；倒圆 R1mm、R0.5mm；切断。

加工精度：ϕ32mm 尺寸公差为 0.016mm，公差等级为 IT6，ϕ28.2mm 尺寸公差为 0.02mm，

公差等级为 IT7；$\phi28.2$mm 与 $\phi32$mm 轴段有同轴度公差要求；各轴段表面与 $\phi38$mm 台阶面表面粗糙度值均为 $Ra3.2\mu m$，其他表面粗糙度值为 $Ra6.3\mu m$。

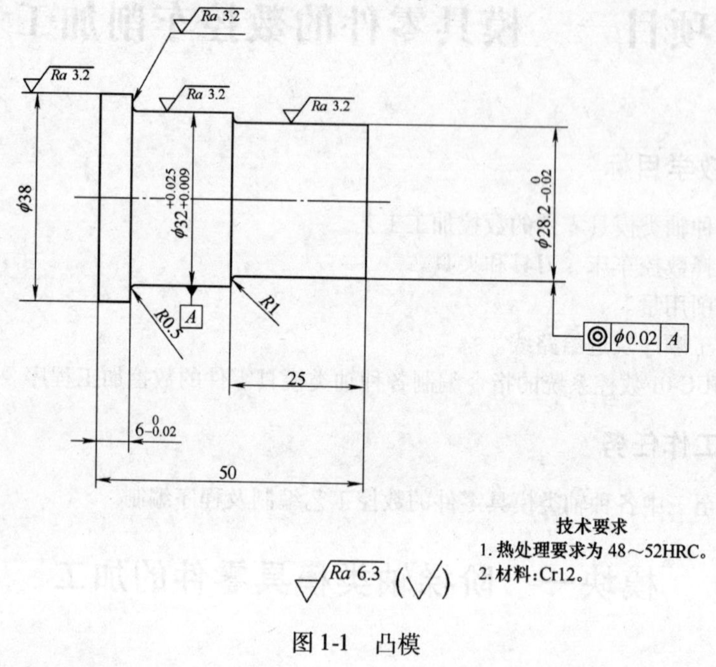

图 1-1 凸模

2. 选用毛坯或明确来料状况

凸模的最大外形尺寸为 $\phi38$mm × 50mm，考虑车削左、右端面和留装夹长度 30mm 以及给车削轮廓留够加工余量，选用毛坯尺寸为 $\phi45$mm × 90mm 的 Cr12。

3. 选用数控机床

此凸模是典型的轴类零件，需要两轴联动数控车床成形，零件不大，加工所需刀具不多，综合上述原因，利用现有生产设备，选用 KDCK-20A 数控车床。

4. 确定装夹方案

零件形状简单，原材料长度也足够，直接将工件装夹在卡盘上即可，这里假设工件伸出卡盘的长度为 60mm。

5. 确定加工方案及加工顺序

根据零件形状及加工精度要求，一次装夹完成所有加工内容。加工顺序为：车端面→从右端到左端粗车外圆→从右端到左端精车外圆→切断。

6. 选择刀具

粗车选用"装 CN 型刀片的 93°偏头仿形车刀 CNMG120408"，刀尖圆弧半径 $r_\varepsilon = 0.8$mm。

精车选用"装 CN 型刀片的 93°偏头仿形车刀 CNMG120404"，刀尖圆弧半径 $r = 0.4$mm；主、副偏角都不会发生碰撞工件的现象。

7. 确定切削用量

粗车：背吃刀量 $a_p = 1$mm，进给量 $f = 0.15$mm/r，切削速度 $v_c = 100$m/min，主轴转速 $n = 600$r/min。

精车：背吃刀量 $a_p = 0.5$mm，进给量 $f = 0.1$mm/r，切削速度 $v_c = 120$m/min，主轴转速 $n = 1200$r/min。

8. 填写工艺文件

根据上述分析与计算，填写数控加工工艺卡片（表 1-1）。

表 1-1　数控加工工艺卡片

<table>
<tr><td rowspan="2">单位名称</td><td rowspan="2">××学院</td><td colspan="2">零件名称</td><td colspan="2">零件材料</td><td colspan="2">零件图号</td></tr>
<tr><td colspan="2">凸模</td><td colspan="2">Cr12</td><td colspan="2"></td></tr>
<tr><td>工序号</td><td>程序编号</td><td colspan="2">夹具名称</td><td colspan="2">使用设备</td><td colspan="2">车间</td></tr>
<tr><td></td><td>O1/ O2</td><td colspan="2">卡盘</td><td colspan="2">数控车床</td><td colspan="2">模具实训基地</td></tr>
<tr><td>工步号</td><td>工步内容</td><td>刀具号</td><td>刀具规格</td><td>主轴转速 /r · min⁻¹</td><td>切削速度 /m · min⁻¹</td><td>背吃刀量 /mm</td><td>备注</td></tr>
<tr><td>1</td><td>车端面</td><td>T01</td><td>93°偏头仿形车刀</td><td>600</td><td>100</td><td>1</td><td></td></tr>
<tr><td>2</td><td>粗车外轮廓，留精加工余量 0.2mm</td><td>T01</td><td>93°偏头仿形车刀</td><td>600</td><td>100</td><td>1</td><td></td></tr>
<tr><td>3</td><td>精车外轮廓至图样要求</td><td>T02</td><td>93°偏头仿形车刀</td><td>1200</td><td>120</td><td>0.5</td><td></td></tr>
<tr><td>编制</td><td>审核</td><td>批准</td><td></td><td colspan="2">年　月　日</td><td>共　页</td><td>第　页</td></tr>
</table>

（二）编制凸模零件的数控加工程序

1. 建立工件坐标系

对于卧式车床，编程时，工件原点通常设在工件的左端面中心，对刀比较方便。为此，加工如图 1-1 所示阶梯轴时，数控车削程序的工件坐标系原点选在工件左端面回转中心上，如图 1-2 所示。

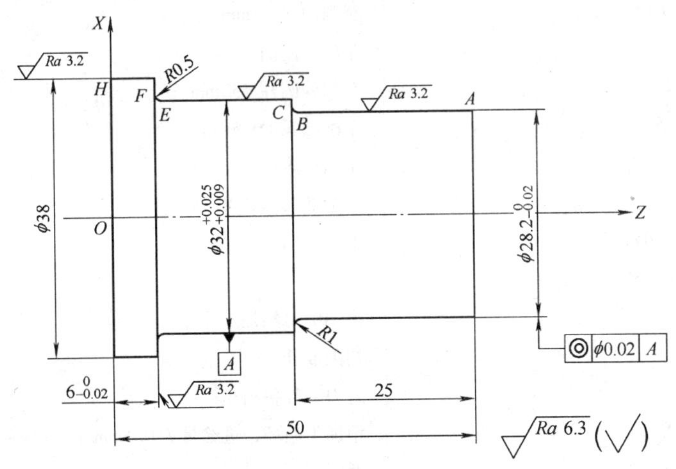

图 1-2　工件坐标系

2. 编程方案及走刀路径

为提高编程效率，减轻编程人员的负担，采用内径/外径粗车复合循环指令 G71 和轮廓精加工复合指令 G70 编程，走刀顺序详见本模块“相关的理论知识”部分。子程序编程节点顺序为 $A \rightarrow B \rightarrow C \rightarrow D \rightarrow E \rightarrow F \rightarrow G \rightarrow H$。

3. 计算编程尺寸

编程所需的节点坐标见表 1-2。

表 1-2 基 点 坐 标

基点序号	X 坐标值	Z 坐标值	基点序号	X 坐标值	Z 坐标值
A	28.2	50	E	32	6.5
B	28.2	26	F	33	6
C	30.2	25	G	38	6
D	32	25	H	38	0

4. 编制程序（表 1-3）

表 1-3 凸模零件主程序

主 程 序	注 释
O0001 ;	程序号
N10 G40 G97 G99 M03 S600;	起动主轴
N20 T0101;	选用 T01 号刀
N30 M08;	切削液开
N40 G00 X60 Z50;	进刀
N50 G01 X0 F0.15;	车端面
N60 G00 X50 Z50.5;	退刀至粗车循环起始点
N70 G71 U2 R1;	粗车循环，每刀背吃刀量为 2mm，退刀距离为 1mm
N80 G71 P90 Q160 U0.2 W0.2 F0.15;	留精车余量 X = 0.2mm，Z = 0.2mm，进给量为 0.15mm/r
N90 G00 X28.2;	进刀至粗加工形状起始点
N100 G01 Z26;	车削外圆柱 ϕ28.2mm
N110 G02 X30.2 Z25 R1;	车削圆弧 R1mm
N120 G01 X32;	车削台阶面
N130 Z6.5;	车削外圆柱 ϕ32mm
N140 G02 X33 Z6 R0.5;	车削圆弧 R0.5mm
N150 G01 X38;	车削台阶面
N160 Z0;	车削外圆柱 ϕ38mm
N170 G00 X150 Z150 M05;	退刀返回，主轴停
N180 G40 G97 G99 M03 S1200;	主轴开
N185 T0202;	换 T02 号精加工车刀
N190 M08;	切削液开
N200 G00 X50 Z50.5;	进刀，准备精车
N210 G70 P90 Q160 F0.1;	精加工循环，进给量为 0.1mm/r
N220 G00 X150 Z150 ;	返回
N230 M30;	程序结束

四、相关的理论知识

（一）数控车床的结构

数控车床就是装备了数控系统的车床或采用了数控技术的车床。它是将事先编好的加工程序输入到数控系统中，由数控系统通过伺服系统控制车床各运动部件的动作，加工出符合要求的各种回转体类零件的一类金属切削机床。

1. 数控车床的类型

(1) 按主轴布局方位分类　可分为卧式数控车床和立式数控车床两大类。卧式数控车床的主轴是水平放置，主要用来车削轴类、套类零件。立式数控车床的主轴是垂直放置，主要用来车削盘类零件。立式车床多数是工作台直径大于1000mm的大机床。另外，具有两根主轴的车床，称为双轴卧式数控车床或双轴立式数控车床。

(2) 按加工功能分类　可分为数控车床和车削中心两大类。车削中心是在数控车床功能的基础上增加了数控回转刀架或者刀具回转主轴，配有换刀机械手。工件经一次装夹后能完成车、铣、钻、铰、攻螺纹等多种工序。

(3) 按数控系统的功能分类

1) 全功能型数控车床。如配有FANUC-OTE、德国SINUMERIK-810T系统的数控车等。

2) 经济型数控车床。它是在普通车床基础上改造而来的，一般采用步进电动机驱动的开环控制系统，其控制部分通常采用单片机来实现。

2. 数控车床的组成及布局

(1) 数控车床的组成及规格参数　数控车床与普通车床相比较，其结构上仍然是由床身、主轴箱、刀架、进给传动系统、液压、冷却、润滑系统等部分组成。在数控车床上由于实现了计算机数字控制，伺服电动机驱动刀具作连续纵向和横向进给运动，所以数控车床的进给系统与普通车床的进给系统在结构上存在着本质上的差别。普通车床主轴的运动经过交换齿轮架、进给箱、溜板箱传到刀架，实现纵向和横向进给运动。而数控车床采用伺服电动机驱动，并经滚珠丝杠传到滑板和刀架，实现纵向（Z 向）和横向（X 向）进给运动。可见数控车床进给传动系统的结构大为简化。

数控车床的基本规格及功能与所选择的配置有直接关系，如图1-3所示。总的来说，有五个方面的内容，分述如下。

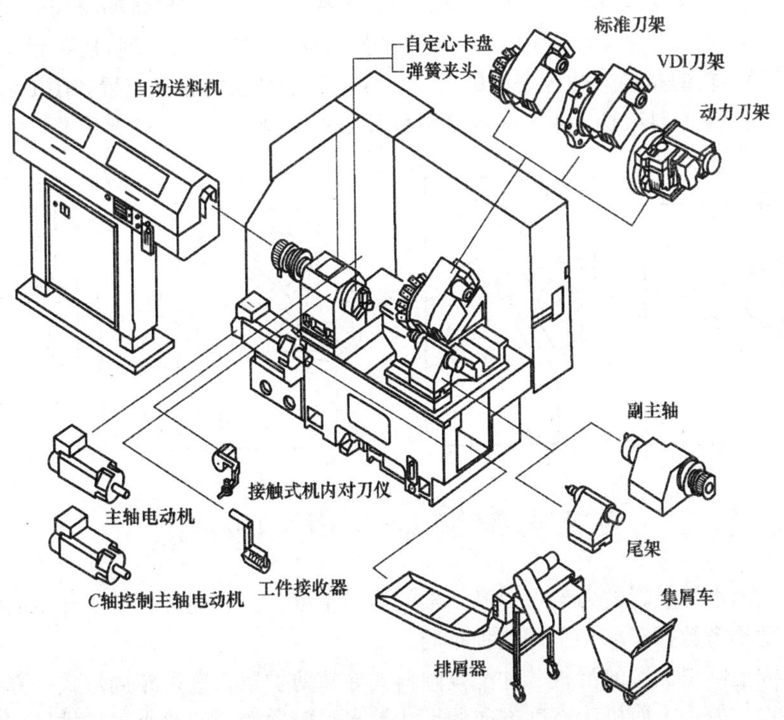

图1-3　数控车床的选择配置

1）尺寸规格。尺寸规格参数有工件最大回转直径、工件最大长度，它们限制了所能加工的工件大小。

2）成形能力。成形能力主要由进给联动坐标轴插补功能实现，即使工件成为要求的形状。不管是全功能型数控车床还是经济型数控车床，最少应有两轴联动功能，以实现刀具的进给插补运动，加工出曲面。一般只有一个回转刀架的数控车床都具有两轴联动功能。

数控车床加工时，如果刀杆能始终垂直于加工表面联动回转，保持车刀主偏角不变，则能防止干涉、扩大加工范围、大大改善切削性能，轮胎模具制造业很需要这种机床。

3）数控机床的精度指标。数控机床的精度指标包括几何精度、位置精度和切削精度三个方面。几何精度与普通车床的类似。位置精度主要有定位和重复定位精度两项指标。定位精度决定着被加工零件的坐标尺寸，重复定位精度决定着这些尺寸的稳定性。机床精度越高，加工出的零件精度越高，机床也越贵。

4）数控机床的负荷能力。负荷能力主要由主电动机的功率、进给电动机的转矩、机床尺寸规格大小等决定。

5）数控车床的辅助功能。辅助功能主要与自动化程度有关，如自动回转刀架、换刀机械手、集中润滑装置、冷却装置、自动排屑装置等。回转刀架有多少个工位数，就意味着能装多少把刀具，相当于刀库的容量。两轴联动数控车床多采用12工位，也有采用6工位、8工位（图1-4）、10工位回转刀架的。

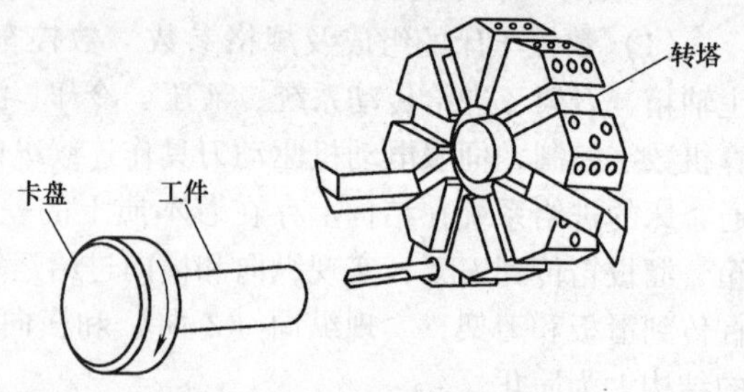

图1-4　八工位回转刀架

（2）数控车床的布局与特点　数控车床的主轴、尾座等部件相对床身的布局形式与普通车床基本一致。因为刀架和导轨的布局形式直接影响数控车床的使用性能及机床的结构和外观，所以数控车床刀架和导轨的布局形式发生了根本的变化。另外，数控车床上大都设有封闭的防护装置，有些还安装了自动排屑装置。

（3）床身和导轨的布局　数控车床的床身、导轨与水平面的相对位置如图1-5所示，有4种布局形式：水平床身，斜床身，水平床身斜滑板及立式床身。

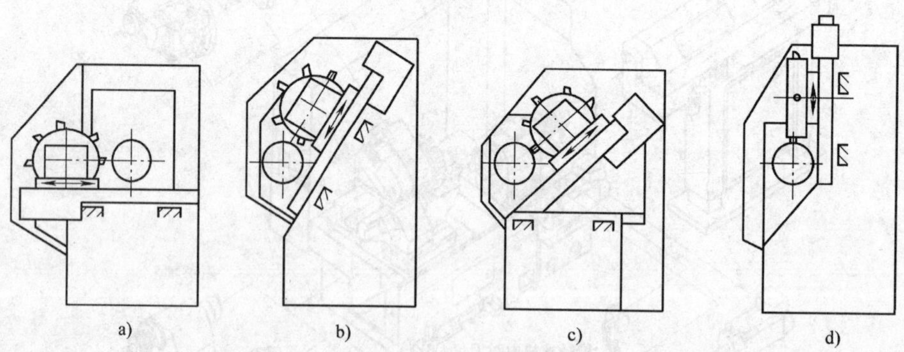

图1-5　卧式数控车床床身与导轨的布局形式

水平床身配上水平放置的刀架可提高刀架的运动精度，工艺性好，便于导轨面的加工，大型数控车床或小型精密数控车床多采用这种布局。

水平床身配上倾斜放置的滑板，并配置倾斜式导轨防护罩，这种布局形式一方面有水平床身工艺性好的特点，另一方面机床宽度方向的尺寸较水平配置滑板的要小，且排屑方便。

斜床身导轨倾斜的角度分别为30°、45°、60°、75°，当角度为90°时称为立式床身。中小规格的数控车床，床身的倾斜角度一般是60°。

（4）刀架的布局　根据刀架回转轴轴线与主轴的方位不同，刀架在机床上有两种布局形式：一种是适用于加工轴类和套类零件的刀架，其回转轴轴线与主轴平行。另一种是适用于加工盘类零件的刀架，其回转轴轴线与主轴垂直。根据回转刀架与主轴的方位不同，刀架在机床上也有两种布局形式：一种是刀架在主轴前，即前置式，也就是通常所说的右手车（图1-5a），另一种是刀架在主轴后，即后置式，也就是通常所说的左手车（图1-5b～d）。不管是前置式还是后置式，装在刀架上的镗刀都应能过工件中心，以便退刀，否则可能会造成无法镗孔的严重缺陷。

3. 数控机床的定位精度和重复定位精度

（1）定位精度　数控机床的定位精度，是指机床各运动部件在数控装置的控制下空载运动所能达到的位置准确程度。直线运动定位精度是指数控机床的移动部件沿某一坐标轴运动时实际值与给定值的接近程度，其误差称为直线运动定位误差。影响该误差的因素包括伺服、检测、进给等系统的误差，还包括移动部件导轨的几何误差等。直线运动定位误差将直接影响零件的加工精度。

（2）直线运动的重复定位精度　直线运动的重复定位精度是指在同一台数控机床上，应用相同程序、相同代码加工一批零件，所得结果的一致程度。直线运动重复定位精度受伺服系统特性、进给传动环节的间隙与刚性以及摩擦特性等因素的影响。一般情况下，重复定位精度是正态分布的偶然性误差，它影响一批零件加工的一致性，是反映轴运动精度稳定性的最基本指标。

（3）回转刀架的回转定位精度　回转刀架的回转定位精度是指回转刀架分度选刀后所能到达位置的准确程度。它直接影响机床上自动换刀的刀具尺寸，间接影响零件的加工精度。

4. 熟悉数控车床的主要加工对象

（1）表面形状复杂的回转体类零件　由于数控车床具有直线和圆弧插补功能，只要不发生干涉，可以车削由任意直线和曲线组成的复杂形状的零件。

（2）“口小肚大”的封闭内腔零件　图1-6所示的零件在普通车床上是无法加工的，而在数控车床上则可以加工出来。

（3）带特殊螺纹的零件　数控车床由于主轴旋转和刀具进给具有同步功能，所以能加工等导程和变导程的直、锥和端面螺纹，还能加工多线螺纹，但无同步功能的数控车床只能加工单线螺纹。螺纹加工是数控车床的一大优点，车削的螺纹表面光滑、精度高。

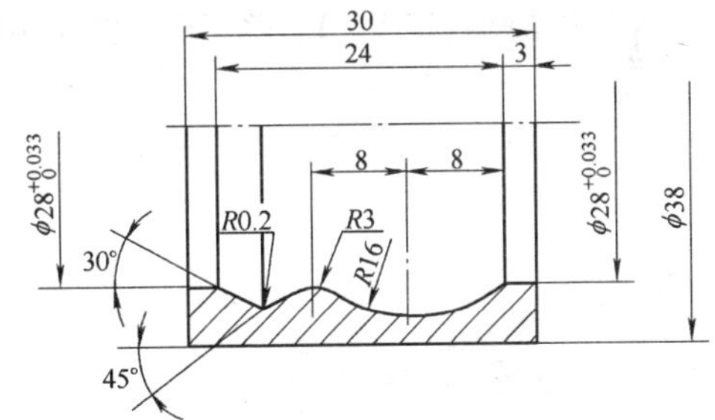

图1-6　“口小肚大”的封闭内腔零件

（4）精度要求高的零件　由于数控车床刚性好，制造和对刀精度高，以及能方便和精确地进行人工补偿和自动补偿，所以能加工尺寸精度要求较高的零件，在有些场合可以以车代磨。数控车削的刀具运动是通过高精度插补运算和伺服驱动来实现的，所以能加工对母线直线度、圆度、圆柱度等形状精度要求高的零件。工件一次装夹可完成多道工序的加工，提高了加工工件的位置精度。数控车床具有恒线速切削功能，能加工出表面粗糙度值小而均匀的零件。

（5）超精密、超低表面粗糙度值的磁盘零件、录像机磁头、激光打印机的多面反射体、复印机的回转鼓、照相机等光学设备的透镜等零件　要求超高轮廓精度和超低的表面粗糙度值的零件，适合于在高精度、高性能的数控车床上加工。数控车床超精加工的轮廓精度可达到0.1μm，表面粗糙度 *Ra* 值达0.02μm。超精加工所用数控系统的最小分辨率应达到0.01μm，这类机床对使用环境温度、湿度有严格限制。

当然数控车床能轻松地加工普通车床能加工的内容，如图 1-7 所示。

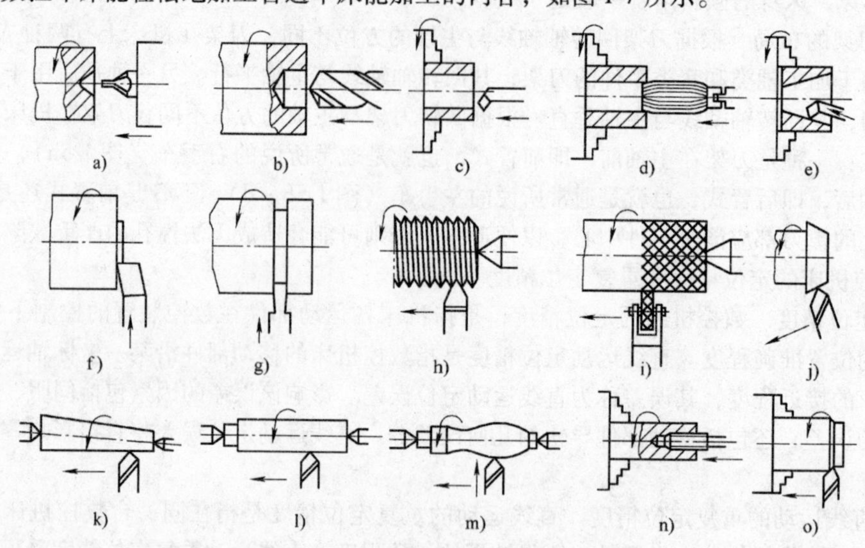

图 1-7　普通车床能加工的典型表面

a）顶中心孔　b）钻孔　c）镗孔　d）铰孔　e）镗锥孔　f）车端面　g）割槽　h）车外螺纹　i）滚花　j）车短锥面　k）车长锥面　l）车外圆　m）车曲面　n）车内螺纹　o）倒角

（二）数控车床坐标系

为了确定工件在数控机床中的位置，准确描述机床运动部件在某一时刻所在的位置以及运动的范围，就必须要给数控机床建立一个几何坐标系。目前，数控机床坐标轴的指定方法已标准化，我国执行的数控标准 GB/T 19660—2005《工业自动化系统与集成　机床数值控制　坐标系和运动命名》与国际标准 ISO 和 EIA 等效，即数控机床的坐标系采用右手笛卡儿直角坐标系。它规定直角坐标系中 X、Y、Z 三个直线坐标轴，围绕 X、Y、Z 各轴的旋转运动轴为 A、B、C 轴，用右手法则判定 X、Y、Z 三个直线坐标轴与 A、B、C 轴的关系及其正方向，如图 1-8、图 1-9 所示。

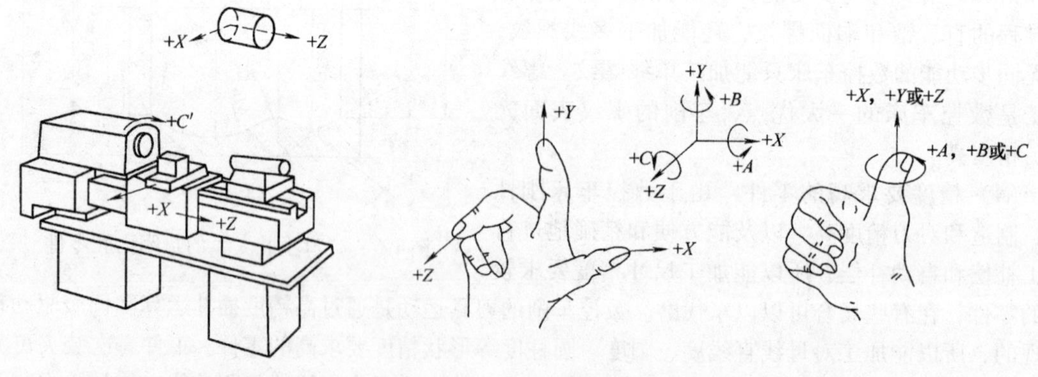

图 1-8　机床坐标系　　图 1-9　右手笛卡儿直角坐标系

如图 1-9 所示，图中大拇指的指向为 X 轴的正方向，食指指向为 Y 轴的正方向，中指的指向为 Z 轴的正方向。数控机床坐标轴的方向取决于机床的类型和各组成部分的布局，对数控车床而言：

Z 轴平行于主轴轴线，以刀架沿着离开工件的方向为 Z 轴正方向。

X 轴垂直于主轴轴线，以刀架沿着离开工件的方向为 X 轴正方向。

1. 机床参考点

机床坐标系是机床固有的坐标系，机床坐标系的原点称为机床原点或机床零点。为了正确地在机床工作时建立机床坐标系，通常在每个坐标轴的移动范围内设置一个机床参考点（测量起点），进行机动或手动回参考点，以建立机床坐标系。

机床参考点可以与机床零点重合，也可以不重合，通过参数指定机床参考点到机床零点的距离。机床回到了参考点位置，就建立起了机床坐标系。机床坐标轴的机械行程是由最大和最小限位开关来限定的。机床坐标轴的有效行程范围是由软件限位来确定的，由制造商定义机床原点（*OM*）、机床参考点（*R*）构成数控机床机械行程及有效行程，如图 1-10 所示。

2. 工件坐标系

编程坐标系又称为工件坐标系，是编程人员用来定义工件形状和刀具相对工件运动的坐标系。编程人员确定工件坐标系时，不必考虑工件毛坯在机床上的实际装夹位置。一般通过对刀获得工件坐标系。工件坐标系一旦建立便一直有效，直到被新的工件坐标系取代。

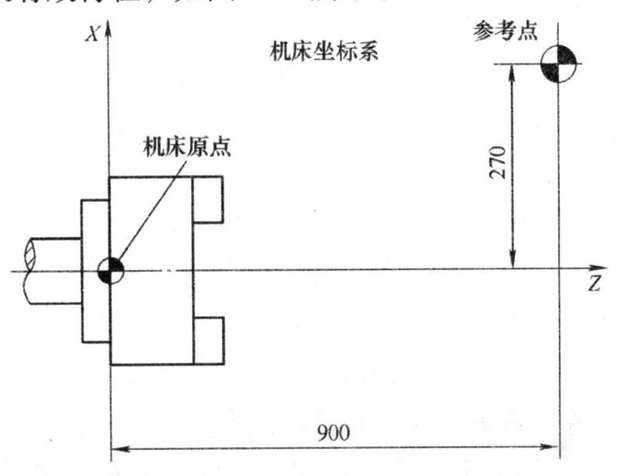

图 1-10　机床坐标系和参考点的关系

编程原点是根据加工零件图样及加工工艺要求选定的工件坐标系原点，又称为工件原点。编程原点的选择应尽量满足编程简单、尺寸换算少、引起的加工误差小等条件。一般情况下，编程原点应选在零件的设计基准或工艺基准上。对数控车床而言，工件坐标系原点一般选在工件轴线与工件的前端面、后端面、卡爪前端面的交点上，各轴的方向应该与使用的数控机床相应的坐标轴方向一致。

（三）工件的定位与装夹

1. 在自定心卡盘上装夹

如图 1-11 所示为自定心卡盘。这种方法装夹工件方便、省时，自动定心好，但夹紧力较小。

2. 用卡盘和顶尖一夹一顶工件

车削较长的工件时，要一端用卡盘夹住，另一端用后顶尖支承。为了防止工件由于切削力的作用而产生轴向位移，必须在卡盘内装一限位支承，或利用工件的台阶面限位（图 1-12），限制 5 个自由度。这种方法比较安全，能承受较大的轴向切削力，安装刚性好，轴向定位准确，所以应用比较广泛。工件较大时，也常用一夹一顶的装夹定位方式。

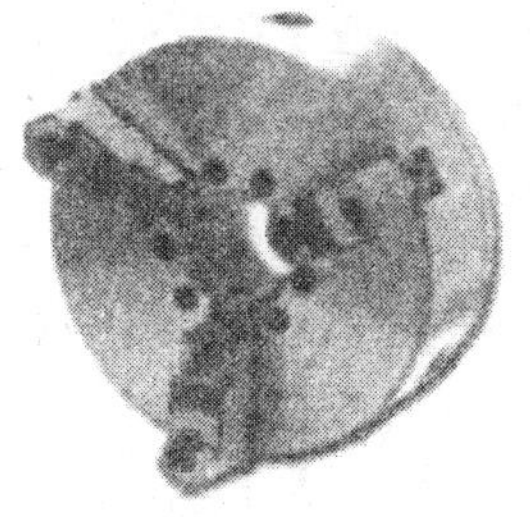
图 1-11　自定心卡盘

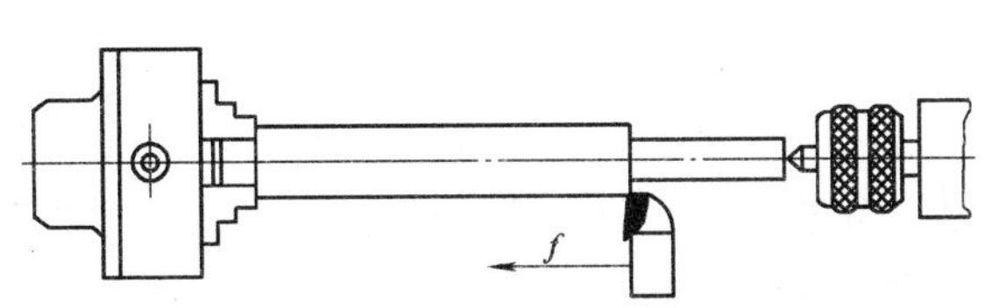

图 1-12　用工件台阶面定位

图 1-13 所示为回转顶尖，顶尖头部可以随工件转动，莫氏锥柄插在车床尾座锥孔内不动。图 1-14 所示为固定顶尖，整体结构不能转，使用时在中心孔内经常加注润滑脂，以减小摩擦。这两种顶尖属于后顶尖。

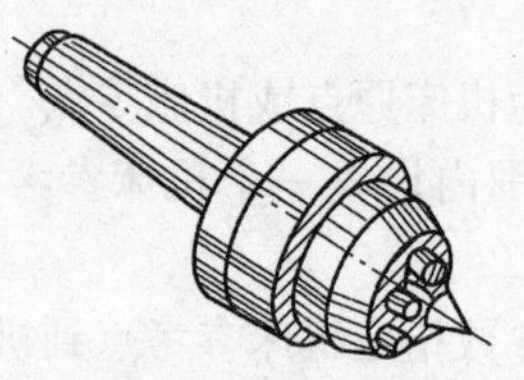

图 1-13　回转顶尖

图 1-14　固定顶尖

3. 在两顶尖之间装夹工件

对于长度尺寸较大或加工工序较多的工件，为保证加工精度，可用两顶尖装夹。两顶尖装夹工件方便，不需找正，装夹精度高，但必须先在工件的两端面钻出中心孔。该装夹方式符合基准统一、基准重合原则，适用于多工序加工或精加工。

（1）用两顶尖装夹工件的注意事项

1）前、后顶尖的连线应与车床主轴轴线同轴，否则车出的工件会产生锥度误差。

2）尾座套筒在不影响车刀切削的前提下，应尽量伸出得短些，以增加刚性，减少振动。

3）中心孔应形状正确，表面粗糙度值小。轴向精确定位时，中心孔倒角可加工成准确的圆弧形倒角，并以该圆弧形倒角与顶尖锥面的切线为轴向定位基准定位。

4）两顶尖与中心孔的配合应松紧合适。

（2）装夹　用前顶尖顶工件的一端，用后顶尖顶工件的另一端。一种前顶尖是插入主轴锥孔内的，如图 1-15a 所示。另一种是夹在卡盘上的，如图 1-15b 所示。前顶尖与主轴一起旋转，不与主轴中心孔产生摩擦。

工件安装时用对分夹头或鸡心夹头夹紧工件一端，拨杆伸向端面。两顶尖只对工件有定心和支承作用，必须通过对分夹头或鸡心夹头的拨杆带动工件旋转，如图 1-16 所示。这样装夹可限制工件的 5 个自由度。

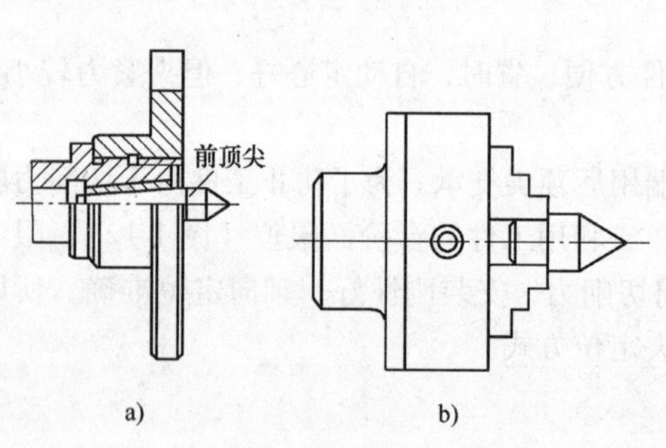

图 1-15　前顶尖

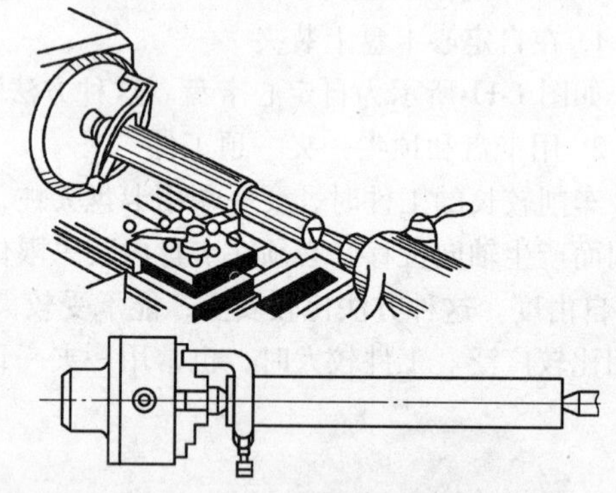

图 1-16　在两顶尖之间装夹工件

如果不用对分夹头或鸡心夹头带动工件旋转，可以采用内、外拨动顶尖，如图 1-17 所示，这样装夹还是限制工件的 5 个自由度。

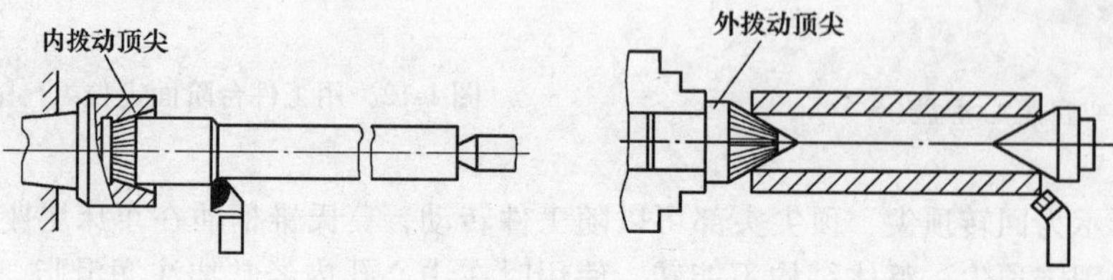

图 1-17　内、外拨动顶尖

（四）车刀的选择

刀具选择是数控加工工艺中最重要的内容之一，它不仅影响数控机床的加工效率，而且直接影响数控加工的质量。与普通机床加工相比，数控机床加工过程中对刀具的要求更高。不仅要求精度高、强度大、刚性好、寿命长，而且要求尺寸稳定、安装及调整方便。

车刀是应用最广的一种单刃刀具。车刀用于各种车床上，可加工外圆、内孔、端面、螺纹、车槽等。车刀按结构可分为整体车刀、焊接车刀、机夹车刀、可转位车刀和成形车刀。其中可转位车刀的应用日益广泛，在车刀中所占比例逐渐增加。

焊接式车刀就是在碳钢刀杆上按刀具几何角度的要求开出刀槽，用焊料将硬质合金刀片焊接在刀槽内，并按所选择的几何参数刃磨后使用的车刀。

机夹车刀是采用普通刀片、用机械夹固的方法将刀片夹持在刀杆上使用的车刀，如图 1-18 所示。此类刀具有如下特点。

1）刀片不经过高温焊接，避免了因焊接而引起的刀片硬度下降、产生裂纹等缺陷，提高了刀具寿命。

2）由于刀具寿命提高，使用时间较长，换刀时间缩短，提高了生产效率。

3）刀杆可重复使用，既节省了材料又提高了刀片的利用率；刀片由制造厂家回收再制，提高了经济效益，降低了刀具成本。

4）刀片重磨后，尺寸会逐渐变小，为了恢复刀片的工作位置，往往在车刀结构上设有刀片的调整机构，以增加刀片的重磨次数。

5）压紧刀片用的压板端部可以起断屑器作用。

目前机夹式刀具在数控车床上得到了广泛的应用，如图 1-18 所示。

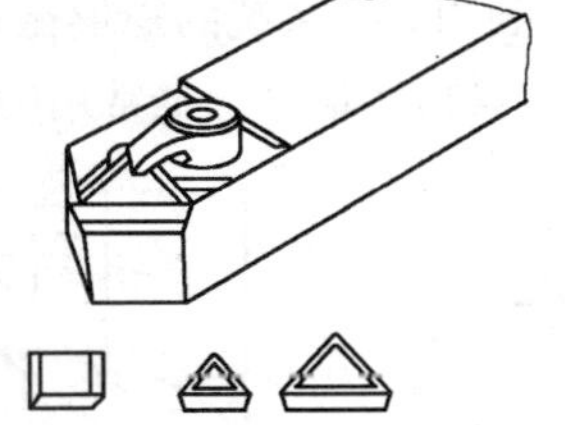

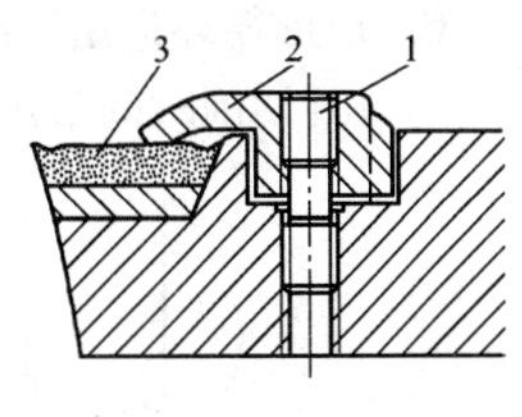

图 1-18　机夹可转位车刀

1—夹紧螺钉　2—夹紧块　3—刀片

选择机夹式刀具的关键是选择刀片，在选择刀片上要考虑以下几点。

1）工件材料的类别：钢铁材料、非铁金属、复合材料、非金属材料等。

2）工件材料的性能：包括硬度、强度、韧性和内部组织状态等。

3）切削工艺类别：粗加工、精加工、内孔加工、外圆加工等。

4）零件的几何形状、加工余量和加工精度。

5）要求刀片承受的切削用量。

6）零件的生产批量和生产条件。

（五）数控车削加工工艺

1. 工序的划分

数控车削加工工序的划分，可以按下列方式进行。

（1）以一次安装工件进行的加工为一道工序划分　将位置精度要求较高的表面加工安排在一次安装下完成，以免多次安装产生的安装误差影响位置精度。

（2）以粗、精加工划分工序　粗、精加工分开可以提高加工效率，对于容易发生加工变形的零件，更应将粗、精加工内容分开。

（3）以同一把刀具加工的内容划分工序　根据零件的结构特点，将加工内容分成若干部分，每一部分用一把典型刀具加工，这样可以减少换刀次数和空行程时间。

（4）以加工部位划分工序　根据零件的结构特点，将加工的部位分成几个部分，每一部分的加工内容作为一个工序。

2. 工序顺序的安排

(1) 基面先行　先加工定位基准面，减少后面工序的装夹误差。如轴类零件，先加工中心孔，再以中心孔为精基准加工外圆表面和端面。

(2) 先粗后精　先对各表面进行粗加工，然后再进行半精加工和精加工，逐步提高加工精度。

(3) 先近后远　离对刀点近的部位先加工，离对刀点远的部位后加工，以便缩短刀具移动的距离，减少空行程时间；同时有利于保持工件的刚性，改善切削条件。对于直径相差不大的阶梯轴，当第一刀的背吃刀量未超限时，应按 ϕ10mm→ϕ16mm→ϕ24mm 的顺序由近及远地进行车削。

(4) 内外交叉　先进行内、外表面的粗加工，后进行内、外表面的精加工。不能加工完内表面后，再加工外表面。

3. 进给路线的确定

进给路线是刀具在加工过程中相对于工件的运动轨迹，也称为走刀路线。它既包括切削加工的路线，又包括刀具切入、切出的空行程。进给路线不但包括了工步的内容，也反映出工步的顺序，是编写程序的依据之一。因此，以图形的方式表示进给路线，可为编程带来很大方便。

(1) 粗加工路线的确定

1) 矩形循环进给路线。利用数控系统的矩形循环功能，确定矩形循环进给路线，这种进给路线的刀具切削时间最短，刀具损耗最小，是常用的粗加工进给路线，如图 1-19a 所示。

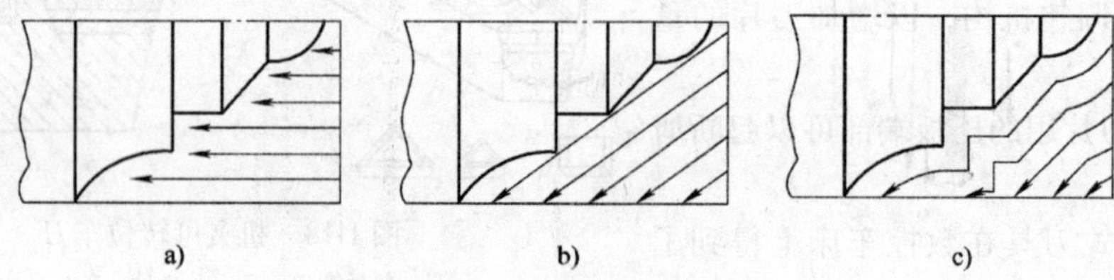

图 1-19　粗加工进给路线

a) 矩形循环进给路线　b) 三角形循环进给路线　c) 阶梯切削进给路线

2) 三角形循环进给路线。利用数控系统的三角形循环功能，确定三角形循环进给路线，这种进给路线的刀具总行程最长，一般只适用于单件小批量生产，如图 1-19b 所示。

3) 阶梯切削进给路线。当零件毛坯的切削余量较大时，可采用阶梯切削进给路线，如图 1-19c 所示。但在同样背吃刀量的条件下，其加工后剩余量过多，不宜采用，如图 1-20 所示。

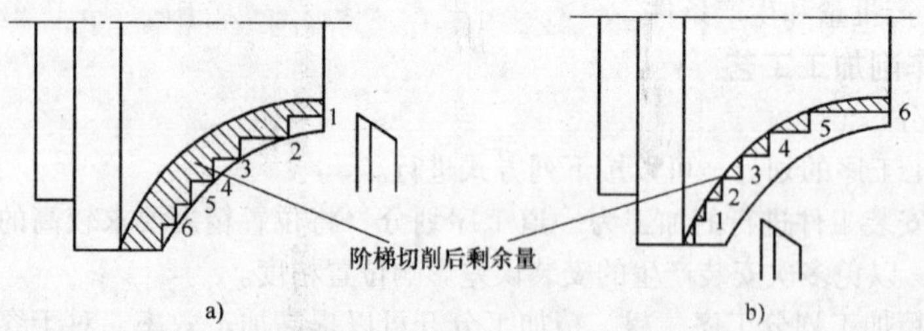

图 1-20　阶梯切削进给路线

a) 外轮廓的加工　b) 内轮廓的加工

(2) 精加工进给路线的确定　各部位精度要求一致的进给路线，在多刀进行精加工时，最后一刀要连续加工，并且要合理确定进、退刀位置。尽量不要在光滑连接的轮廓上安排切入和切出或换刀及停顿，以免因切削力变化造成弹性变形，产生表面划伤、形状突变或滞留刀痕的缺陷。

（六）车削参数的选择

1. 加工余量的选择

加工余量是指毛坯实际尺寸与零件图样尺寸之差。通常零件的加工要经过粗加工和精加工才能到达到图样要求，因此，零件总的加工余量应等于中间工序加工余量之和。在选择加工余量时，要考虑以下几个因素。

1）零件的大小不同，切削力、内应力引起的变形也不同，通常工件越大，变形也越大，所以工件的加工余量也相应地大一些。

2）零件在热处理后要发生变形，因此，这类零件要适当增大加工余量。

3）加工方法、装夹方式和工艺装备的刚性，也会引起零件的变形，所以也要考虑加工余量。

2. 切削用量的确定

切削用量主要包括主轴转速 n（切削速度 v_c），进给量 f（进给速度 v_f）和背吃刀量 a_p，如图 1-21 所示。切削用量的大小，直接影响机床的性能、刀具磨损、加工质量和生产效率。合理选择切削用量，对于充分发挥机床性能和切削性能，提高切削效率，降低加工成本具有重要意义。

（1）背吃刀量 a_p 的确定　背吃刀量的选择应根据加工余量确定。主要受机床、刀具和工件系统刚性的限制。在系统刚性允许的情况下，尽量选择较大的背吃刀量。粗加工时，在不影响加工精度的条件下，可使背吃刀量等于零件的加工余量，这样可以减少走刀次数。精加工 Ra 值为 0.32～1.25μm 时，背吃刀量可取 0.2～0.4mm。

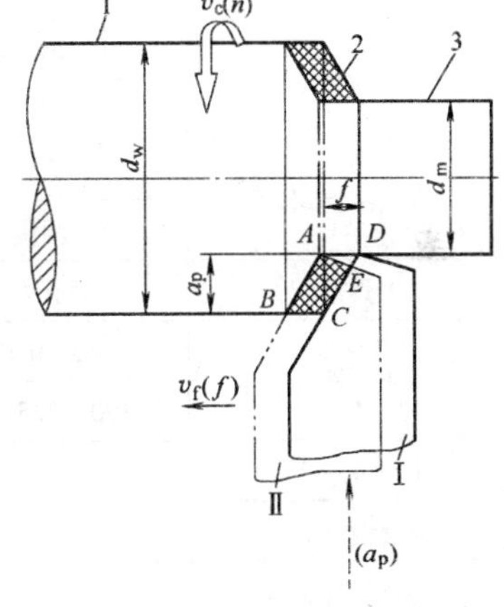

图 1-21　切削用量的表示

在工件毛坯加工余量很大或余量不均匀的情况下，粗加工要分几次进给，这时前几次进给的背吃刀量应取得大一些。

（2）主轴转速 n 的确定

1）光车时的主轴转速。主轴转速要根据机床和刀具允许的切削速度来确定，可以用计算法或查表法来选取。切削速度确定之后，可用下式计算主轴转速，即

$$n=\frac{1000v_c}{\pi D}$$

式中　n——主轴转速（r/min）；

v_c——切削速度（m/min）；

D——工件直径（mm）。

在确定主轴转速时，还应考虑以下几点：应尽量避开产生积屑瘤的速度区域；间断切削时，应适当降低转速；加工大件、细长工件和薄壁件时，应选择低转速；加工带外皮的工件时，应适当降低转速。

2）车螺纹时主轴的转速。在切削螺纹时，车床主轴的转速将受螺纹的螺距、电动机调速和螺纹插补运算等因素的影响，转速不能过高。通常按下式计算主轴的转速，即

$$n=\frac{1200}{P_h}-k$$

式中　n——主轴转速（r/min）；

P_h——螺纹的导程（mm）；

k——安全系数，一般取 80。

（3）进给量 f 的确定　进给量是指刀具沿进给方向相对于工件移动的距离，可用刀具或工件每转或每行程的位移量来表示，单位为 mm/r。

进给量要根据零件的加工精度、表面粗糙度、刀具和工件的材料来选择，它受机床刀具、工件系统刚性和进给驱动及控制系统的限制。

各切削参数的确定根据实际情况可查表 1-4 ~ 表 1-6。

表 1-4　硬质合金外圆车刀切削速度的参考值

工件材料	热处理状态	$a_p=0.3\sim2$mm $f=0.08\sim0.3$mm/r	$a_p=2\sim6$mm $f=0.3\sim0.6$mm/r	$a_p=6\sim10$mm $f=0.6\sim1$mm/r
		v_c/m · min^{-1}		
低碳钢、易切钢	热轧	140 ~ 180	100 ~ 120	70 ~ 90
中碳钢	热轧	130 ~ 160	90 ~ 110	60 ~ 80
	调质	100 ~ 130	70 ~ 90	50 ~ 70
合金结构钢	热轧	100 ~ 130	70 ~ 90	50 ~ 70
	调质	80 ~ 110	50 ~ 70	40 ~ 60
工具钢	退火	90 ~ 120	60 ~ 80	50 ~ 70
灰铸铁	<190HBW	90 ~ 120	60 ~ 80	50 ~ 70
	190 ~ 225HBW	80 ~ 110	50 ~ 70	40 ~ 60
高锰钢($w_{Mn}=13\%$)	—		10 ~ 20	—
铜及铜合金	—	200 ~ 250	120 ~ 180	90 ~ 120
铝及铝合金	—	300 ~ 600	200 ~ 400	150 ~ 200
铸铝合金($w_{Si}=13\%$)	—	100 ~ 180	80 ~ 150	60 ~ 100

表 1-5　按表面粗糙度选择进给量的参考值

工件材料	表面粗糙度 Ra/μm	切削速度 v_c/m · min^{-1}	刀尖圆弧半径 $r_\varepsilon$mm 0.5	1.0	2.0
			进给量 f/mm · r^{-1}		
铸铁、青铜、铝合金	>5 ~ 10	不限	0.25 ~ 0.40	0.40 ~ 0.50	0.50 ~ 0.60
	>2.5 ~ 5		0.15 ~ 0.25	0.25 ~ 0.40	0.40 ~ 0.60
	>1.25 ~ 2.5		0.10 ~ 0.15	0.15 ~ 0.20	0.20 ~ 0.35
碳钢及合金钢	>5 ~ 10	<50	0.30 ~ 0.50	0.45 ~ 0.60	0.55 ~ 0.70
		>50	0.40 ~ 0.55	0.55 ~ 0.65	0.65 ~ 0.70
	>2.5 ~ 5	<50	0.18 ~ 0.25	0.25 ~ 0.30	0.30 ~ 0.40
		>50	0.25 ~ 0.30	0.30 ~ 0.35	0.30 ~ 0.50
	>1.25 ~ 2.5	<50	0.10	0.11 ~ 0.15	0.15 ~ 0.22
		50 ~ 100	0.11 ~ 0.16	0.16 ~ 0.25	0.25 ~ 0.35

表 1-6　硬质合金车刀粗车外圆及端面的进给量

工件材料	车刀刀杆尺寸 $\frac{B}{mm}\times\frac{H}{mm}$	工件直径 d_w/mm	背吃刀量 a_p/mm				
			≤3	>3~5	>5~8	>8~12	>12
			进给量 f/mm·r^{-1}				
碳素结构钢、合金结构钢及耐热钢	16×25	20	0.3~0.4	—	—	—	—
		40	0.4~0.5	0.3~0.4	—	—	—
		60	0.5~0.7	0.4~0.6	0.3~0.5	—	—
		100	0.6~0.9	0.5~0.7	0.5~0.6	0.4~0.5	—
		400	0.8~1.2	0.7~1.0	0.6~0.8	0.5~0.6	—
	20×30 25×25	20	0.3~0.4	—	—	—	—
		40	0.4~0.5	0.3~0.4	—	—	—
		60	0.5~0.7	0.5~0.7	0.4~0.6	—	—
		100	0.8~1.0	0.7~0.9	0.5~0.7	0.4~0.7	—
		400	1.2~1.4	1.0~1.2	0.8~1.0	0.6~0.9	0.4~0.6
铸铁及铜合金	16×25	40	0.4~0.5	—	—	—	—
		60	0.5~0.8	0.5~0.8	0.4~0.6	—	—
		100	0.8~1.2	0.7~1.0	0.6~0.8	0.5~0.7	—
		400	1.0~1.4	1.0~1.2	0.8~1.0	0.6~0.8	—
	20×30 25×25	40	0.4~0.5	—	—	—	—
		60	0.5~0.9	0.5~0.8	0.4~0.7	—	—
		100	0.9~1.3	0.8~1.2	0.7~1.0	0.5~0.8	—
		400	1.2~1.8	1.2~1.6	1.0~1.3	0.9~1.1	0.7~0.9

注：1. 加工断续表面及有冲击的工件时，表内进给量应乘系数 k=0.75~0.85。

2. 在无外皮加工时，表内进给量系数应乘系数 k=1.1。

3. 加工耐热钢及合金结构钢时，进给量不应大于1mm/r。

4. 加工淬硬钢时，进给量应减小。当钢的硬度为44~56HRC时，乘系数 k=0.8；当钢的硬度为57~62HRC时，乘系数 k=0.5。

（七）程序结构

程序结构如图1-22所示。

1. 顺序号字N

顺序号又称程序段号或程序段序号。顺序号位于程序段之首，由顺序号字N和后续数字组成。顺序号字N是地址符，后续数字一般为1~4位的正整数。数控加工中的顺序号实际上是程序段的名称，与程序执行的先后次序无关。数控系统不是按顺序号的次序来执行程序，而是按照程序段编写时的排列顺序逐段执行。

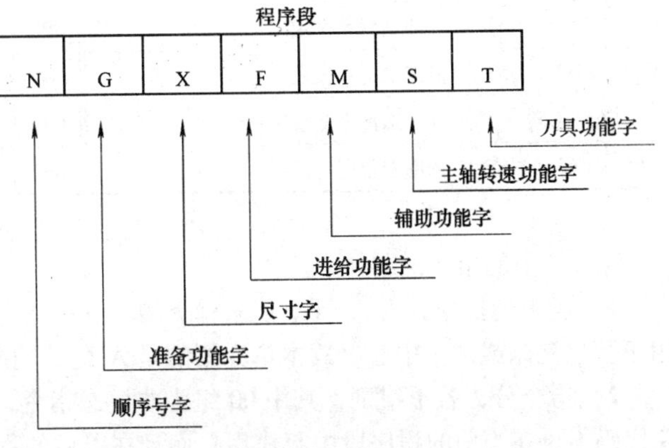

图1-22　程序结构

顺序号的作用：对程序的校对和检索修改；作为条件转向的目标，即作为转向目的程序段的名称。有顺序号的程序段可以进行复归操作，这是指加工可以从程序的中间开始，或回到程序中断处开始。

一般使用方法：编程时将第一程序段冠以 N10，以后以间隔 10 递增的方法设置顺序号，这样，在调试程序时，如果需要在 N10 和 N20 之间插入程序段时，就可以使用 N11、N12 等。

2. 准备功能字 G

准备功能用于指令机床各坐标轴运动。有两种代码，一种是模态代码，一旦指定将一直有效，直到被另一个模态代码取代。另一种为非模态代码，只在本程序段中有效。FANUC-0i 系统常用 G 代码见表 1-7。

表 1-7 FANUC-0i 系统常用 G 代码

G代码			功能	G代码			功能
A	B	C		A	B	C	
G00	G00	G00	*快速定位	G70	G70	G72	精加工循环
G01	G01	G01	直线插补	G71	G71	G73	外径/内径粗车复合循环
G02	G02	G02	顺时针圆弧插补	G72	G72	G74	端面粗车复合循环
G03	G03	G03	逆时针圆弧插补	G73	G73	G75	轮廓粗车复合循环
G04	G04	G04	暂停	G74	G74	G76	排屑钻端面孔（沟槽加工）
G10	G10	G10	可编程序数据输入	G75	G75	G77	外径/内径钻孔循环
G11	G11	G11	可编程序数据输入方式取消	G76	G76	G78	多线螺纹复合循环
G20	G20	G70	英制输入	G80	G80	G80	固定钻循环取消
G21	G21	G71	*米制输入	G83	G83	G83	钻孔循环
G27	G27	G27	返回参考点检查	G84	G84	G84	攻螺纹循环
G28	G28	G28	返回参考点位置	G85	G85	G85	正面镗循环
G32	G33	G33	螺纹切削	G87	G87	G87	侧钻循环
G34	G34	G34	变螺距螺纹切削	G88	G88	G88	侧攻螺纹循环
G36	G36	G36	自动刀具补偿 X	G89	G89	G89	侧镗循环
G37	G37	G37	自动刀具补偿 Z	G90	G77	G20	外径/内径自动车循环
G40	G40	G40	*取消刀具尖径补偿	G92	G78	G21	螺纹自动车削循环
G41	G41	G41	刀尖半径左补偿	G94	G79	G24	端面自动车削循环
G42	G42	G42	刀尖半径右补偿	G96	G96	G96	恒表面切削速度控制
G50	G92	G92	坐标系、主轴最大速度设定	G97	G97	G97	恒表面切削速度控制取消
G52	G52	G52	局部坐标系设定	G98	G94	G94	每分钟进给
G53	G53	G53	机床坐标系设定	G99	G95	G95	*每转进给
G54 ~ G59			选择工件坐标系 1 ~ 6	G90	G90	G90	绝对值编程
G65	G65	G65	调用宏程序	G91	G91	G91	增量值编程

表 1-7 中的指令说明如下。

1）表中的指令分为 A、B、C 三种类型，其中 A 类指令常用于 CNC 车床，B、C 两类指令常用于数控铣床或加工中心，故本章介绍的是 A 类 G 功能。

2）指令分为若干组别，其中 00 组为非模态指令，其他组别为模态指令。模态指令是指这些 G 代码不止在当前的程序段中起作用，而且在以后的程序段中一直起作用，直到有其他指令取代为止。非模态指令则是指某个指令只是在出现这个指令的程序段内有效。

3）同一组的指令能互相取代，后出现的指令取代前面的指令。因此，同一组的指令如果出现在同一程序段中，最后出现的指令才是有效指令。一般来讲，同一组的指令出现在同一程序段中是没有必要的。例如，程序段："G01 G00 X120 F100;" 则刀具将快速定位到 X 坐标为 120 的位置，而不是以 100mm/min 的进给速度走直线到 X 坐标为 120 的位置。

4）表中带"＊"号的功能是指数控机床开机上电或按了【RESET】键后，即处于这样的功能状态。这些预设的功能状态由系统内部的参数设定，一般都设定成表 1-7 的状态。

除了 FANUC 系统外，目前市场上应用较广的还有 SIEMENS（德国）、FAGOR（西班牙）、HEIDENHAIN（德国）、MITSUBISHI（日本）等公司生产的数控系统，这些数控系统在目前的市场中占据主导地位。我国生产的数控系统主要有 HNC（华中数控）、CASNUC（航天数控）等，这些数控系统也具有较高的性能。

3. 尺寸字

尺寸字用于确定机床上刀具运动终点的坐标位置。其中，第一组 X，Y，Z，U，V，W，P，Q，R 用于确定终点的直线坐标尺寸。第二组 A，B，C，D，E 用于确定终点的角度坐标尺寸。第三组 I，J，K 用于确定圆弧轮廓的圆心坐标尺寸。在一些数控系统中，还可以用 P 指令暂停时间、用 R 指令圆弧的半径等。

多数数控系统可以用准备功能字来选择坐标尺寸的制式，如 FANUC 诸系统可用 G21/G22 来选择米制单位或英制单位，也有些系统用系统参数来设定尺寸制式。采用米制时，一般单位为 mm，如 X100 指令的坐标单位为 100mm。当然，一些数控系统可通过参数来选择不同的尺寸单位。

4. 进给功能字 F

进给功能字的地址符是 F，又称为 F 功能或 F 指令，用于指定切削的进给速度。一般 F 后面的数据直接指定进给速度，但是速度的单位有两种，一种是单位时间内刀具移动的距离（mm/min），另一种是工件每旋转一圈刀具移动的距离（mm/r）。具体是何种单位，由 G98 和 G99 指令决定，前者指定 F 的单位为 mm/min，后者指定 F 的单位为 mm/r，两者都是模态指令，可以相互取代。如果某一程序没有指定 G98 或 G99 中的任何指令，则系统会默认一个，具体默认的是哪一个指令，由数控系统的参数决定，常用单位为 mm/min。F 指令在螺纹切削程序段中常用来指令螺纹的导程。

5. 主轴转速功能字 S

主轴转速功能字的地址符是 S，又称为 S 功能或 S 指令，用于指定主轴转速。S 后的数字即为主轴转速，单位为 r/min。例如，"M03 S1200;" 表示程序命令机床，使其主轴以 1200r/min 的转速转动。

在具有恒线速功能的机床上，S 功能指令还有如下作用。

（1）最高转速限制

1）格式：G50 S__;

S 后面的__（数字）表示的是最高转速（r/min）。

2）举例：例如，"G50 S3000;" 表示最高转速为 3000r/min。该指令能防止因主轴转速过高，离心力太大而产生危险及影响机床寿命。

（2）恒线速控制

1）格式：G96 S__;

S 后面的__（数字）表示的是恒定的线速度（m/min）。

2）举例：例如，"G96 S150;" 表示切削点线速度控制在 150 m/min。再如，计算如图 1-23 所示零件恒线速度时的转速，为保持 A、B、C 各点的线速度在 150 m/min，则各点在加工时的主

轴转速分别为

$$A \quad n = 1000v_c/\pi D = 1000 \times 150 \div (\pi \times 40)\,\text{r/min} = 1194\text{r/min}$$

$$B \quad n = 1000v_c/\pi D = 1000 \times 150 \div (\pi \times 50)\,\text{r/min} = 955\text{r/min}$$

$$C \quad n = 1000v_c/\pi D = 1000 \times 150 \div (\pi \times 70)\,\text{r/min} = 682\text{r/min}$$

（3）恒线速控制取消

1）格式：G97 S__；

S后面的__（数字）表示恒线速控制取消后的主轴转速，若S未指定，将保留G96的最终值。

2）举例：例如，“G97 S3000；”表示恒线速控制取消后主轴转速为3000r/min。

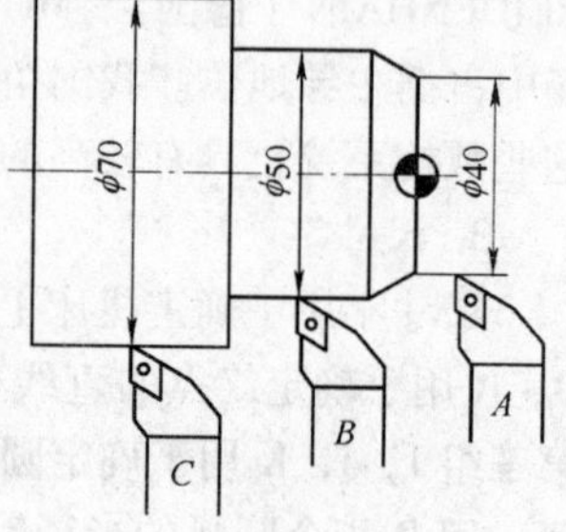

图1-23 恒线速度时的转速计算

6. 刀具功能字T

刀具功能也称T功能，数控车床上进行加工时，需尽可能采用工序集中的方法安排工艺。因此，往往在一次装夹下需要完成粗车、精车、车螺纹、切槽等多道工序。这时，需要对加工中用到的每一把刀分配一个刀具号（由刀具在刀座上的位置决定），通过程序来指定需要的刀具，机床就选择相应的刀具进行加工。

1）格式：T××××；

T后面接四位数字，前两位表示刀具号，后两位为补偿号。如果前两位数为00，表示不换刀；后两位数字为00，表示取消刀具补偿。

2）举例：例如，“T0414”表示换成4号刀，采用14号补偿；“T0005”表示不换刀，采用5号补偿；“T0100”表示换成1号刀，取消刀具补偿。一般来讲，用多少号刀，其补偿值就放在多少号补偿中。

什么是补偿呢？以最简单的四方刀架（图1-24）为例进行说明。

设刀架上装有两把刀，1号刀具刀位点在A处，当2号刀换刀至1号刀位置时，其刀位点处于B的位置，一般来讲，A、B两点的位置是不重合的。换刀后，刀架并没有移动（如果没有补偿），也就是说，此时数控系统显示的坐标没有发生变化，实际上也并不需要它发生变化。这时，需要将B点移到与A重合的位置，同时保持系统坐标不变。数控系统就是通过补偿来实现的，即事先将A、B两点间的坐标差ΔX、ΔZ测量出来，输入到数控系统中并存储起来，当2号刀换到1号刀的位置上后，数控系统发出指令，让刀架移动ΔX、ΔZ的距离，使B点和A点重合，同时保持系统的坐标数值不变。这种补偿称为刀具位置补偿。车床数控系统中，除了刀具位置补偿外，还有刀具半径补偿。这些补偿值由机床操作人员测量后输入到数控系统中存储起来，然后由数控程序在换刀时调用相应的补偿号即可。

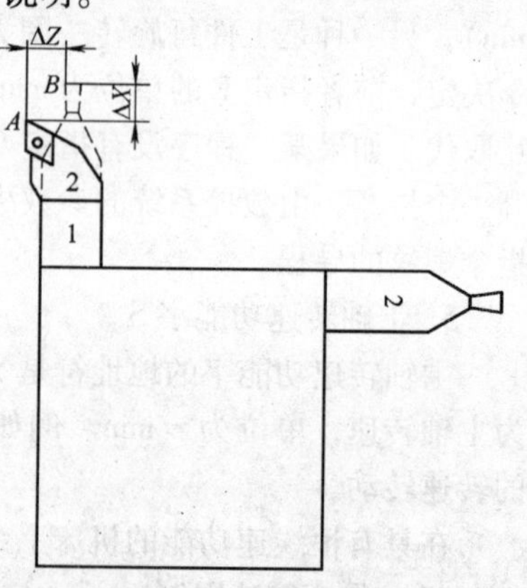

图1-24 刀具位置补偿示意图

当机床进行加工时，必须选择适当的刀具。每个刀具赋给一个编号，在程序中指定不同的编号时，就选择相应的刀具。T功能用于选择刀具号，其范围是T00～T99。机床换刀时要配合辅助功能M06使用。例如，要调用放在ATC的2号刀位刀具时，通过指令“M06 T02；”就可以调用该刀具。

7. 辅助功能字M

辅助功能字的地址符是 M，后续数字一般为 1～3 位正整数，又称为 M 功能或 M 指令，用于指定数控机床辅助装置的开关动作。

（1）M00 程序停止　数控程序中，当程序运行过程中执行到 M00 指令时，整个程序停止运行，主轴停止、切削液关闭；若要使程序往下执行，只需要按一下数控机床操作面板上的【循环启动（CYCLE START）】键即可。这一指令一般可用于程序调试、工件首件试切削时检查工件加工质量及精度等需要让主轴暂停的场合，也可用于经济型数控车床转换主轴转速时的暂停。

（2）M01 条件程序停止　M01 指令和 M00 指令类似，不同的是，M01 指令使程序停止执行是有条件的，它必须和数控机床操作面板上的【选择性停止】（OPT STOP）键一起使用。若该键按下，指示灯亮时，则执行到 M01 时，其功能与 M00 相同；若不按该键，指示灯不亮，则执行到 M01 时，程序也不会停止，而是继续往下执行。

（3）M02 程序结束　该指令往往用于一个程序的最后一个程序段，表示程序结束。此指令自动指定主轴停止、切削液关闭，程序指针（可以认为是光标）停留在程序的末尾，不会自动回到程序的开头。

一般情况下，一个程序段仅能指定一个 M 代码，有两个以上 M 代码时，最后一个 M 代码有效。

（4）M03 主轴正转　程序执行至 M03 指令时，主轴即正方向旋转（由尾座向主轴看时，逆时针方向旋转）。一般转塔式刀座，大多采用刀顶面朝下安装车刀，故用该指令。

（5）M04 主轴反转　程序执行至 M04 指令时，主轴即反方向旋转（由尾座向主轴看时，顺时针方向旋转）。

（6）M05 主轴停止　程序执行至 M05 指令时，主轴即停止，M05 指令一般用于以下一些情况。

1）程序结束前（常可省略，因为 M02 和 M30 指令都包含 M05）。

2）数控车床主轴换挡时，若数控车床主轴有高速挡和低速挡指令时，在换挡之前，必须使用 M05 指令，使主轴停止，以免损坏换挡机构。

3）主轴正、反转之间的转换，也必须使用 M05 指令，即使主轴停止后，再用转向指令进行转向，以免伺服电动机受损。

（7）M08 冷却开　程序执行至 M08 指令时，起动冷却泵，但必须配合执行操作面板上的【CLNT AUTO】键，使它的指示灯处于【ON】（灯亮）的状态，否则无效。

（8）M09 冷却关　M09 指令用于将切削液关闭，当程序运行至该指令时，冷却泵关闭，停止喷切削液。这一指令常可省略，因为 M02、M30 指令都具有停止冷却泵的功能。

（9）M30 程序结束并返回程序头　M30 指令功能与 M02 指令一样，也用于整个程序结束。它与 M02 指令的区别是，M30 指令使程序结束后，程序指针自动回到程序的开头，以方便下一程序的执行，其他方面的功能与 M02 一样。

（10）M98 调用子程序　程序运行至 M98 指令时，将跳转到该指令指定的子程序中执行。

格式：M98 P__ L__；

式中　P——指定子程序的程序号；

L——调用子程序的次数，如果只有一次，则可省略。

（11）M99 子程序结束返回/重复执行　M99 指令用于子程序结束，也就是子程序的最后一个程序段。当子程序运行至 M99 指令时，系统计算子程序的执行次数，如果没有达到主程序编程指定的次数，则程序指针回到子程序的开头继续执行子程序，如果达到主程序编程指定的次数，则返回主程序中 M98 指令的下一程序段继续执行。

M99 也可用于主程序的最后一个程序段，此时程序执行指针会跳转到主程序的第一个程序段继续执行，不会停止，也就是说程序会一直执行下去，除非按下【RESET】键，程序才会中断执行。

程序段是可作为一个单位来处理的、连续的字组，是数控加工程序中的一条语句。一个数控加工程序是由若干个程序段组成的。

程序段格式是指程序段中的字、字符和数据的安排形式。现在一般使用字地址可变程序段格式，每个字长不固定，各个程序段中的长度和功能字的个数都是可变的。地址可变程序段格式中，在上一程序段中写明的、本程序段里又不变化的那些字仍然有效，可以不再重写。这种功能字被称为续效字。

程序段格式举例如下。

N30 G01 X88.1 Y30.2 F500 S3000 T02 M08；

N40 X90；//本程序段省略了续效字“G01、Y30.2、F500、S3000、T02、M08”，但它们的功能仍然有效

在程序段中，必须明确组成程序段的各要素如下。

移动目标：终点坐标值 *X*、*Y*、*Z*；

沿怎样的轨迹移动：准备功能字 G；

进给速度：进给功能字 F；

切削速度：主轴转速功能字 S；

使用刀具：刀具功能字 T；

机床辅助动作：辅助功能字 M。

加工程序的一般格式如下。

```
O1000 ;                                      //程序名
N10 G00 G54 X50 Y30 M03 S3000 ;
N20 G01 X88.1 Y30.2 F500 T02 M08;
N30 X90;                                     //程序主体
…
N300 M30;                                    //结束指令
```

（八）相关编程指令

1. 工件坐标系的设定

在编程前，一般首先确定工件原点，在 FANUC 数控车床系统中，设定工件坐标系常用的指令是 G50。从理论上来讲，车削工件的工件原点可以设定在任何位置，但为了编程计算方便，编程原点常设定在工件的右端面或左端面与工件中心线的交点处。工件坐标系设定如图 1-25 所示。

格式：G50 X__ Z__；

X、Z 为当前刀尖（即刀位点）起始点相对于工件原点的 *X* 方向和 *Z* 方向坐标，X 值常用直径值来表示。如图 1-25 所示，假设刀尖点相对于工件原点的 *X* 向尺寸和 *Z* 向尺寸分别为 128.7mm（直径值）和 375.1mm，则此时坐标设定指令为

G50 X128.7 Z375.1；

执行上述程序段后，数控系统会将这两个值存储在位置寄存器中，并且显示在显示器上，这样就相当于在数控系统中建立了一个以工件原点为坐标

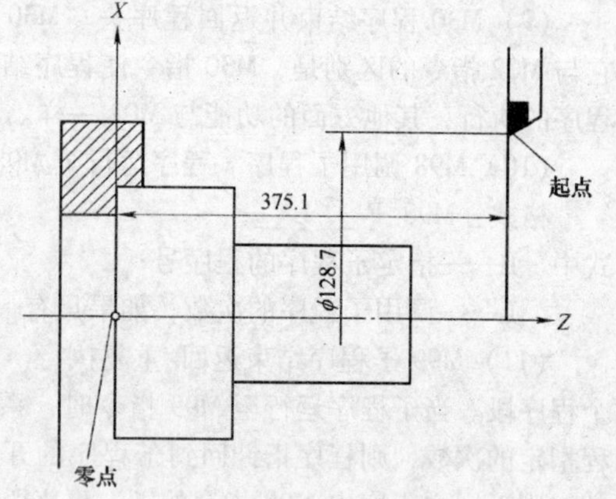

图 1-25　工件坐标系设定

原点的工件坐标系，也称为编程坐标系。

显然，如果当前刀具位置不同，所设定的工件坐标系也不同，即工件原点也不同。因此，数控机床操作人员在程序运行前，必须通过调整机床，将当前刀具移到确定的位置，这一过程就是对刀。对刀要求不一定十分精确，如果有误差，可通过调整刀具补偿值来达到精度要求。

2. G90、G91 绝对编程与增量编程指令

所谓绝对编程是指程序中每一点的坐标都从工件坐标系的坐标原点开始计算，而增量坐标是指后一点的坐标相对于前一点来计算，即后一点的绝对坐标值减去前一点的绝对坐标值得到的增量。相应地，用绝对坐标值或增量坐标值进行编程的方法分别称为绝对编程或增量编程。

数控车床的绝对编程与增量编程指令通常有两种形式。

（1）用 G90 和 G91 指定绝对编程与增量编程　这两个指令在 FANUC 系统 B、C 两类指令中用到，A 类指令中的 G90 另有用途。

格式：G90/G91；

式中　G90——指定绝对编程；

G91——指定增量编程。

（2）用尺寸字母区别绝对编程与增量编程　用这种方法指定绝对编程与增量编程时比较方便，如果尺寸字为 X、Z，则其后的坐标为绝对坐标，如果尺寸字为 U、W，则其后的坐标为增量坐标。

3. 刀具移动指令 G00、G01、G02、G03

（1）G00 快速点定位指令

1）格式：G00 X(U)__ Z(W)__；

式中　X(U)、Z(W)——移动终点，即目标点的坐标，X、Z 为绝对坐标，U、W 为增量坐标。

G00 刀具轨迹示意图如图 1-26 所示。

2）功能：G00 指令刀具以机床给定的较快速度从当前位置移动到 X(U)、Z(W)指定的位置。

3）说明：

①G00 指令命令刀具移动时，以点位控制方式快速移动到目标点，其速度由数控系统的参数给定，往往比加工时的速度快得多。

②G00 只是命令刀具快速移动，并无轨迹要求。在移动时，多数情况下运动轨迹为一条折线，刀具在 *X*、*Z* 两个方向上以同样的速度同时移动，距离较短的那个轴先走完，然后再走剩下的一段，如图 1-26 所示。使用 G00 命令刀具从 *A* 点走到 *B* 点，真正的走刀轨迹为 *A*→*C*→*B*，使用这一指令时一定要注意这一点，否则刀具和工件及夹具容易发生碰撞。

③G00 指令不能用于加工工件，只能用于将刀具从离工件较远的位置移到离工件较近的位置或从工件上移开。将刀具移近工件时，一般不能直接移到工件上，以免撞坏刀具，而是移到离工件表面 1～2mm 的位置，以便下一步加工。

4）举例：例如，写出如图 1-27 所示的走刀指令。

G90 G00 X40 Z56；//绝对指令或 G91 G00 U-60 W-30. 5；增量指令

（2）G01 直线插补指令

1）格式：G01 X(U)__ Z(W)__ F __；

式中　X(U)、Z(W)——加工目标点的坐标，X、Z 为绝对坐标，U、W 为增量坐标；

F——加工时的进给速度或进给量。

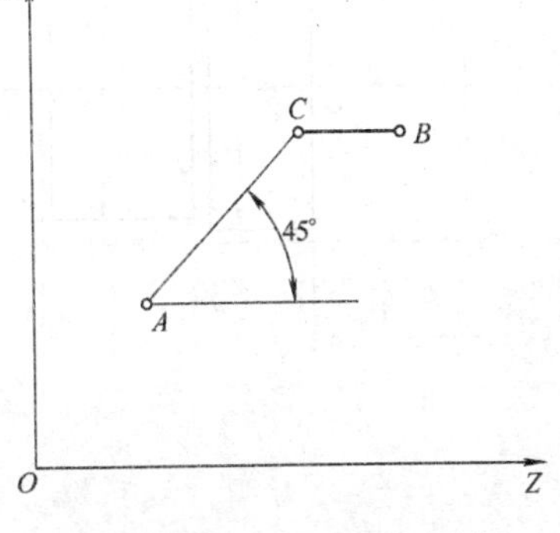

图 1-26　G00 刀具轨迹示意图

2）功能：指令刀具以程序给定的速度从当前位置沿直线加工到目标位置，X、Z 为绝对坐标，U、W 为增量坐标，以后不再说明。

3）说明：

①G01 指令用于零件轮廓形状为直线时的加工，进给速度、背吃刀量等切削参数由编程人员根据加工工艺给定。

②给定进给速度 F 的单位有两种，如前所述。

4）举例：例如，写出如图 1-28 所示的走刀指令。

G01 X40 Z20. 1 F20；//绝对指令或 G01 U20 W-25. 9 F20；增量指令

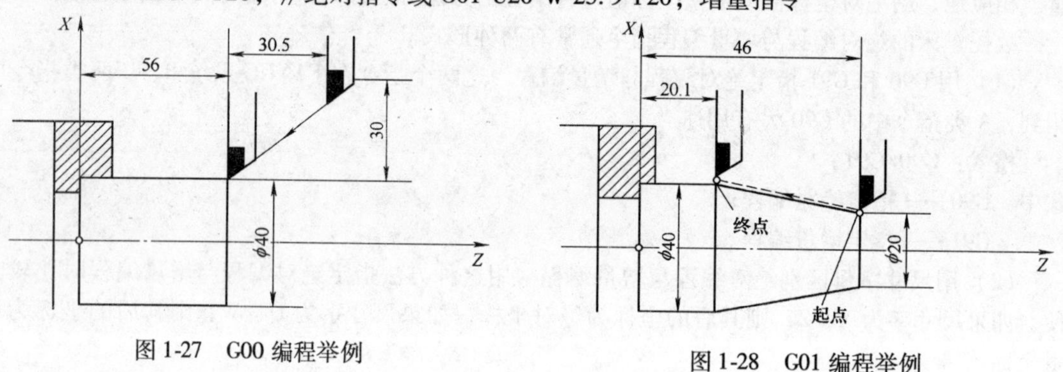

图 1-27　G00 编程举例　　图 1-28　G01 编程举例

G01 指令除了加工外圆之外，还可以进行切槽、倒角、加工锥度、车削内孔零件等，下面分别予以介绍。

①切槽。如图 1-29 所示零件有一道 3mm 宽的槽，则只需要在切断之前、外轮廓加工之后安排如下的程序，即可完成切槽加工。

```
G00 X62 Z20;     //进刀
G01 X50  F50;    //切槽
G04 P200;        //暂停
G00 X62;         //退刀
```

②倒角。车削如图 1-30 所示一倒角，刀具从 $A \to B \to C$ 进行加工，B 点距离端面 2mm，C 点距离外圆柱面 1mm（单边），则 B（26，32），C（36，27），倒角程序如下：

G00 X26 Z32；//A 至 B

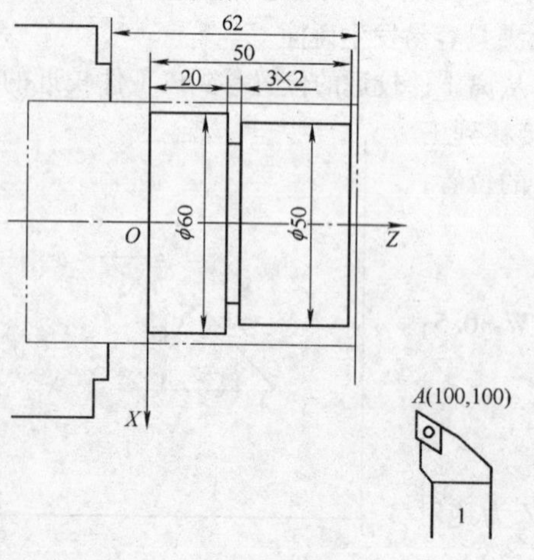

图 1-29　切槽

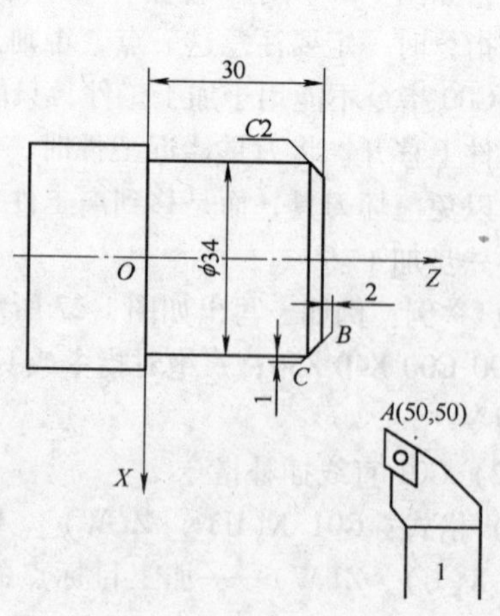

图 1-30　加工倒角

G01　X36　Z27；//B 至 C

G00　X50　Z50；//C 至 A

③锥度切削。锥度切削需进行一定量的计算，过程并不复杂，只需用初等几何知识即可算出。计算如图 1-31 所示的锥度零件，计算过程如下。

锥度大端直径为 40mm，小端直径为 20mm，两者之差为 20mm，单边为 10mm。分两次车削完成，每次单边 5mm。起始切削位置 B、E 距离端面 2mm，切削结束位置距离外圆柱面 1mm。根据三角形关系，可计算出 DB = 6.5mm，BE = 5.5mm，DC = 13mm，CF = 11mm。进一步计算出各点坐标 B（29，22），C（42，9），D（42，22），E（18，22），F（42，－2），这里 X 值均为直径量。程序如下：

```
G00  X29 Z22;          //A 至 B
G01  X42 Z9 F200;      //B 至 C
G00  Z22;              //C 至 D
X18;                   //D 至 E
G01  X42 Z-2;          //E 至 F
G00  X50 Z50;          //F 至 A
```

④内孔车削。如图 1-32 所示工件，给定材料外径为 ϕ36mm，内径为 ϕ20mm，编写车削内孔 ϕ24mm 的程序。

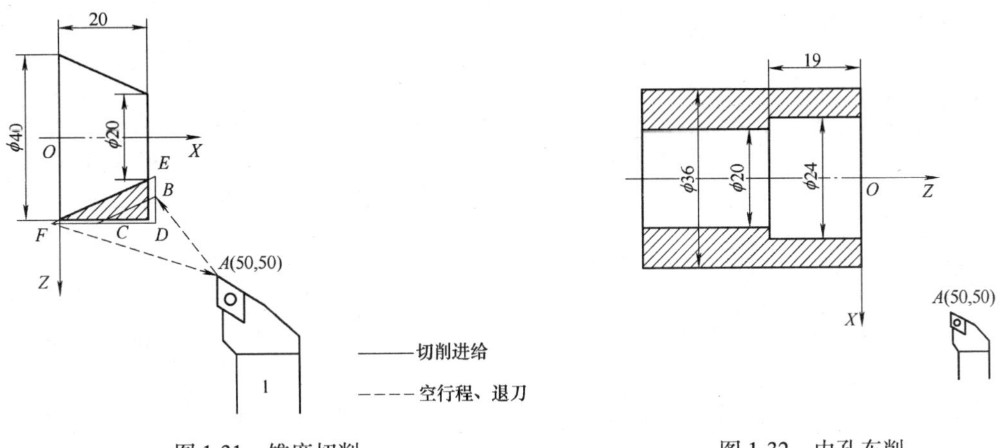

图 1-31　锥度切削　　　　图 1-32　内孔车削

选用镗孔刀进行车削，由于加工余量只有 4mm，故一刀车削完成，零件编程坐标系如图 1-32 所示，程序如下：

```
G00  X24 Z2;
G01  Z-19;
G00  X20 Z3;
X50  Z50;
```

（3）G02/G03 圆弧插补指令

1）格式：G02/G03　X(U)__　Z(W)__　I__　K__　F__；或 G02/G03　X(U)__　Z(W)__　R__　F__；

式中　X(U)、Z(W)——圆弧终点的坐标值，增量编程时，坐标为圆弧终点相对圆弧起点的坐标增量；

I、K——圆心相对于圆弧起点的坐标增量，I 为 X 方向的增量，K 为 Z 方向的增量；

R——圆弧半径；

F——进给速度或进给量。

2）说明：

①G02 为顺时针方向的圆弧插补，G03 为逆时针方向的圆弧插补，所谓顺时针或逆时针，可按下面的方法来判别。

一般数控车床的圆弧，都是 *OXZ* 坐标面内的圆弧。判断是顺时针方向圆弧还是逆时针方向的圆弧插补，应从与该坐标平面构成笛卡儿坐标系的 *Y* 轴的正方向沿负方向看，如果圆弧起点到终点为顺时针方向，这样的圆弧加工时用 G02 指令。反之，如果圆弧起点到终点为逆时针方向，则用 G03 指令。图 1-33a 为前刀座数控车床中的圆弧，图 1-33b 为后刀座数控车床的圆弧。

②圆弧插补有两种编程方式，一种是用 I 和 K 来表示圆心位置，另一种是用 R 来表示圆弧半径。

用 I 和 K 表示圆心位置时，是指圆心相对于圆弧起点的坐标增量，即圆心绝对坐标与圆弧起点的绝对坐标之差，与绝对编程和增量编程无关，其中，I 值与 X 值一样，也有直径编程和半径编程的区别，一般用直径编程，如图 1-34 所示。

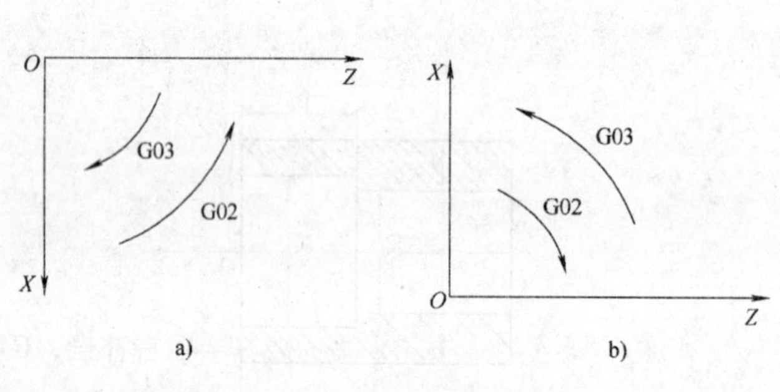

图 1-33　圆弧方向的判别

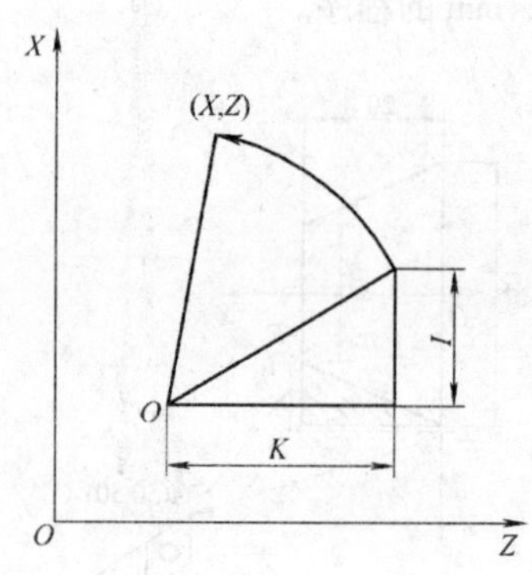

图 1-34　圆心位置的表示

3）举例：例如，写出如图 1-35 所示图形的走刀指令。

G02 X50 Z30 R25 F0.3；或 G02 U20 W－20 R25 F0.3；

对数控车床来讲，用 R 来表示圆弧半径的编程方法比较简单，在编程过程中不需要计算太多，所以经常用这种方法。R 后面的数值有正负之分，以区别圆心位置。如图 1-36 所示图形，当圆弧所对的圆心角 $\alpha \leqslant 180°$ 时，圆弧半径取正值，反之取负值。图 1-36 中从 *A* 点到 *B* 点的圆弧有两段，半径相同，若需要表示的圆心位置在 O_1 时，半径值取正值，若需要表示的圆心位置在 O_2 时，半径取负值。在数控车床中，多数取正值。

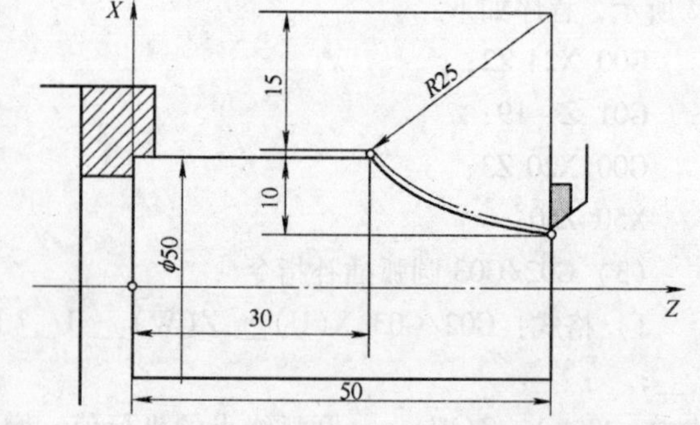

图 1-35　圆弧插补编程举例

4. 刀尖半径补偿指令

（1）刀具半径补偿的含义　在数控加工过程中，为了提高刀尖的强度，降低加工面的表面粗糙度值，将刀尖制成圆弧过渡。刀尖半径通常有：0.2mm、0.4mm、0.6mm、0.8mm、1.0mm 等。如果为圆弧形刀尖，在对刀时就会成一个假想的刀尖，如图 1-37 所示的 P 点。

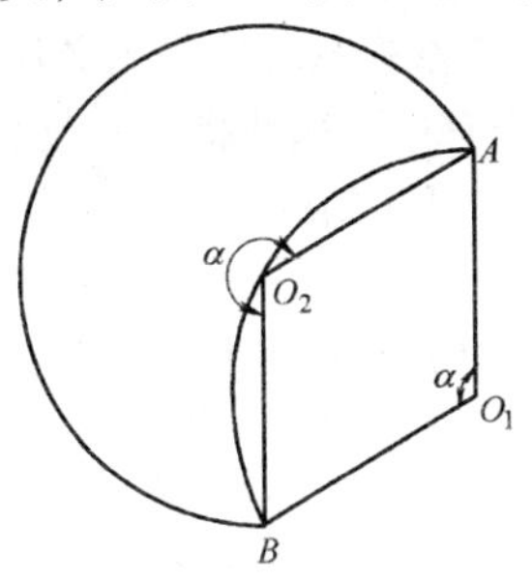

图 1-36　用圆弧半径来表示

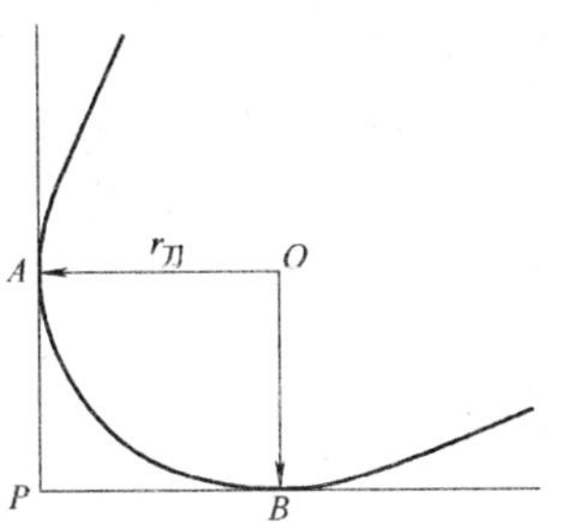

图 1-37　假想的刀尖

在编程过程中，实际上是按假想刀尖的轨迹来走刀的。即在刀具运动过程中，实际上是 P 点在沿着工件轮廓运动。这样的刀尖运动，车削外圆、端面、内孔时，不会影响其尺寸，但是，如果加工锥面、圆弧面时就会产生少切或过切，如图 1-38 所示。

为了避免少切或过切，数控车床的数控系统中引入半径补偿。半径补偿是指事先将刀尖半径值输入到数控系统，在编程时指明所需要的半径补偿方式。数控系统在刀具运动过程中，根据操作人员输入的半径值及加工过程中需要的补偿，进行刀具运动轨迹的修正，使之加工出需要的轮廓。

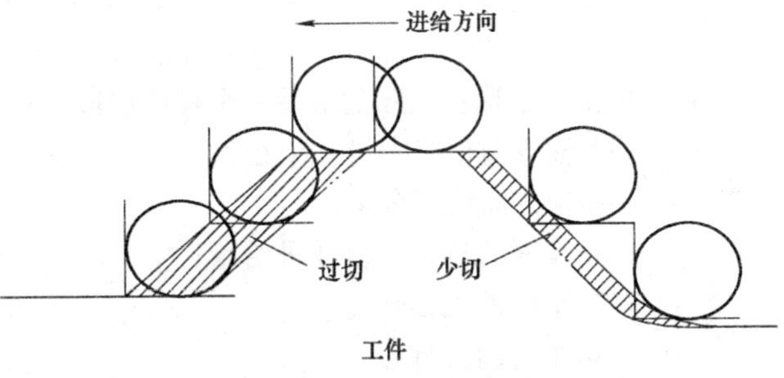

图 1-38　刀尖圆弧造成少切或过切

（2）刀具半径补偿指令 G41、G42、G40　刀具半径补偿的指令有三个，G41 为刀具半径左补偿，G42 为刀具半径右补偿，G40 为取消刀具半径补偿。判断是用刀具半径左补偿还是刀具半径右补偿的方法：将工件与刀具置于机床坐标系平面内，观察者站在与坐标平面垂直的第三个坐标的正方向位置，顺着刀具运动方向看，如果刀具处于工件左侧，则用刀具半径左补偿，即 G41。如果刀具位于工件的右侧，则用刀具半径右补偿，即 G42，如图 1-39 所示。

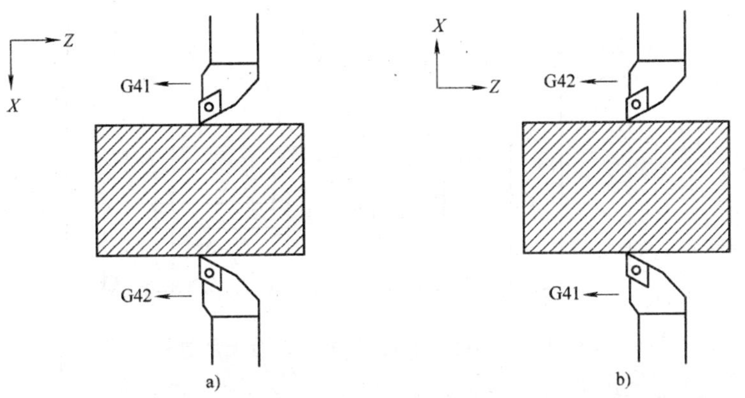

图 1-39　刀尖半径补偿

5. 复合循环指令——G71 和 G70

前面介绍的 G00、G01、G02、G03、G41 等指令，每个指令只是命令刀具完成一个加工动作。为提高编程效率，缩短程序长度，减少程序所占内存，各类数控系统均采用循环指令，将多个动作集中用一条指令完成。FANUC 数控车床系统的循环指令有单一循环指令和复合循环指令，在实际生产中，一般采用复合循环指令编程，因此本部分仅介绍常用的轮廓复合循环指令 G71 和 G70。FANUC 数控系统的复合循环有两种编程格式，一种是用两个程序段完成粗加工，另一种是用一个程序段完成粗加工，具体用哪一种格式，取决于采用的数控系统。

（1）G71 内径/外径粗车复合循环

1）格式：

格式一　G71 U(Δd) R(e)；

　　　　G71 P(ns) Q(nf) U(Δu) W(Δw) F(f) S(s) T(t)；

格式二　G71 P(ns) Q(nf) U(Δu) W(Δw) D(Δd) F(f) S(s) T(t)；

式中　Δd——粗车时每一刀切削时的背吃刀量，即 X 轴方向的进给，以半径值表示，一定为正值；

e——粗车时每一刀切削完成后在 X 轴方向的退刀量；

ns——精加工形状程序的第一个程序段段号；

nf——精加工形状程序的最后一个程序段段号；

Δu——X 轴方向精车余量（半径值）；

Δw——Z 轴方向精车余量；

f——粗车时的进给速度或进给量；

s——粗车时的主轴转速；

t——粗车时的刀具号。

2）说明：

①G71 内径/外径粗车复合循环过程如图 1-40 所示，刀具起点位于 A，循环开始时由 $A \rightarrow B$ 为留精车余量，然后，从 B 点开始，进给 Δd 的深度至 C 点。然后切削，碰到给定零件轮廓后，沿 45°方向退出，当 X 方向的退刀量等于给定量 e 时，沿水平方向退出至 Z 方向坐标与 B 点相等的位置。然后再进给切削第二刀，如此循环，加工到最后一刀时刀具沿着留精车余量后的轮廓切削至终点，最终返回起点 A 点。

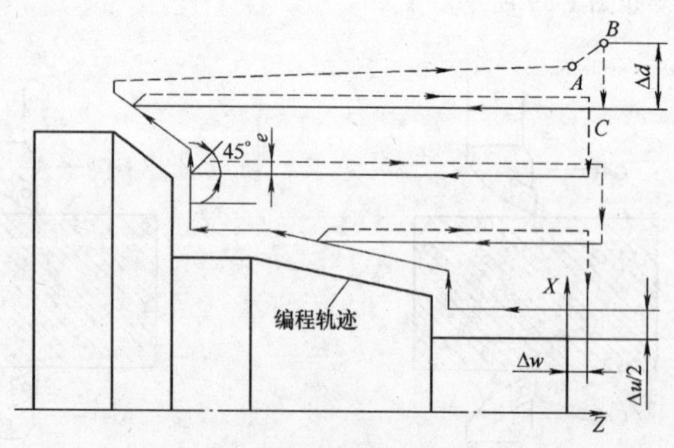

图 1-40　G71 内径/外径粗车复合循环过程

②G71 循环中，F 指定的速度是指切削的速度，其他过程如进刀、退刀、返回等的速度均为快速进给的速度。

③FANUC 有的数控系统中，由 ns 指定的程序段只能编写“G00 X(U)__;”或“G01 X(U)__;”，不能有 *Z* 轴方向的移动，这样的循环称为Ⅰ类循环，而有的数控系统没有这个限制，则称为Ⅱ类循环。同样，对于零件轮廓，Ⅰ类循环要求零件轮廓形状只能逐渐递增（或递减），也就是说形状轮廓不能有凹坑，而Ⅱ类循环允许有一个坐标轴方向出现增减方向的改变。

④格式中的 S、T 功能如在 G71 指令所在的程序段中已经设定，则可省略，格式二中没有每次切削后的退刀量，此值由数控系统设定。

⑤*ns* 与 *nf* 之间的程序段中设定的 F、S 功能在粗车时无效。

（2）G70 轮廓精加工循环

1）格式：G70 P(*ns*) Q(*nf*) F(*f*) S(*s*)；

2）说明：

①在 FANUC 各种数控系统中，均采用同一种格式，没有区别。

②G70 只能用于精车，而且在用 G70 之前，必须使用 G71、G72、G73 中的一个指令进行粗车。

③G70 指定的 *ns* 与 *nf* 之间的程序段不能调用子程序。

④*ns* 与 *nf* 之间的程序段中的 F、S 功能在 G70 使用时有效。

⑤S 功能也可以在 G70 之前的程序段指定。

⑥G70 指令的起点从安全方面考虑，一般与粗车循环指令的起点一致。

⑦使用 G70、G71、G72、G73 指令的程序必须存储于 CNC 控制器的内存内，即有复合循环指令的程序又能通过计算机以边传送边加工的方式控制 CNC 机床。

五、思考与练习

1. 逆时针圆弧插补指令是什么？
2. 程序结束用什么指令？
3. 常用的辅助功能指令有哪些？
4. 试解释 G41 和 G42 的含义。
5. S500 表示什么含义？
6. 编写如图 1-41 和图 1-42 所示模具零件的加工程序。

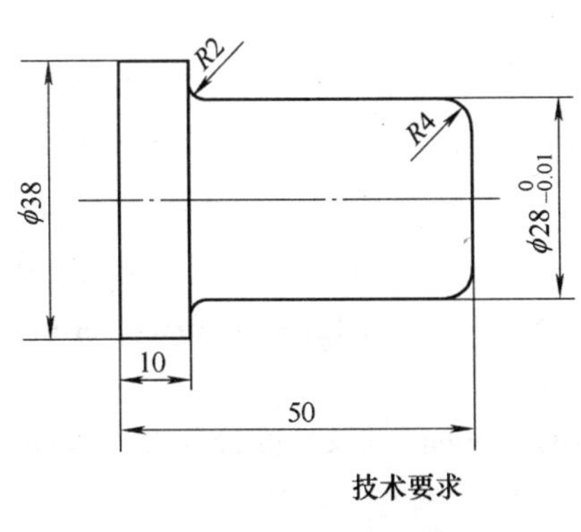

技术要求

1. 材料为 T10A。
2. 热处理要求为 255～320HBW。

图 1-41　拉深模凸模

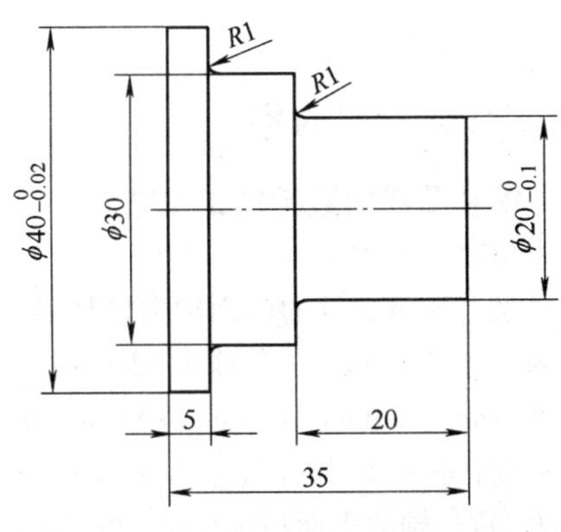

技术要求

1. 材料为W6Mo5Cr4V2(SKH51)。
2. 热处理要求为59～61HRC。

图 1-42　冲裁模凸模

模块二 曲面轴类模具零件的加工

一、教学目标

1. 会制订带螺纹曲面轴类模具零件的数控加工工艺。
2. 会使用自定心卡盘和顶尖一夹一顶工件。
3. 会合理选用车削曲面轴的外圆车刀和螺纹车刀。
4. 会用 FANUC-0i 数控系统的 G32、G92、G76 等指令编程。
5. 会编制带螺纹曲面轴类模具零件的数控加工程序。

二、工作任务

1. 零件图样（图 1-43）

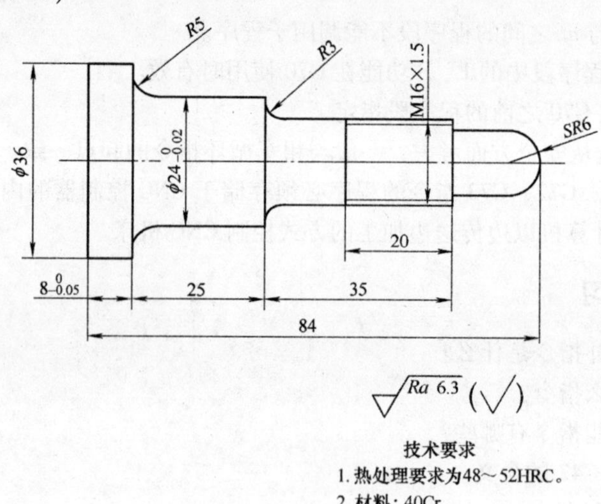

图 1-43 玩具型芯

2. 生产纲领

加工 1 件玩具型芯。

三、工作化学习内容

（一）编制凸模的数控加工工艺

1. 分析零件工艺性能

该玩具型芯为带螺纹的曲面轴类模具零件。

加工内容：车削端面，车球头 *SR*6mm，车螺纹 M16 × 1.5，车轴段 ϕ12mm × 10mm、ϕ16mm × 15mm、ϕ24mm × 25mm、ϕ36mm × 8mm，车圆弧 *R*3mm、*R*5mm。

加工精度：ϕ24mm 尺寸公差为 0.02mm，公差等级为 IT6，ϕ36mm 轴段长度公差为 0.05mm，公差等级为 IT7。轴的表面粗糙度值均为 *Ra*6.3。

2. 选用毛坯或明确来料状况

玩具型芯的最大外形尺寸为 ϕ36mm × 84mm，考虑零件材料、最大直径、原材料供应情况、留足加工余量等，选用 ϕ45mm 的 40Cr 钢，平端面长为 2mm，切断宽 5mm，工件长 84mm，留夹持长 45mm 左右，毛坯长 = 2mm + 5mm + 84mm + 45mm = 136mm。

3. 选用数控机床

此型芯是带螺纹的曲轴类模具零件，只需要两轴联动数控车床成形。零件不大，加工所需刀具不多。综合上述原因，利用现有生产设备，选用 KDCK-20A 数控车床。

4. 确定装夹方案

型芯轴原材料长度足够，直接将工件装夹在卡盘上即可，这里假设工件伸出卡盘的长度为 91mm。

5. 确定加工方案及加工顺序

根据零件形状及加工精度要求，一次装夹完成所有加工内容。加工顺序为：车端面→从右端到左端粗车外圆→从右端到左端精车外圆→切断。

6. 选择刀具

1）粗车时选用“装 CN 型刀片的 35°刀片 CNMG120408”，刀尖圆弧半径 $r_\varepsilon=0.8$mm。

2）精车时选用“装 CN 型刀片的 35°刀片 CNMG120404”，刀尖圆弧半径 $r_\varepsilon=0.4$mm。

3）车螺纹选用 YT15 硬质合金 60°外螺纹车刀，取刀尖角 $\varepsilon_r=59°30'$，取刀尖圆弧半径 $r_\varepsilon=0.15\sim0.2$mm。

7. 确定切削用量

粗车：背吃刀量 $a_p=1$mm，进给量 $f=0.15$mm/r，切削速度 $v_c=100$m/min，主轴转速 $n=600$r/min。

精车：背吃刀量 $a_p=0.5$mm，进给量 $f=0.1$mm/r，切削速度 $v_c=120$m/min，主轴转速 $n=1200$r/min。

8. 填写工艺文件

根据上述分析，填写数控加工工艺卡片（表 1-8）。

表 1-8　数控加工工艺卡片

单位名称	××学院	零件名称		零件材料		零件图号	
		玩具型芯		40Cr 钢			
工序号	程序编号	夹具名称		使用设备		车间	
	01/02	自定心卡盘				模具实训基地	
工步号	工　步　内　容	刀具号	刀具规格	主轴转速 /r·min⁻¹	进给量 /mm·r⁻¹	背吃刀量 /mm	备注
1	车端面	T01	93°偏头仿形车刀	600	0.15	1	
2	粗车外轮廓，留精加工余量 0.2mm	T02	35°仿形车刀	600	0.1	1	
3	精车外轮廓至图样要求	T02	35°仿形车刀	1200	0.1	0.5	
4	加工螺纹	T03	60°外螺纹车刀	600	0.1	1	
编制	审核	批准		年　月　日		共　页	第　页

（二）编制凸模零件的数控加工程序

1. 建立工件坐标系

在卧式车床上，工件原点通常设在工件的右端面中心上编程，对刀比较方便。为此，曲面轴数控车削程序的工件坐标系原点选在工件左端面回转中心上，如图 1-44 所示。

2. 编程方案及走刀路径

采用粗车复合循环指令 G71、精加工循环指令 G70、螺纹车削复合循环指令 G76 编程，子程序轮廓编程基点顺序为 $A\rightarrow B\rightarrow C\rightarrow D\rightarrow E\rightarrow F\rightarrow G\rightarrow H\rightarrow I\rightarrow J\rightarrow K\rightarrow L$。

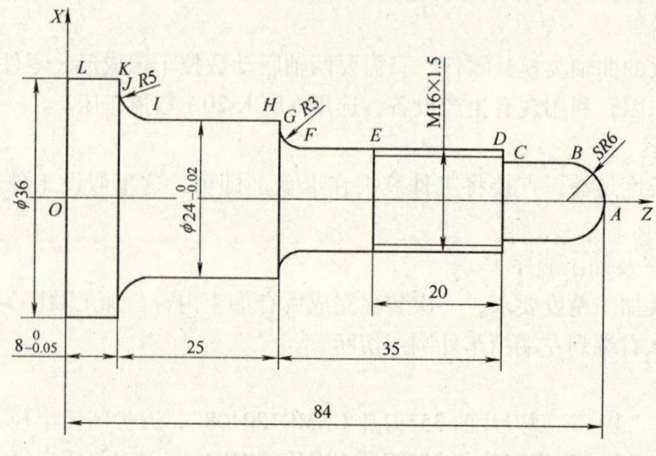

图 1-44　工件坐标系

3. 计算编程尺寸

采用绝对值编程，因此所需的基点坐标见表 1-9。

表 1-9　基 点 坐 标

基点序号	X 坐标值	Z 坐标值	基点序号	X 坐标值	Z 坐标值
A	0	84	G	22	33
B	12	78	H	24	33
C	12	68	I	24	13
D	16	68	J	34	8
E	16	48	K	36	8
F	16	36	L	36	0

4. 编制程序（表 1-10）

表 1-10　凸模零件主程序

主 程 序	注　释
O0001;	程序号
N10　G40　G97　G99　M03　S600;	取消前刀补及恒切削速度，起动主轴
N20　T0101;	选用 T01 号刀
N30　M08;	切削液开
N40　G00　X50　Z84;	快速进给
N50　G01　X0　F0.15;	车端面
N60　G00　X150　Z150　M05;	退刀，主轴停
N65　G40　G97　G99　M03　S600;	取消前刀补及恒切削速度，起动主轴
N66　T0202;	选用 T02 号刀
N67　G00　X50　Z84.5;	快速进给至粗车循环起点
N70　G71　U2　R1;	粗车循环，背吃刀量为 2mm，退刀距离为 1mm
N80　G71　P90　Q180　U0.2　W0.02　F0.15;	留精车余量 X = 0.2mm，Z = 0.02mm，进给量为 0.15mm/r
N90　G00　X0;	快速进给至精加工形状起始点 A 点

（续）

主　程　序	注　　释
N100　G03　X12　Z78　R6；	加工球头 *SR*6mm 至 *B* 点
N110　G01　Z68；	加工至 *C* 点
N120　X16；	加工至 *D* 点
N130　Z36；	加工至 *F* 点
N140　G02　X22　Z33　R3；	加工至 *G* 点
N145　G01　X24；	加工至 *H* 点
N150　Z13；	加工至 *I* 点
N160　G02　X34　Z8　R5；	加工至 *J* 点
N170　G01　X36；	加工至 *K* 点
N180　Z0；	加工至 *L* 点
N185　G00　X150　Z150　M05；	返回，主轴停
N190　G40　G97　G99　M03　S1200；	主轴起动
N200　T0303；	换 T03 号刀
N205　M08；	切削液开
N210　G00　X0　Z84.5；	准备精车
N215　G70　P90　Q180　F0.1；	精加工循环，进给量为 0.1mm/r
N220　G00　X150　Z150　M05；	返回，主轴停
N230　G40　G97　G99　M03　S600；	取消前刀补及恒切削速度，起动主轴
N240　T0404；	选 T04 号刀
N250　M08；	切削液开
N260　G00　X18　Z68；	接近螺纹切削点
N270　G76　P031060　Q80　R0.005；	加工螺纹
N280　G76　X13.835　Z48　P974　Q400　F0.15	
N290　G00　X150　Z150　M05；	返回，主轴停
N300　G40　G97　G99　M03　S400；	取消前刀补及恒切削速度，起动主轴
N310　T0505；	选 T05 号刀
N320　M08；	切削液开
N330　G00　X50　Z0；	快速接近切断点
N340　G01　X0；	切断
N350　G00　X150　Z150；	返回
N360　M30；	程序结束

四、相关的理论知识

1. 螺纹加工概述

螺纹加工是数控车床的基本功能之一，加工类型包括：内（外）圆柱螺纹和圆锥螺纹、单线螺纹和多线螺纹、恒螺距螺纹和变螺距螺纹。数控车床加工螺纹的指令主要有三种：单一螺纹加工指令、单循环螺纹加工指令、复合循环螺纹加工指令。螺纹加工时，刀具的进给速度与主轴的转速要保持严格的关系，所以数控车床要实现螺纹加工，必须在主轴上安装测量系统。不同的数控系统，螺纹加工指令也不尽相同，在实际使用时应按机床的要求进行编程。

数控机床上加工螺纹有两种进刀方法：直进法和斜进法，如图 1-45 所示。直进法是从螺纹牙沟槽的中间部位进刀，每次切削时，螺纹车刀两侧的切削刃都受切削力，一般螺距小于 3mm 时，可用直进法加工。斜进法加工时，从螺纹牙槽沟的一侧进刀，除第一刀外，每次切削只有一侧的切削刃受切削力，有助于减轻负载，当螺距大于 3mm 时，可用斜进法进行加工。螺纹加工时，不可能一次就将螺纹沟槽加工成要求的形状，总是采取多次切削。在切削时应遵循一个原则——后一刀的切削深度要超过前一刀的切削深度，也就是说，切削深度逐次减小，目的是使每次切削面积接近相等。多线螺纹加工时，先加工好一条螺纹，然后再轴向进给移动一个螺距，加工第二条螺纹，直到全部加工完为止。

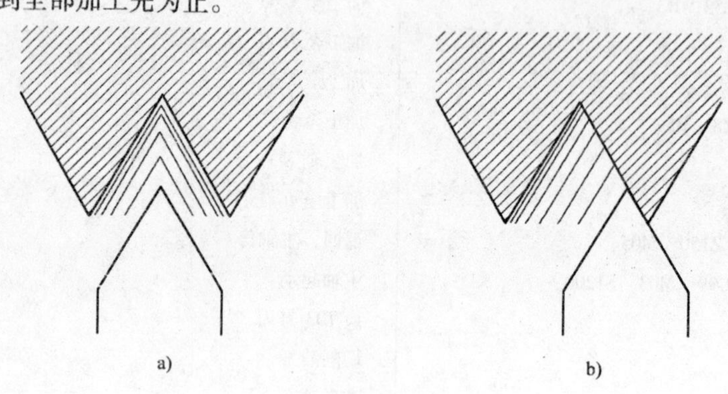

图 1-45　螺纹加工方法
a）直进法　b）斜进法

2. 螺纹加工过程中的相关计算

螺纹加工之前，需要对一些相关尺寸进行计算，以确保车削螺纹的程序段中的有关参考量。

车削螺纹时，车刀总的切削深度是螺纹的牙型高度，即螺纹牙顶到螺纹牙底间沿径向的距离。对普通螺纹，设螺距为 P，根据 GB/T 196—2003 规定，螺纹牙型原始三角形高度 $H=0.866P$，实际加工时，由于螺纹车刀刀尖半径的影响，实际切削深度有变化。根据 GB/T 197—2003 规定，螺纹车刀可以在牙底最小削平高度 H/7 处削平或倒圆，则实际牙型高度可按下式计算，即

$$h=H-2\times(H/7)=0.6186P$$

式中　H——螺纹原始三角形高度；

P——螺距（mm）。

外螺纹加工中，径向起点（编程大径）的确定取决于螺纹的大径。例如要加工 M30×2—6g 的外螺纹，由 GB/T 2516—2003 知，螺纹中径的上极限偏差 es = −0.038mm，下极限偏差 ei = −0.208mm，中径公差 $T_{d2}=0.17$mm，则螺纹大径尺寸介于 $\phi29.962\sim\phi29.682$mm 之间，所以螺纹大径应在此范围内选取，并在加工螺纹前，由外圆车削保证。在编程确定螺纹小径时，应考虑螺纹中径公差的要求，可以由有关公式计算得出。设牙底由单一弧形构成，圆弧半径为 R，则编程小径可用下式计算，即

$$d_1=d-1.75H+2R+\mathrm{es}-T_{d2}/2$$

式中　d_1——外螺纹小径（mm）；

d——外螺纹公称直径，即螺纹大径（mm）；

H——螺纹原始三角形高度（mm）；

R——外螺纹的牙底圆弧半径（mm），一般取 $R=(1/8\sim1/6)H$

es——外螺纹中径上极限偏差（mm）；

T_{d2}——外螺纹中径公差（mm）。

如上例中，取 $R=(1/8)H$，则编程外螺纹公称小径为

$$d_1=[30-1.75\times0.866\times2+2\times(1/8)\times0.866\times2-0.038-0.17/2]\text{mm}$$
$$=27.279\text{mm}$$

实际加工中，常采用经验公式计算，即

$$d_1=d-2\times\frac{5}{8}H=d-1.0825P$$

3. 螺纹加工过程中的引入距离和超越距离

在数控车床上加工螺纹时，沿着螺距方向（Z 方向）的进给速度与主轴转速必须保证严格的比例关系，但是螺纹加工时，刀具起始时的速度为零，不能和主轴转速保证一定的比例关系。在这种情况下，当刚开始切入时，必须留有一段切入距离，如图 1-46 所示的 δ_1 称为引入距离，同样的道理，当螺纹加工结束时，必须留一段切出距离，如图 1-46 所示的 δ_2，称为超越距离。

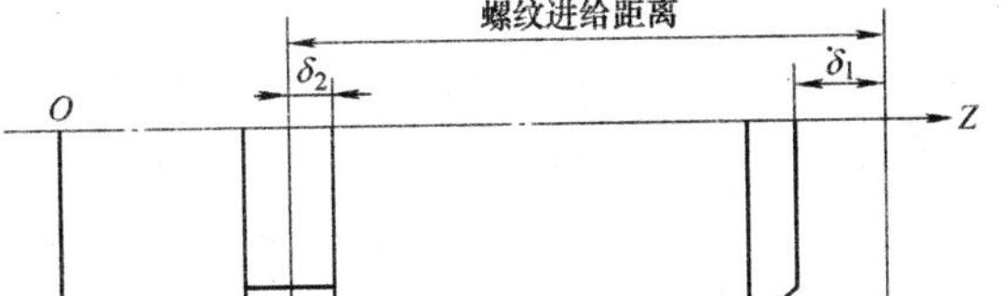

图 1-46　螺纹切削时的引入距离和超越距离

引入距离 δ_1 与超越距离 δ_2 的数值与加工螺纹的导程、数控机床主轴转速和伺服系统的特性有关。具体取值由实际的数控系统及机床来决定，如有的数控机床的规定为

$$\delta_1\geqslant nP_h/400$$
$$\delta_2\geqslant nP_h/1800$$

式中　n——主轴转速（r/min）；

P_h——螺纹导程（mm）。

以上公式规定了这一系统最小的 δ_1 和 δ_2，实际取值时，比计算值略大即可。

4. 螺纹加工指令

（1）单一螺纹加工指令 G32

1）格式：G32　X（U）__　Z（W）__　F__；

式中　X（U）、Z（W）——螺纹切削终点的坐标值；

F——螺纹导程。

2）说明：

①G32 指令为单一螺纹切削指令，即每使用一次，切削一刀。

②在加工过程中，要将引入距离 δ_1 和超越距离 δ_2 编入到螺纹切削中（图 1-46），如果螺纹切削收尾处没有退刀槽，一般按 45°方向退出。

③X 坐标省略或与前一程序段相同时，为圆柱螺纹，否则为圆锥螺纹。

图 1-47 所示为圆锥螺纹斜角 $\alpha<45°$时，螺纹导程以 Z 方向指定。45°～90°时，以 X 轴方向指定，一般很少使用这种方式。

④螺纹切削时，一般使用恒转速切削（G97 指令）方式，不使用恒线速度切削（G96 指令）方式，否则，随着切削点的直径减小（增大），转速会增大（减小），这样会使 F 指定的导程发生变化（因为 F 和转速会保证严格的比例关系），从而产生乱牙；

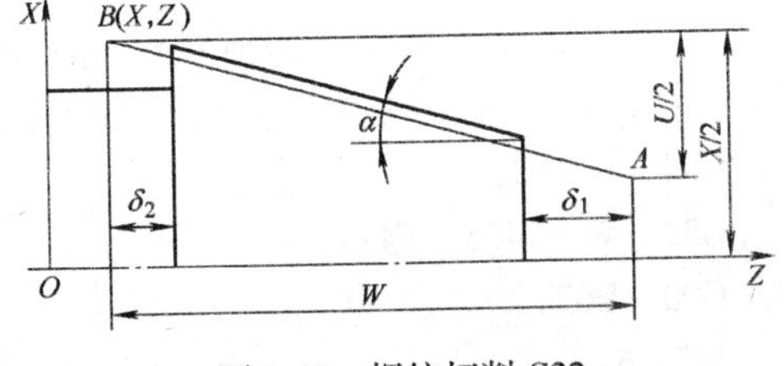

图 1-47　螺纹切削 G32

⑤螺纹切削时，为保证螺纹加工质量，一般

采用多次切削方式，其切削次数及每一刀的切削深度可参考表 1-11。

表 1-11 普通螺纹切削次数及深度参考表

米制螺纹								
螺距/mm		1	1.5	2	2.5	3	3.5	4
牙深（半径量）		0.649	0.974	1.299	1.624	1.949	2.273	2.598
切削次数及切削深度（直径量）	1次	0.7	0.8	0.9	1	1.2	1.5	1.5
	2次	0.4	0.6	0.6	0.7	0.7	0.7	0.8
	3次	0.2	0.4	0.6	0.6	0.6	0.6	0.6
	4次	—	0.16	0.4	0.4	0.4	0.6	0.6
	5次	—	—	0.1	0.4	0.4	0.4	0.4
	6次	—	—	—	0.15	0.4	0.4	0.4
	7次	—	—	—	—	0.2	0.2	0.4
	8次	—	—	—	—	—	0.15	0.3
	9次	—	—	—	—	—	—	0.2
英制螺纹								
牙/in		24	18	16	14	12	10	8
牙深（半径量）		0.678	0.904	1.016	1.162	1.355	1.626	2.033
切削次数及切削深度（直径量）	1次	0.8	0.8	0.8	0.8	0.9	1	1.2
	2次	0.4	0.6	0.6	0.6	0.6	0.7	0.7
	3次	0.16	0.3	0.5	0.5	0.6	0.6	0.6
	4次	—	0.11	0.14	0.3	0.4	0.4	0.5
	5次	—	—	—	0.13	0.21	0.4	0.5
	6次	—	—	—	—	—	0.16	0.4
	7次	—	—	—	—	—	—	0.17

例 1-1 编制如图 1-48 所示切削圆柱螺纹与切削圆锥螺纹的程序。

①切削圆柱螺纹如图 1-48a 所示，螺距为 4mm，$\delta_1 = 3\text{mm}$，$\delta_2 = 1.5\text{mm}$，切削深度为 1mm（切两次）。加工程序如下。

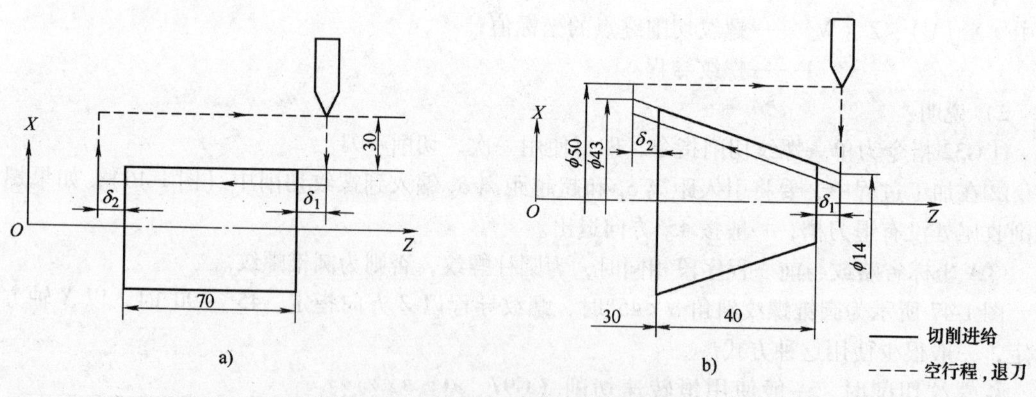

图 1-48 切削圆柱螺纹与切削圆锥螺纹

a）切削圆柱螺纹 b）切削圆锥螺纹

```
G00  U-62;
G32  W-74.5  F4;
G00  U62;
W74.5;
```

U－64；　　　　//第二次切削，1mm 多

G32　W－74.5；

G00　U64

W74.5；

②切削圆锥螺纹如图 1-48b 所示，螺距为 3.5mm，在 Z 轴方向，$\delta_1=2mm$，$\delta_2=1mm$，X 轴方向的切削深度为 1mm（切两次）。加工程序如下。

G00　X12　Z72；

G32　X41　Z29　F3.5；

G00　X50；

Z72；

X10；　　　　//第二次切削，1mm 多

G32　X39　Z29；

G00　X50；

Z72；

（2）单循环螺纹切削指令 G92

1）格式：G92　X（U）＿Z（W）＿　I＿　F＿；

式中　X（U）、Z（W）——螺纹切削终点的坐标值；

I——螺纹始点与终点的半径差，如果为圆柱螺纹则省略此值，有的系统也用 R 表示；

F——螺纹的导程，即加工时的每转进给量。

2）说明：

①用 G92 加工螺纹时，其循环过程如图 1-49 所示，一个指令完成四步动作：1 进刀—2 加工—3 退刀—4 返回，除加工外，其他三步的速度为快速进给的速度。

②用 G92 加工螺纹时的计算方法同 G32 指令一样。

③格式中的 X（U）、Z（W）为图 1-49 中 B 点坐标。

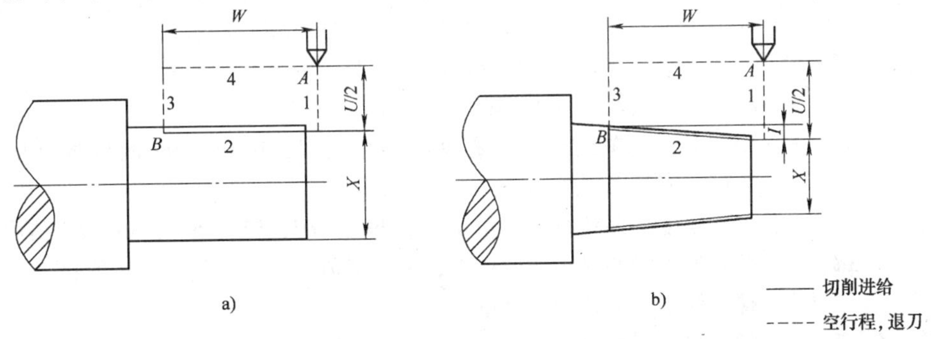

图 1-49　螺纹加工循环指令 G92

例 1-2　如图 1-50 所示零件，给定材料尺寸为 ϕ36mm×104mm，编制螺纹部分的加工程序。

分析：螺纹计算与前面 G32 实例一样，螺纹大径为 ϕ29.8mm，螺纹小径为 ϕ27.2mm，若转速 $n=400r/min$，则

引入距离 $\delta_1 \geqslant nP/400=(400\times2/400)mm=2mm$，取 $\delta_1=3mm$；

超越距离 $\delta_2 \geqslant nP/1800=(400\times2/1800)mm=0.444mm$，取 $\delta_2=2mm$。

在螺纹加工之前进行粗、精车并倒角、切槽。1 号刀为粗车刀；2 号刀为精车刀；3 号刀为切槽刀，刀宽 4mm；4 号刀为螺纹车刀。

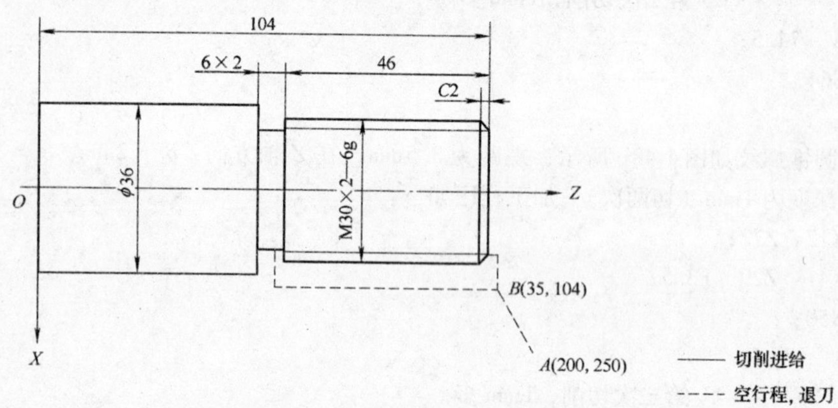

图 1-50　螺纹自动车削循环举例

```
…
N310  G00  X32  Z105;              //进刀
N320  G92  X28.9  Z54  F2;         //加工螺纹第 1 刀
N330  X28.3;                       //加工螺纹第 2 刀
N340  X27.7;                       //加工螺纹第 3 刀
N350  X27.3;                       //加工螺纹第 4 刀
N360  X27.2;                       //加工螺纹第 5 刀
N370  X27.2;                       //去毛刺
N380  G00  X200  Z250;             //退刀返回
…
```

（3）螺纹切削复合循环指令 G76

格式 1　G76　P（m）（r）（a）Q（Δd_{min}）R（d）；

G76　X（U）__　Z（W）__　R（i）P（k）Q（Δd）F（l）；

格式 2　G76　X（U）__ Z（W）__　I（i）K（k）D（Δd）F（l）A（a）P（p）；

式中　m——精车重复次数，从 1～99；

r——斜向退刀量单位数，或螺纹尾端全角值，用 00～99 两位数字指定（以 0.1P（螺距）为单位）；

a——刀尖角度，即螺纹牙型角从 0°，29°，30°，55°，60°，80°六个值中选取；

Δd_{min}——螺纹加工时的最小切削深度，为半径值（μm），始终取正值；

d——螺纹加工时的精加工余量；

X（U）、Z（W）——螺纹终点坐标值；

i——螺纹加工时螺纹加工起点与终点的半径差，圆柱螺纹可省略；

k——螺纹牙型高，为半径值，始终取正值；

Δd——螺纹加工第一刀的切削深度，为半径值，始终取正值；

l——螺纹导程；

p——横切方法（四种里面的一种），取正值。

例 1-3　如图 1-51 所示零件粗、精车已经完成，试编写其螺纹加工程序，螺纹加工部分用螺纹切削复合循环 G76 指令编写。

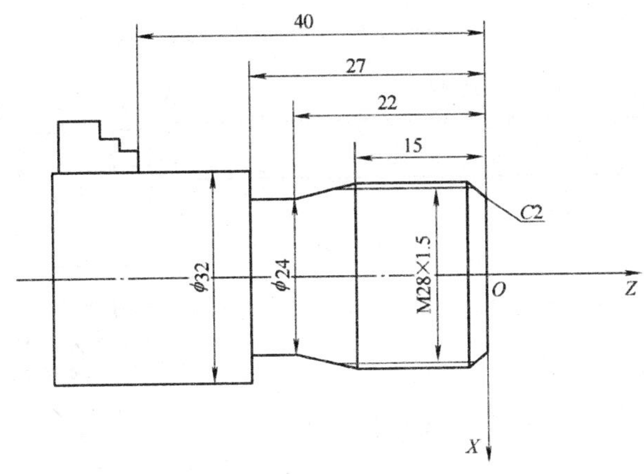

图 1-51　螺纹切削复合循环举例

M28 × 1.5 螺纹小径为 ϕ26.376mm，牙型高为 0.974mm，螺纹切削程序如下。

```
…
N140  M03  S400;                                  //起动主轴
N150  G00  X32  Z3;                               //进刀至螺纹切削起始点
N160  G76  P031060  Q0.02  R0.01;                 //螺纹加工
N170  G76  X26.376  Z-22  P0.974  Q400  F1.5;     //k=0.974mm, Δdmin=400μm, l=1.5mm
N180  G00  X50  Z100  M09;                        //返回，关切削液
…
```

五、思考与练习

1. 数控系统中，精加工循环用什么指令？
2. M 功能与 G 功能可以同时存在于一个程序段中吗？
3. 对于数控加工，程序原点又可称为什么？
4. “数车加工螺纹，设置速度对螺纹切削速度没有影响”这句话对吗？
5. 切削用量包括哪些？
6. 编写如图 1-52、图 1-53 所示模具零件的加工程序。

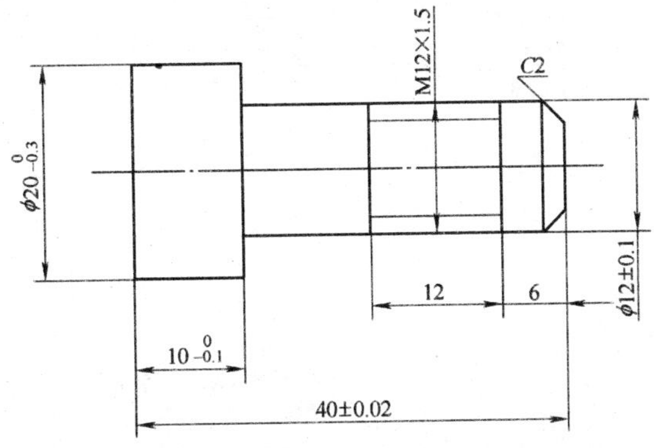

图 1-52　螺纹型芯 1

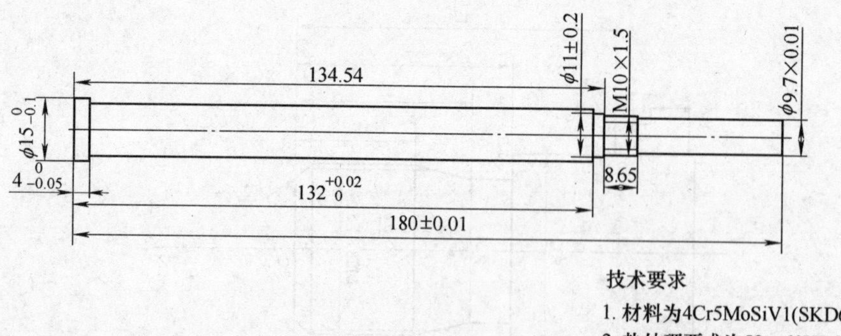

图 1-53　螺纹型芯 2

模块三　轴套类模具零件的加工

一、教学目标

1. 会制订轴套类模具零件的数控加工工艺。
2. 会使用专用夹具和心轴定位。
3. 会合理选用孔加工刀具。
4. 会编制轴套类模具零件的数控加工程序。

二、工作任务

1. 零件图样（图 1-54）

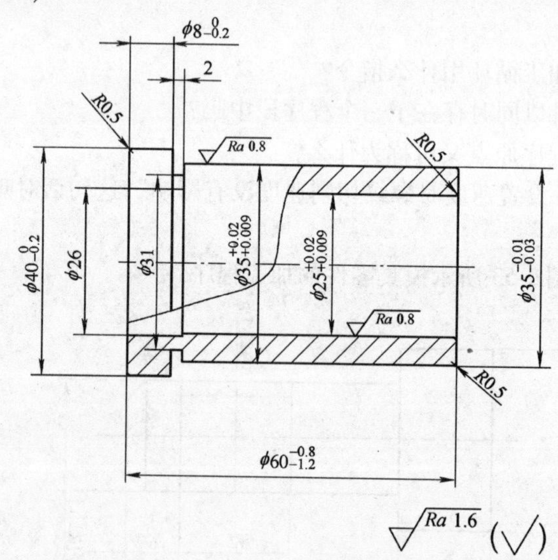

图 1-54　带肩导套

2. 生产纲领

加工 1 件带肩导套。

三、工作化学习内容

（一）编制凸模的数控加工工艺

1. 分析零件工艺性能

该带肩导套为套筒类模具零件。

加工内容：车削端面，车轴段 $\phi35_{-0.03}^{-0.01}$mm × 2.5mm、$\phi35_{+0.009}^{+0.02}$mm × 47mm、$\phi31$mm × 2mm、$\phi40_{-0.2}^{0}$mm × 7.5mm，镗内孔 $\phi25_{+0.009}^{+0.02}$mm × 49.5mm，$\phi26$mm × 10mm，车圆弧 $R0.5$mm。

加工精度：$\phi35_{-0.03}^{-0.01}$mm 尺寸公差为 0.02mm，$\phi35_{+0.009}^{+0.02}$mm 尺寸公差为 0.011mm，$\phi40_{-0.2}^{0}$mm 尺寸公差为 0.2mm，$\phi25_{+0.009}^{+0.02}$mm 尺寸公差为 0.011mm，尺寸最高公差等级为 IT6。轴的表面粗糙度值最高为 $Ra0.8\mu m$，其余为 $Ra6.3\mu m$。由此可看出，此零件的加工精度相当高，必须经过精加工完成。

2. 选用毛坯或明确来料状况

导套的最大外形尺寸为 $\phi40$mm × 60mm，考虑零件材料、最大直径、原材料供应情况、留足加工余量等，选用外径为 $\phi45$mm，内径为 $\phi22$mm，长为 100mm 的 T10A 钢。

3. 选用数控机床

此导套是轴套类模具零件，只需要两轴联动数控车床成形，零件不大，加工所需刀具不多，综合上述原因，利用现有生产设备，选用 KDCK-20A 数控车床。

4. 确定装夹方案

此零件毛坯长度足够，直接将工件装夹在卡盘上即可，这里假设工件伸出卡盘的长度为 72mm。

5. 确定加工方案及加工顺序

夹毛坯外圆→光外露外圆、平端面→钻中心孔→钻底孔→粗车左端面、$\phi40_{-0.2}^{0}$mm 外圆柱面、$\phi26$mm 内孔→粗、精车 $\phi35_{-0.03}^{-0.01}$mm、$\phi35_{+0.009}^{+0.02}$mm、$R0.5$mm 圆弧→精车 $\phi25_{+0.009}^{+0.02}$mm 内孔及 $R0.5$mm 圆弧→切槽→切断。

6. 选择刀具

将选定的刀具参数填入表 1-12 带肩导套数控加工刀具卡片中。

7. 确定切削用量

将选定的切削用量填入表 1-13 带肩导套数控加工工艺卡片中。

8. 填写工艺文件

根据上述分析，填写表 1-13 带肩导套数控加工工艺卡片。

表 1-12　带肩导套数控加工刀具卡片

产品名称		导套	零件名称	带肩导套	零件图号	1-1003	程序编号	
序号	刀具号	刀具规格名称	刀具型号	刀　片			刀尖圆弧半径/mm	备注
				型号		牌号		
1	T01	$\phi3$mm 中心钻						
2	T02	$\phi22$mm 钻头						
3	T03	外圆粗车刀	DCLNL2525M12	CNMG120408			0.8	
4	T04	粗镗刀	PCLNL09	CNMG090308-PM			0.8	
5	T05	精镗刀	PCLNL09	CNMG090308-PF			0.4	
6	T06	外圆精车刀	PCLNL2525M12	CNMG120404		GC4015	0.4	25mm × 25mm
7	T07	切槽专用刀						

表 1-13　带肩导套数控加工工艺卡片

单位名称		零件名称		零件材料		零件图号	
		带肩导套		T10A			
工序号		夹具名称		使用设备		车间	
		卡盘、心轴				模具实训基地	
工步号	工 步 内 容	刀具号	刀具规格	主轴转速 /r·min^{-1}	进给量 /mm·r^{-1}	背吃刀量 /mm	备注
1	右端面钻中心孔	T01	ϕ3mm	600		2.5	手动
2	钻底孔 ϕ22mm	T02	ϕ22mm	600		13	手动
3	粗车外轮廓 ϕ40mm、ϕ35mm	T03	25×25	600	0.13	1	自动
4	粗镗 ϕ26mm、ϕ25mm 内孔及倒圆	T04		600	0.13	1	自动
5	精镗 ϕ26mm、ϕ25mm 内孔至尺寸要求精度及倒圆	T05		1200	0.07	0.1	自动
6	精车外轮廓至尺寸要求精度	T06	25×25	1200	0.07	0.1	自动
7	专用刀切槽	T07		320	0.1		自动
8	切断						手动
编制	审 核	批 准		年 月 日		共 页	第 页

（二）编制凸模零件的数控加工程序

1. 建立工件坐标系

对于卧式车床，编程时工件原点通常设在工件的右端面中心，对刀比较方便。为此，加工如图 1-54 所示带肩导套数控车削程序的工件坐标系原点选在工件左端面回转中心上，如图 1-55 所示。

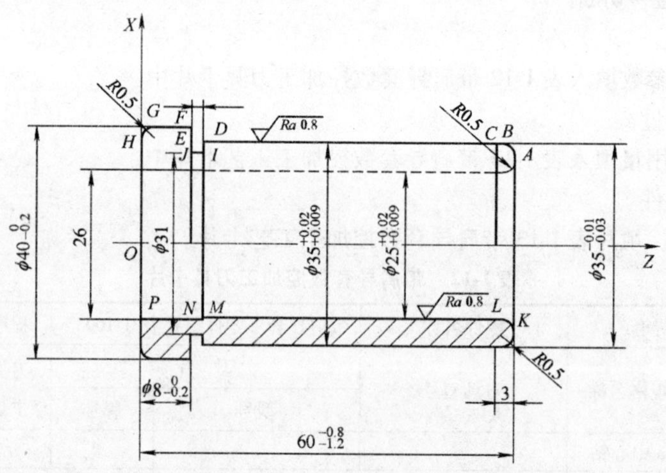

图 1-55　带肩导套的工件坐标系

2. 确定编程方案及刀具路径

采用 G71、G70 复合循环指令编程，外轮廓分两次走刀，即先车外圆再切槽，外圆子程序编程基点顺序为 $A \to B \to C \to E \to F \to G \to H$，切槽编程基点顺序为 E、$F \to I$、J，内轮廓编程基点顺序为 $K \to L \to M \to N \to P$。

3. 计算编程尺寸

采用绝对值编程，因此所需的基点坐标见表1-14。

表1-14　基点坐标

基点序号	X坐标值	Z坐标值	基点序号	X坐标值	Z坐标值
A	34	60	*I*	31	10
B	35	59.5	*J*	31	8
C	35	57	*K*	26	60
D	35	10	*L*	25	59.5
E	35	8	*M*	25	10
F	40	8	*N*	26	10
G	40	0.5	*P*	26	0
H	39	0	—	—	—

4. 编制程序（表1-15）

表1-15　凸模零件主程序

主程序	注释
O6688;	程序号
N10　G40　G97　G99　M03　S600;	程序初始化，起动主轴
N20　T0101;	选用T03号刀
N30　M08;	切削液开
N40　G00X48　Z60;	进刀
N50　G01　X20　F0.15;	车端面
N67　G00　X46　Z60.5;	进刀至粗车循环起始点
N70　G71　U2　R1;	粗车循环，背吃刀量为2mm，退刀距离为1mm
N80　G71　P90　Q140　U0.5　W0.02　F0.15;	留精车余量 X=0.5mm，Z=0.02mm，进给量为0.15mm/r
N90　G00　X34;	进刀至精加工形状起始点 *A* 点
N100　G03　X35　Z59.5　R0.5　F0.15;	加工圆弧 *R*0.5mm 至 *B* 点
N110　G01　Z8;	加工至 *E* 点
N120　X40;	加工至 *F* 点
N130　Z0.5;	加工至 *G* 点
N140　G03　X39　Z0　R0.5;	加工至 *H* 点
N145　G00　X150　Z150　M05;	返回，主轴停
N150　G40　G97　G99　M03　S600;	主轴起动
N160　T0202;	换T04号刀
N170　M08;	切削液开
N180　G00　X24;	进刀至孔加工循环起始点
N185　G71　U2　R1;	粗车内孔循环，背吃刀量为2mm，退刀距离为1mm
N188　G71　P190　Q210　U0.5　W0.02　F0.15;	留精车余量 X=0.5mm，Z=0.02mm
N190　G00　X26　Z60.5;	进刀至内孔精加工形状起始点 *K* 点

（续）

主　程　序	注　释
N195　G02　X25　Z59. 5　R0. 5；	加工至 *L* 点
N200　G01　Z10；	加工至 *M* 点
N205　X26；	加工至 *N* 点
N210　Z0；	加工至 *P* 点
N215　G00　X150　Z150　M05；	返回，主轴停
N220　G40　G97　G99　M03　S1200；	主轴起动
N240　T0303；	换 T05 号外轮廓精车刀
N250　M08；	切削液开
N260　G00　X35　Z60. 5；	进刀至外圆精加工循环起始点
N270　G70　P90　Q140；	精加工外轮廓
N360　G00　X150　Z150　M05；	返回，主轴停
N370　G40　G97　G99　M03　S1200；	取消前刀补及恒切削速度，起动主轴
N380　T0404；	换 T06 号精加工镗刀
N390　M08；	切削液开
N400　G00　X24　Z59. 5；	进刀至内孔循环起始点
N410　G70　P190　Q210　F0. 1；	内孔精加工循环
N420　G00　X150　Z150　M05；	返回，主轴停
N430　G40　G97　G99　M03　S320；	主轴起动
N440　T0505；	选 T07 号切槽刀
N450　M08；	切削液开
N460　G00　X43　Z10；	快速接近切槽点
N470　G01　X32　F0. 1；	切槽至 *E*、*F* 点
N480　G00　X46；	退刀
N490　G00　Z0；	进刀至切断处
N500　G01　X0　F0. 15；	切断零件
N520　G00　X150　Z150　M05；	返回
N530　M30；	程序结束

四、相关的理论知识

（一）孔加工刀具

从实体材料上加工出孔或扩大已有孔的刀具称为孔加工刀具。如麻花钻、中心钻、深孔钻等可以在实体材料上加工出孔，而铰刀、扩孔钻、镗刀等可以在已有孔的材料上进行扩孔加工。

孔加工刀具的特点如下。

1）大部分孔加工刀具为定尺寸刀具，刀具本身的尺寸精度和形状精度不可避免地对孔的加工精度有重要影响。

2）孔加工刀具尺寸由于受到被加工孔直径大小的限制，刀具横截面尺寸较小，特别是用于加工小直径孔和深径比（孔的深度与直径之比的数值）较大的孔的刀具，其横截面尺寸更小，所以刀具刚性差，切削不稳定，易产生振动。

3）孔加工刀具是在工件已加工表面的包围之中进行切削加工，切削呈封闭或半封闭状态，因此排屑困难，切削液不易进入切削区，难以观察切削中的实际情况，对工件质量、刀具寿命都将产生不利影响。

4）孔加工刀具种类多、规格多。孔加工的难度要比外圆加工大得多。孔加工刀具的材料、结构、几何要素等将直接会影响被加工孔的质量。

1. 高速钢麻花钻

麻花钻形似麻花，俗称钻头，是目前孔加工中应用最广泛的一种刀具。麻花钻主要用来在实体材料上钻削直径在 $\phi0.1\sim\phi80$mm 的孔，也可用来代替扩孔钻扩孔。麻花钻是在钻床、车床、铣床、加工中心等机床上对工件进行钻削的。麻花钻是粗加工刀具，其加工公差等级一般为IT10～IT13，表面粗糙度值为 $Ra6.3\sim12.5\mu m$。

（1）麻花钻的组成　标准麻花钻由工作部分、柄部、颈部三部分组成，如图 1-56 所示。

1）工作部分。工作部分是麻花钻的主要组成部分，即具有螺旋槽的部分。工作部分包括切削部分和导向部分。切削部分主要起切削作用，导向部分主要起导向、排屑、切削部分的后备作用，如图 1-56a、b 所示。为了减少导向部分和已加工孔孔壁之间的摩擦，对直径大于 1mm 的麻花钻，麻花钻外径从切削部分朝后方向制造出倒锥，形成副偏角 κ_r'，如图 1-56c 所示。倒锥量在每 100mm 长度上为 0.02mm～0.12mm。

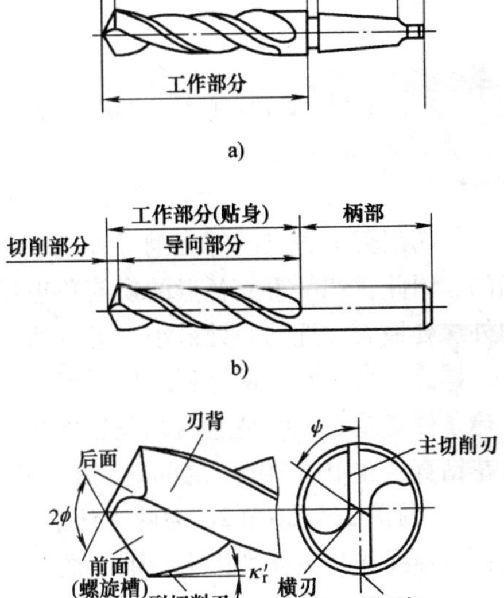

图 1-56　高速钢麻花钻

2）柄部。柄部位于麻花钻的后半部分，起夹持麻花钻、传递转矩的作用，如图 1-56a、b 所示。柄部有直柄（圆柱形）和莫氏锥柄（圆锥形）之分，麻花钻直径在 ϕ6mm 以下作成直柄，利用钻夹头夹持；直径在 ϕ6mm 以上作成莫氏锥柄和直柄两种，莫氏锥柄利用莫氏锥套与机床锥孔连接，莫氏锥柄后端有一个扁尾榫，其作用是供楔铁把麻花钻从莫氏锥套中卸下。扁尾榫不能与锥孔内任何部位接触，以防过定位不能自锁而掉刀，可见扁尾榫是能传递转矩。

3）颈部。如图 1-56a、b 所示，颈部是工作部分和柄部的连接处（或焊接处）。颈部的直径小于工作部分和柄部的直径，其作用是便于磨削工作部分和柄部时砂轮退刀，也供打印标记之用。小直径直柄麻花钻没有颈部。

（2）麻花钻切削部分的组成（图 1-57）。

1）前面 A_γ：靠近主切削刃的螺旋槽表面。

2）后面 A_α：与工件过渡表面相对的表面。

3）副后面 A_α'：又称刃带，是钻头外圆上沿螺旋槽凸起的圆柱部分。

4）主切削刃 S：前面与后面的交线。

5）副切削刃 S'：前面与副后面的交线。

6）横刃：两个后面的交线。

麻花钻的切削部分由两个前面、两个后面、两个副后面、两条主切削刃、两条副切削刃和一条横刃组成。

（3）麻花钻的几何参数

1）螺旋角 β。螺旋角 β 为麻花钻外圆柱与螺旋槽表面的交线（螺旋线）上任意点的切线与麻花钻轴线之间的夹角，如图 1-58 所示。

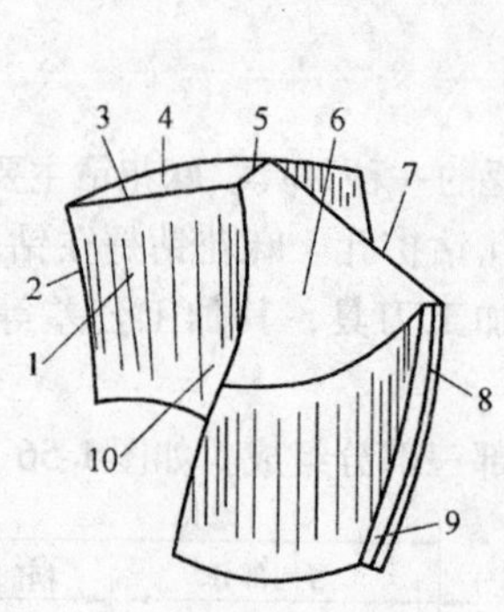

图 1-57　麻花钻切削部分的组成

1—前面　2、8—副切削刃（棱边）　3、7—主切削刃
4、6—后面　5—横刃　9—副后面　10—螺帽槽

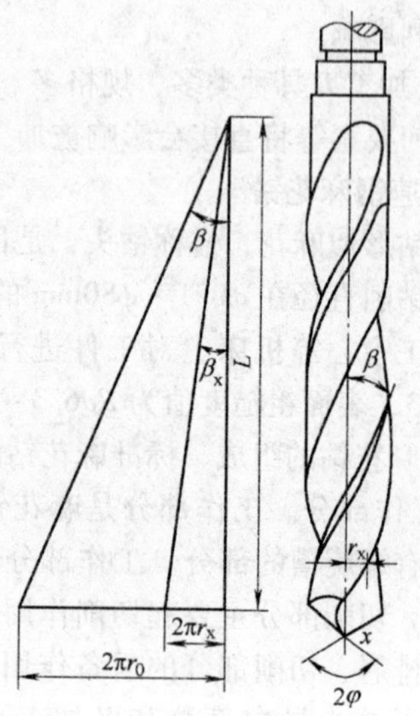

图 1-58　麻花钻的螺旋角

主切削刃上各点的螺旋槽导程是相同的，但主切削刃上各点至麻花钻轴线的距离 r_x 是不相同的，因此，切削刃上各点的螺旋角也是不相同的。麻花钻上的螺旋角从外径向钻心逐渐变小，即外缘处最大，近钻心处最小，通常所指的螺旋角是指外缘处的螺旋角。

螺旋角大，麻花钻锋利，排屑容易。但螺旋角太大，主切削刃强度降低，麻花钻刚性减弱，散热条件变差。一般高速钢麻花钻的螺旋角为：当麻花钻直径小于 10mm 时，$\beta = 18° \sim 28°$，当麻花钻直径在 10 ~ 80mm 之间时，$\beta = 30°$。

2）顶角 2φ。顶角 2φ 为两主切削刃在中剖面内投影的夹角，如图 1-58 所示。中剖面是通过麻花钻轴线并与主切削刃平行的平面。

减小顶角，可使主切削刃增长，单位长度切削刃上的切削载荷减轻，进给力减小，主、副切削刃相交处强度提高，利于改善散热条件。但是，顶角太小，将使钻尖强度降低，切削厚度减小，切屑卷曲严重，不利于排屑。标准麻花钻的顶角为 $2\varphi = 118°$ 左右。顶角的大小可根据钻削工件的材料选择，如加工钢和铸铁时，顶角取 118° 左右；加工黄铜和软青铜时，顶角取 130° 左右；加工硬橡胶、硬塑料和胶木时，顶角取 50° ~ 90° 之间。

3）主偏角 κ_r。主偏角 κ_r 为主切削刃上某选定点的切线在基面内的投影与进给方向之间的夹角，如图 1-59 所示。

4）前角 γ_o。前角 γ_o 为主切削刃上某选定点在正交平面内的前面与基面之间的夹角，如图 1-59 所示。

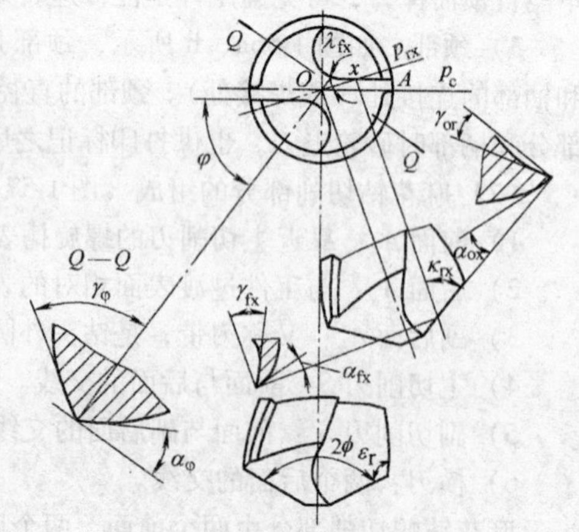

图 1-59　麻花钻的几何角度

5）后角 α_f。后角 α_f 为主切削刃上某选定点的后角，一般用该点在假定工作平面内的后面与切削平面

之间的夹角来表示，如图 1-59 所示。而测量则通常在柱剖面内进行。

6）横刃斜角 φ。横刃斜角 φ 为横刃与主切削刃在端平面内投影的夹角，如图 1-59 所示。标准麻花钻的横刃斜角为 $\varphi=50°\sim55°$，φ 减小，横刃锋利程度增大，但横刃长度增长，使钻心定心不稳，进给力增大。

综上所述，麻花钻的几何角度，有些是制造确定的，使用者是不便改变的，如螺旋角。有些是刃磨确定的，使用者可以根据需要进行调整，如顶角、后角和横刃斜角。有些是制造和刃磨两个因素确定的，如主偏角、端面刃倾角和前角。

（4）改善麻花钻切削性能的措施　麻花钻有许多长处，但也存在着一些缺陷。

1）主切削刃上前角分布不合理，从外缘处 30°左右变化到靠近钻心处 54°左右，切削刃上各点的切削条件差异较大，外缘处前角过大，切削刃强度较差，靠近钻心处前角又太小，钻削挤压严重。

2）横刃较长，且有很大的横刃负前角，钻削时，横刃处的摩擦挤压严重，进给力增大，定心不稳，钻削条件恶劣。

3）主切削刃太长，会使切削宽度增大，使切屑在各点处流出的速度相差很大，造成切屑呈螺旋形，而螺旋形的切屑占有较大空间，因此，排屑不顺利，切削液也难以进入切削区。

4）在主、副切削刃的交汇处，刃口强度最低，切削速度最高，且副后角为 0°，从而使该处的摩擦严重，热量骤增，磨损迅速。

为了克服麻花钻的上述缺陷，改善麻花钻的切削性能，一般可采取如下措施。

①修磨主切削刃。把原来的直线主切削刃修磨成折线或圆弧形，如图 1-60 所示。其优点是刀尖角由 ε_r 增大至 ε_o，使刀尖强度增加和散热条件得到改善，切削刃单位长度上的切削载荷减小，刀具磨损减缓。

②修磨横刃。如图 1-61 所示图形，把原来较长的横刃和很小的横刃前角，修磨成较短的横刃（图 1-61a）或较大的横刃前角（图 1-61b、c）。其优点是，钻削时减少了横刃处的摩擦和挤压，使进给力显著减小，定心平稳，从而提高钻孔精度和生产效率。

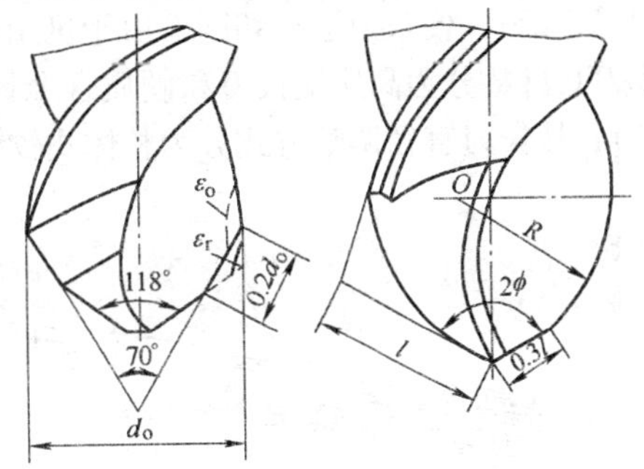

图 1-60　修主切削刃

③修磨前面。把原来的前面修磨成不同形状，可得到不同的效果。修磨主、副切削刃交汇处的前面，将此处的前角磨小，可以增强该处切削刃的强度，避免“扎刀”现象的产生，如图 1-62a 所示。沿主切削刃的前面上磨出倒棱，以增强切削刃的强度，改善切削性能，如图 1-62b 所示，在前面上磨出断屑台，以利于断屑、排屑，如图 1-62c。

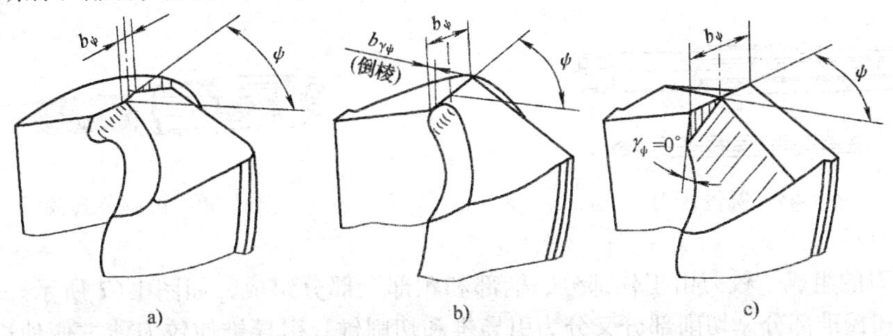

图 1-61　修磨横刃

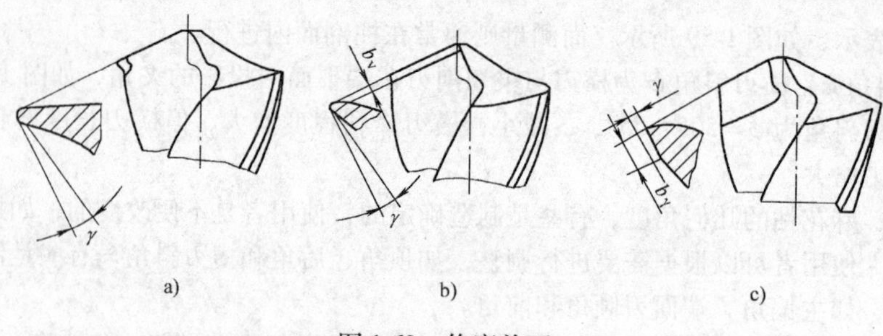

图 1-62　修磨前面

④修磨刃带。把原来刃带上 0°的副后角修磨成 6°～8°的副后角，减少了刃带与孔壁之间的磨擦，减小了刃带的磨损，有利于提高孔加工的质量。

2. 铰刀

铰刀是对已有孔进行精加工的一种刀具，应用十分普遍。铰削切除余量很小，一般只有 0.1～0.5mm。铰削后的孔径公差等级可达 IT6～IT9，表面粗糙度的值可达 $Ra0.4 \sim 1.6\mu m$。铰刀加工孔直径的范围为 $\phi1 \sim \phi100mm$，可以加工圆柱孔、圆锥孔、通孔和不通孔。它可以在钻床、车床、数控机床等多种机床上进行铰削，也可以手工铰削。

（1）铰刀的种类　铰刀的种类很多，通常按使用方式把铰刀分为手用铰刀和机用铰刀，如图 1-63、图 1-64 所示，手用铰刀的刀齿部分较长，用专用扳手套在铰刀尾部的方榫上，通过手动旋转和进给，使铰刀进行切削。由于手用铰刀切削速度低，所以加工孔的精度和加工表面质量较好。机用铰刀的刀齿部分较短，由机床夹住铰刀的柄部，并带动旋转和进给（或工件旋转，铰刀进给），使铰刀进行切削。由于机用铰刀的切削速度相对较高，所以生产效率高。铰刀还可按刀具材料分为高速钢铰刀和硬质合金铰刀；按加工孔的形状分为圆柱铰刀和圆锥铰刀（图 1-65）；按铰刀直径调整方式分为整体式铰刀和可调节式铰刀（图 1-66）。

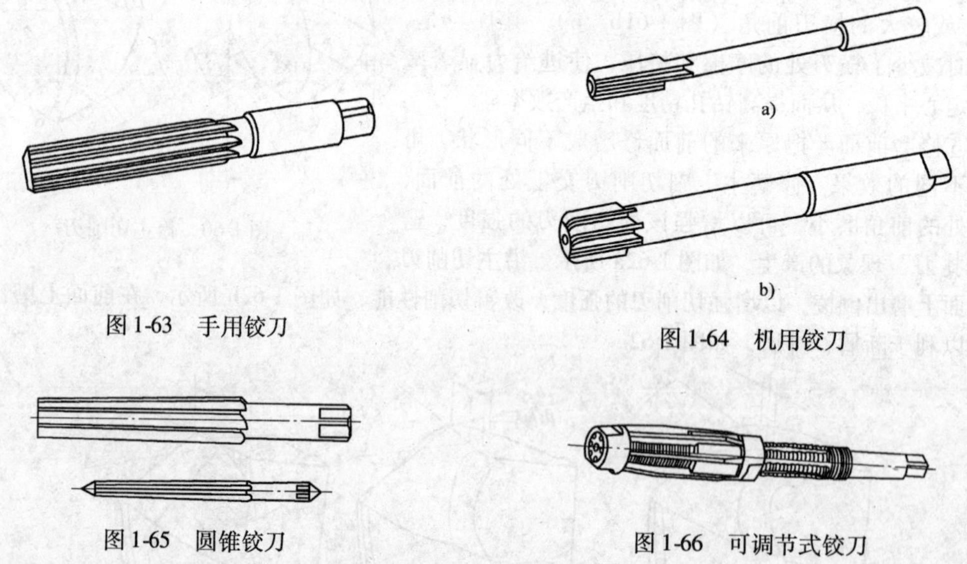

图 1-63　手用铰刀

图 1-64　机用铰刀

图 1-65　圆锥铰刀

图 1-66　可调节式铰刀

（2）铰刀的组成　铰刀由工作部分、柄部和颈部三部分组成，如图 1-67 所示。工作部分分为切削部分和校准部分。切削部分又分为引导锥和切削锥。引导锥使铰刀能方便地进入预制孔。切削锥起主要的切削作用。校准部分又分为圆柱部分和倒锥部分，圆柱部分起修光孔壁、校准孔径、测量铰刀直径以及切削部分的后备作用。倒锥部分起减少孔壁摩擦、防止铰刀退刀时孔径扩大的作用。柄部是夹固铰刀的部位，起传递动力的作用。手用铰刀的柄部均为直柄（圆柱形），机用铰刀的柄部有直柄和莫氏锥柄（圆锥形）之分。颈部是工作部分与柄部的连接部位，用于标注或打印刀具尺寸规格。

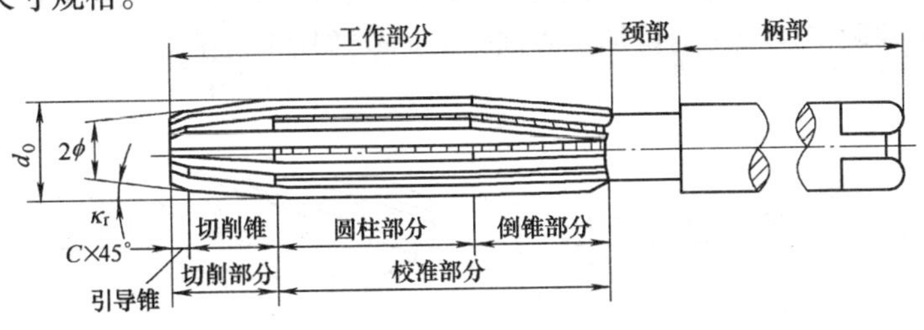

图 1-67　铰刀的组成

(3) 铰刀的结构要素　以图 1-68 所示的整体圆柱机用铰刀为例。

1）直径与公差。铰刀的直径和公差是指校准部分中圆柱部分的直径和公差。由于被铰孔的尺寸和形状的精度最终由铰刀的直径和公差决定，因此，铰刀直径的公称尺寸 d 应等于被铰孔直径的公称尺寸 d_w，而铰刀直径的公差与被铰孔的公差 IT、铰刀本身的制造公差 G、铰刀使用时所需的磨损储备量 N、铰削后被铰孔直径扩张量 P 或收缩量 P_a 有关。

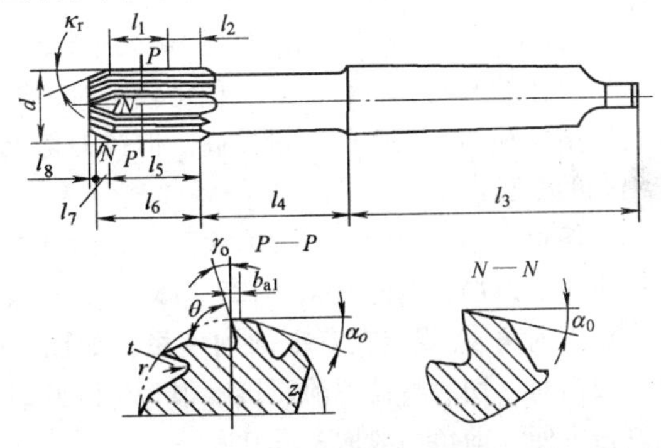

图 1-68　整体圆柱机用铰刀

被铰孔直径的公差 IT，可通过查阅公差表获得；铰刀的制造公差 G，一般取被铰孔直径公差的 1/4 ~ 1/3；铰刀的磨损储备量 N 是通过与铰刀的制造公差合理调节而确定的。因为铰刀的制造公差大了，就会减少铰刀的磨损储备量，使铰刀寿命缩短，反之就会增大铰刀的磨损储备量，使铰刀的制造难度增加；被铰孔直径的扩张量 P 或收缩量 P_a 可通过实验得到。铰刀安装偏离机床旋转中心，刀齿径向圆跳动较大，切削余量不均匀，机床主轴间隙过大等，都会使被铰孔直径扩张；而铰削薄壁工件时，若采用硬质合金铰刀高速铰削，由于弹性变形和热变形，被铰孔的直径会收缩。

2）齿数。齿数是指铰刀工作部分的刀齿数量。一般而言，齿数多，则每齿切削载荷小，工作平稳，导向性好，铰孔精度提高、表面粗糙度值减小。但齿数太多，反而使刀齿强度下降，容屑空间减小，排屑不畅。

齿数是根据铰刀直径和工件材料确定的，铰刀直径大，齿数取多些；反之，齿数取少些。铰削脆性材料，齿数取多些；铰削弹塑性材料，齿数取少些。在常用铰刀直径 $d = 6 \sim 40\text{mm}$ 范围内，齿数一般取 4 ~ 8 个。

3）齿槽方向。铰刀的齿槽方向有直槽（直齿）和螺旋槽（螺旋齿）两种形式，如图 1-69 所示。

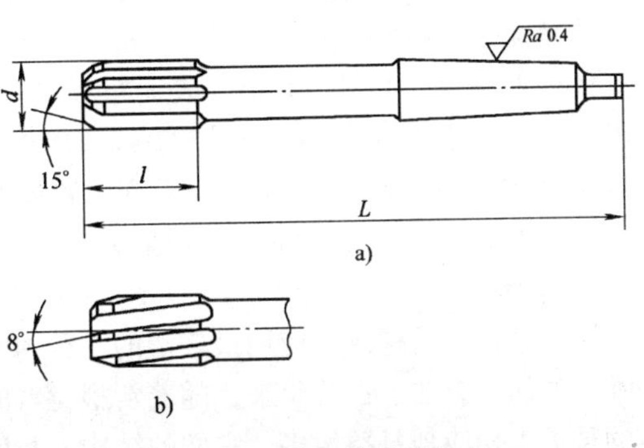

图 1-69　铰刀齿槽的方向
a）直槽　b）螺旋槽

①直槽铰刀：制造方便，刃磨容易，检测简单，应用广泛。

②螺旋槽铰刀：切削平稳，排屑性能提高，

铰削孔质量好，特别是铰削孔壁上有键槽或不连续内表面时，可避免发生铰刀被卡住或刀齿崩裂的现象。

螺旋槽铰刀有右旋和左旋之分，如图 1-70 所示。右螺旋槽铰刀因向已加工表面排屑，适用于铰削不通孔；左螺旋槽铰刀因向待加工表面排屑，故适用于铰削通孔。

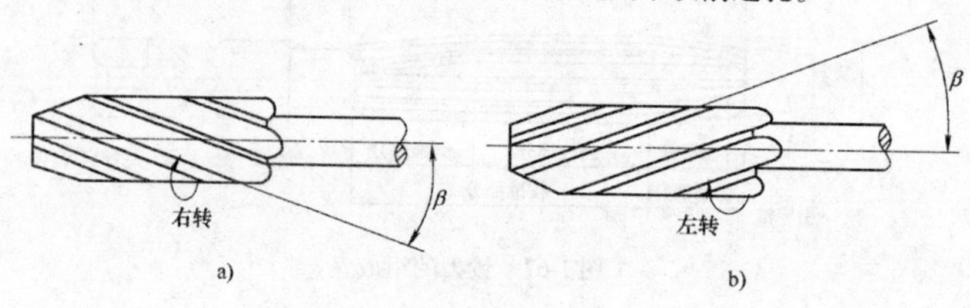

图 1-70 螺旋槽铰刀

a）右螺旋槽 b）左螺旋槽

4）几何角度。主偏角 κ_r 如图 1-68 所示，主偏角的大小对铰削时的导向性、进给力、铰刀切入切出孔的时间等有影响。主偏角较小时，铰刀的导向性好，进给力小，铰削平稳，有利于被铰孔的精度和加工表面的质量提高。但铰刀切入切出孔的时间增加，不利于生产率的提高，难以铰出孔的全长。

主偏角大小的确定，主要取决于铰刀的种类、孔的结构、工件的材料等。手用铰刀 $\kappa_r = 1°$左右；机用铰刀加工钢件时 $\kappa_r = 12° \sim 15°$，加工铸铁时 $\kappa_r = 3° \sim 5°$，加工不通孔时 $\kappa_r = 45°$左右。

铰刀前角 γ_0 规定在背平面内度量，如图 1-68 所示。由于铰削余量很小，切屑也就很小很薄，铰削时，切屑与铰刀前面接触很少。因此前角大小对切削变形影响不明显，为增强刀齿强度和制造方便，前角一般取 $\gamma_0 = 0°$。

铰刀校准部分的后角 α_0 规定在背平面内度量，切削部分的后角规定在正交平面内度量如图 1-68 所示。铰削时，由于切削厚度很小，铰刀磨损主要发生在后面上，为减轻磨损，按理应取较大后角。但是，铰刀是定尺寸刀具（即刀具尺寸直接决定工件尺寸），过大的后角在铰刀重磨后其直径很快减小，从而降低铰刀的使用寿命。为此，铰刀的后角切削部分一般取 $\alpha_0 = 6° \sim 10°$，校正部分略大些，取 $\alpha_0 = 10° \sim 15°$。

用铰刀机动铰孔，湿铰比干铰孔径小 $\phi 0.01 \sim \phi 0.02$mm，且表面粗糙度值小，用这一经验也可以适当调整铰孔大小。

3. 镗孔刀具

镗孔是使用镗刀对已钻出的孔或毛坯孔进行进一步加工的方法。镗孔的通用性较强，可以粗加工、精加工不同尺寸的孔，以及镗通孔、不通孔、阶梯孔，镗加工同轴孔系、平行孔系等。粗镗孔的公差等级为 IT11 ~ IT13，表面粗糙度值为 Ra6.3 ~ 12.5μm；半精镗的公差等级为 IT9 ~ IT10，表面粗糙度值为 Ra1.6 ~ 3.2μm；精镗的公差等级可达 IT6，表面粗糙度值为 Ra0.4 ~ 0.1μm。镗孔具有修正孔的形状误差和位置误差的能力。

车床上的镗孔刀具的结构与外圆车刀类似，如图 1-71 所示。

4. 丝锥

用丝锥加工内螺纹是应用最广泛的一种内螺纹加工方法。对于小尺寸的内螺纹，攻螺纹几乎是唯一的加工方法。近几年来，随着新型材料的不断出现，以及为适应不同类型螺孔的要求，丝锥的种类也相应地日益增多，它们的结构、几何参数、加工过程及其应用范围都各有特点。

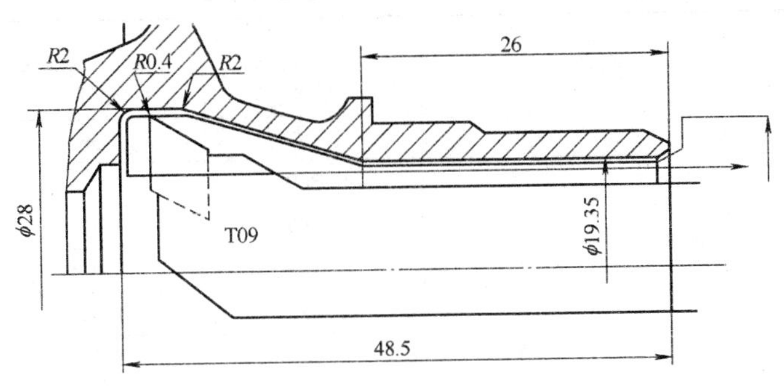

图 1-71　镗孔车刀

（1）各种丝锥的特点及应用范围　各种丝锥的特点及应用范围见表 1-16。

表 1-16　丝锥的特点及应用

丝锥名称	示　图	主要特点	适用范围
手用丝锥		手工攻螺纹，为减轻切削力，常用 2 ~ 3 把丝锥组成一套粗精加工	单件小批生产，通孔、不通孔均可使用
机用丝锥		固定在车床、钻床或攻丝机上进行攻螺纹，攻螺纹速度较高。分短柄、长柄、弯柄三种	成批大量生产中应用最广
螺母丝锥		切削锥占工作部分的四分之三。分短柄、长柄、弯柄三种	大批量螺母生产
板牙丝锥		外形与螺母丝锥相似，只是切削锥更长，容屑槽多而窄，且有斜度	加工各种螺纹板牙攻螺纹用

（2）普通螺纹钻底孔直径

1）钻底孔钻头直径的计算公式为

$$当\ P \leqslant 1\ 时，d_0 = d - P；$$

$$当\ P > 1\ 时，d_0 \approx d - (1.04 \sim 1.08)P$$

式中　P——螺距（mm）；

d——螺纹公称直径（mm）；

d_0——攻螺纹前钻头直径（mm）。

例 1-4　某一个铸铁工件中需要攻 M6、M12 × 1.25 的两种螺纹，计算它们的底孔直径。

分析：在 M6 底孔直径计算中，因为 M6 螺孔的螺距 P 为 1mm，所以按 $d_0 = d - P$ 计算，得

$$d_0 = (6 - 1)\text{mm} = 5\text{mm}$$

在 M12 × 1.25 底孔直径计算中，因为 M12 × 1.25 螺孔的螺距 P 为 1.25mm，故计算按 $d_0 = d - 1.06 \times 1.25$，得

$$d_0 = (12 - 1.3)\text{mm} = 10.7\text{mm}$$

2）普通螺纹底孔推荐钻头直径。普通螺纹底孔推荐钻头直径见表 1-17。

表 1-17　普通螺纹底孔钻头直径　（单位：mm）

螺纹公称直径 d	螺距 P		螺纹小径 最大	螺纹小径 最小	推荐钻头直径 d_0
M2	粗	0.4	1.677	1.567	1.60
	细	0.25	1.809	1.729	1.75
M3	粗	0.5	2.599	2.459	2.50
	细	0.35	2.721	2.621	2.65
M4	粗	0.7	3.422	3.242	3.30
	细	0.5	3.599	3.459	3.50
M5	粗	0.8	4.334	4.314	4.20
	细	0.5	4.599	4.459	4.50
M6	粗	1	5.188	4.918	5.00
	细	0.75	5.378	5.118	5.20
M8	粗	1.25	6.887	6.647	6.70
	细	1	7.118	6.918	7.00
		0.75	7.378	7.118	7.20
M10	粗	1.5	8.626	8.376	8.50
	细	1.25	8.867	8.647	8.70
		1	9.118	8.918	9.00
		0.75	9.378	9.118	9.20
M12	粗	1.75	10.386	10.106	10.20
	细	1.5	10.626	10.376	10.50
		1.25	10.867	10.647	10.70
		1	11.118	10.918	11.00
M16	粗	2	14.135	13.835	13.90
	细	1.5	14.626	14.376	14.50
		1.0	15.118	14.918	15.00

（3）攻螺纹转速　丝锥攻螺纹时，进给速度的选择取决于螺纹导程。对于刚性攻丝和用浮动攻丝夹头的浮动攻丝，攻螺纹时的进给速度计算为

$$v_f = Pn$$

式中　v_f——进给速度（mm/min），一般不要带小数；
P——螺距（mm）；
n——主轴转速（r/min）。

（4）攻丝夹头　MT-G 莫氏圆锥攻丝夹头如图 1-72 所示，轴向有一定升缩量，利于浮动攻丝。配套的攻丝夹套如图 1-73 所示，用来夹持丝锥。

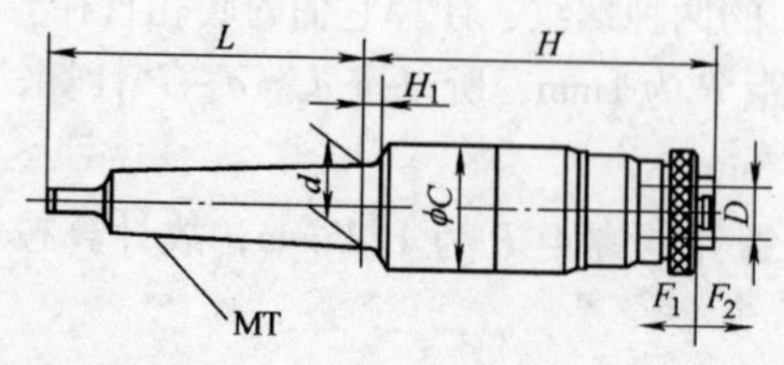

图 1-72　MT-G 莫氏圆锥攻丝夹头

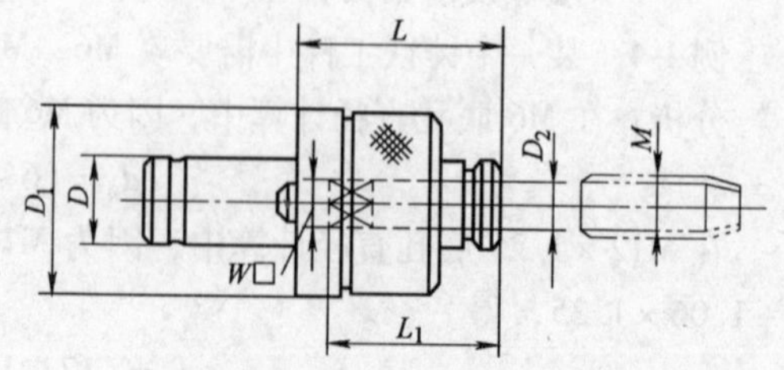

图 1-73　GT 攻丝夹套

（二）圆孔定位及定位元件

车床上以圆孔定位用的较多。工件以圆柱孔作为定位基准时，常用的定位元件有定位销、圆柱心轴、圆锥销和圆锥心轴。

1. 定位销

图 1-74 所示为固定式定位销。A 型圆柱销限制工件的两个自由度；B 型菱形销限制工件的一个自由度。大批大量生产时，常用图 1-74a 所示的带衬套的结构形式，便于更换定位销。定位销的头部常带有 15°倒角，便于插入工件。

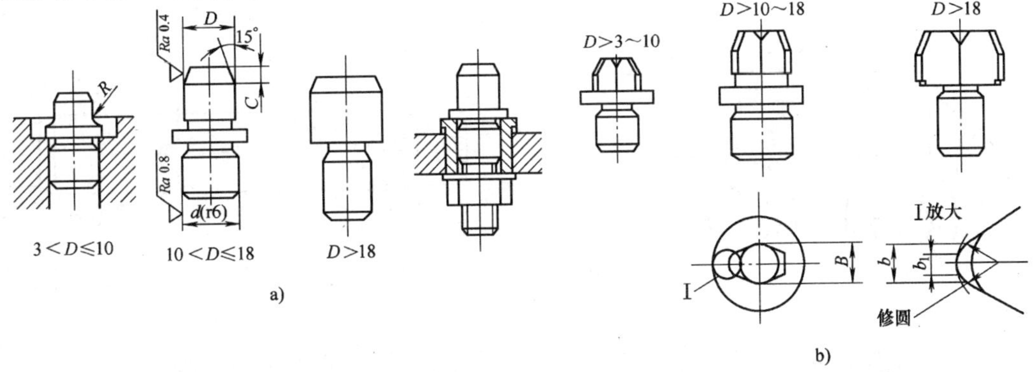

图 1-74　固定式定位销

a）A 型圆柱销　b）B 型菱形销

2. 圆柱心轴

图 1-75 所示为常用圆柱心轴的结构形式。图 1-75a 所示为间隙配合心轴，装卸工件较方便，但定心精度不高。图 1-75b 所示为过盈配合心轴，由引导部分 1、工作部分 2 和传动部分 3 组成。这种心轴制造简单，定心准确，不用另设夹紧装置，但装卸工件不便，易损伤工件定位孔，因此，多用于定心精度要求高的精加工。图 1-75c 所示为花键心轴，用于加工以花键孔定位的工件。

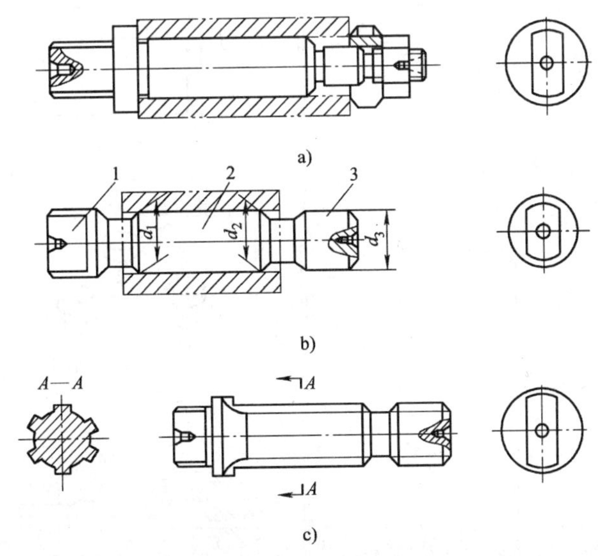

图 1-75　常用圆柱心轴结构形式

a）间隙配合心轴　b）过盈配合心轴　c）花键心轴

3. 圆锥销

采用圆锥销定位时，圆锥销与工件圆孔的接触线为一个圆，限制工件的 $\vec{X}$、$\vec{Y}$、$\vec{Z}$ 三个移动自由度。其中图 1-76a 用于粗定位基面；图 1-76b 用于精定位基面。工件在单个圆锥销上定位容易倾斜，为此，圆锥销一般与其他定位元件组合定位。

4. 圆锥心轴（小锥度心轴）

工件可在圆锥心轴上定位，并靠工件定位圆孔与心轴限位圆锥面的弹性变形夹紧工件，如图 1-77 所示。

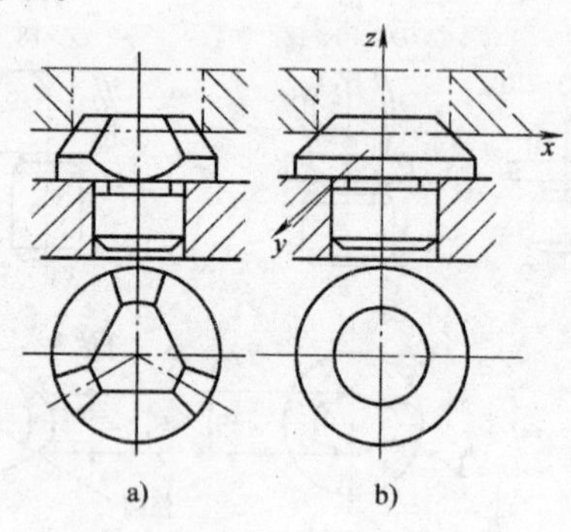

图 1-76　圆锥销

a）粗定位基面　b）精定位基面

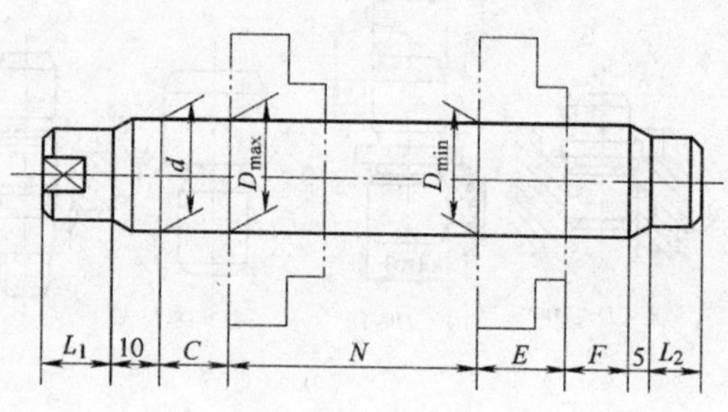

图 1-77　圆锥心轴

这种定位方式的定心精度高，可达 $\phi0.01 \sim \phi0.02$mm，但工件的轴向位移误差较大，适用于工件定位孔公差等级不低于 IT7 的精车和磨削加工，不能加工端面。

上述定位元件能自动地将工件的轴线确定在要求的位置上，这种定位方式称为定心定位。常用的定位元件所能限制的自由度见表 1-18。

表 1-18　常用的定位元件所能限制的自由度

简图及名称	限制的自由度	简图及名称	限制的自由度
定位面 支承钉（光基准用）	1 $\vec{Z}$	定位面 长圆柱销	4 $\vec{Y}$、$\vec{Z}$ $\widehat{Y}$、$\widehat{Z}$
定位面 短圆柱销（与孔接触）	2 $\vec{X}$、$\vec{Y}$	定位面 三个成一平面的支承钉	3 $\vec{Z}$ $\widehat{X}$、$\widehat{Y}$
定位面 短 V 形块（与圆柱面接触）	2 $\vec{X}$、$\vec{Z}$	定位面 浮动顶尖　后顶尖	4 $\vec{Y}$、$\vec{Z}$ $\widehat{Y}$、$\widehat{Z}$

（续）

简图及名称	限制的自由度	简图及名称	限制的自由度
摇板	1 $\vec{Z}$	定位面 长衬套	4 $\vec{Y}$、$\vec{Z}$ $\overset{\frown}{Y}$、$\overset{\frown}{Z}$
定位面 短锥销　短锥套	3 $\vec{X}$、$\vec{Y}$、$\vec{Z}$	定位面 长圆锥销	5 $\vec{X}$、$\vec{Y}$、$\vec{Z}$ $\overset{\frown}{Y}$、$\overset{\frown}{Z}$
长V形块（与圆柱面接触）	4 $\vec{X}$、$\vec{Z}$ $\overset{\frown}{X}$、$\overset{\frown}{Z}$	前固定顶尖　后顶尖	5 $\vec{X}$、$\vec{Y}$、$\vec{Z}$ $\overset{\frown}{Y}$、$\overset{\frown}{Z}$

五、思考与练习

1. “刀具磨损越慢，切削加工时间就越长，即刀具寿命越长。”这句话正确吗？
2. 加工螺纹的加工速度应比车外圆的加工速度快还是慢？
3. 用什么指令编程才能进行 G02/G03 的全圆插补？
4. “车床镗孔时，镗刀刀尖一般应与工件旋转中心等高。”这句话正确吗？
5. 用于数控车床精加工孔的刀具有哪些？
6. 编写如图 1-78、图 1-79 所示模具零件的加工程序。

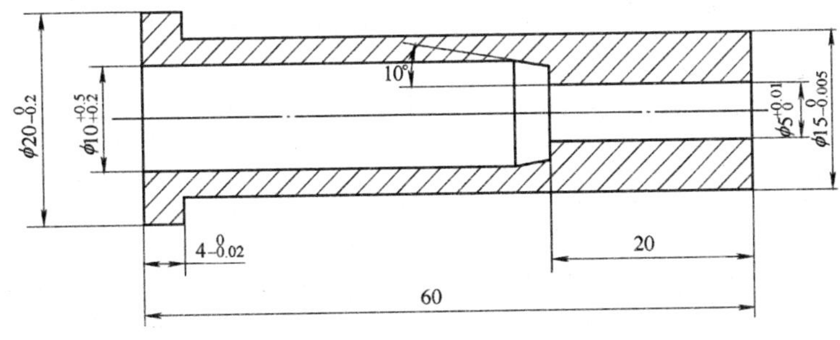

技术要求

1. 材料为 W6Mo5Cr4V2(SKH51)。
2. 热处理要求为 59～61HRC。

图 1-78　直推管

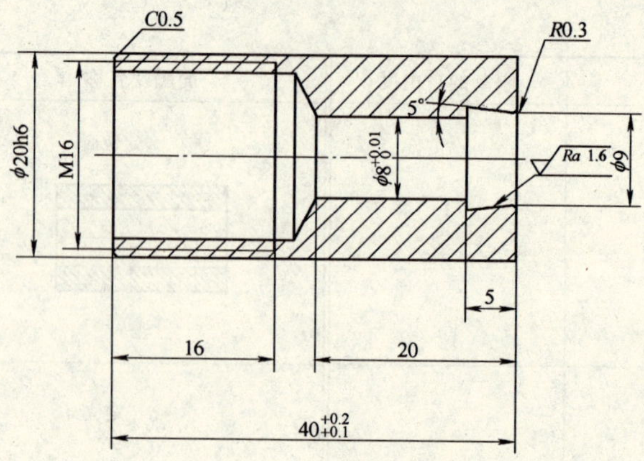

技术要求

1. 材料为 4Cr5MoSiV1(SKD61)。
2. 热处理要求为 48～52HRC。

图 1-79　拉料套

项目二　模具零件的数控铣削加工

一、项目教学目标

1. 会制订各类模具零件的数控加工工艺。
2. 会正确选择数控铣床、刀具、夹具。
3. 会确定切削用量。
4. 会确定加工顺序及进给路线。
5. 会用 FANUC-0i 和 FANUC-0MD 数控系统的指令编制各类模具零件的数控加工程序。

二、项目工作任务

完成模块一～模块四中各类模具零件的数控加工工艺编制及程序编制。

模块一　凸模零件的外轮廓加工

一、教学目标

1. 会制订平面类凸模零件的数控加工工艺。
2. 了解数控铣床及加工中心的结构，会正确选用数控机床。
3. 会正确选择夹具并确定零件的装夹方案。
4. 会合理选用铣刀。
5. 会确定加工顺序及进给路线。
6. 会确定切削用量。
7. 会用 FANUC-0i 数控系统的 G92、G54～G59、G00～G03、G17～G19、G20/G21、G40/G41/G42、G90/G91 等指令编程。
8. 会用 FANUC-0MD 数控系统的 S、F、M、D 等指令编程。
9. 会编制平面类凸模零件的数控加工程序。

二、工作任务

1. 零件图样（图 2-1）
2. 生产纲领

加工 5 件凸模零件。

三、工作化学习内容

（一）编制凸模零件的数控加工工艺

1. 分析零件工艺性能

该零件外形尺寸（长×宽×高）为 100mm×80mm×17mm，是形状规整的长方体 ZL4 铸铝小零件。

加工内容：零件的上平面，下台阶面，4 个角均为 $R10$mm 圆角过渡的 90mm×70mm×3mm

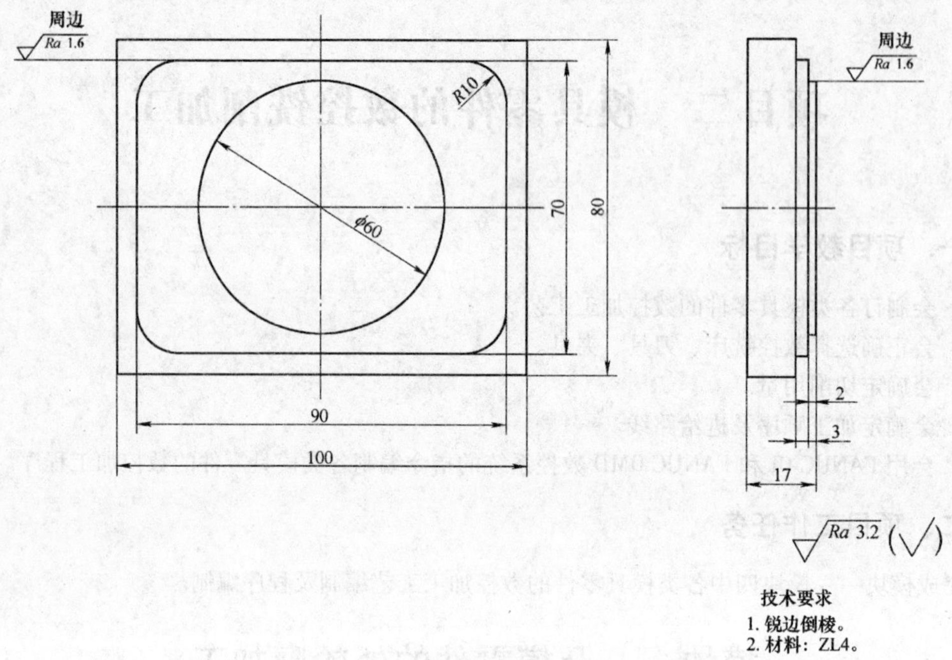

图 2-1　凸模零件

凸台轮廓和 ϕ60mm、高 2mm 的圆形凸台，其余表面不加工。

加工精度：尺寸精度、几何公差均为自由公差，90mm×70mm×3mm 凸台和 ϕ60mm 圆形凸台轮廓表面粗糙度值均为 *Ra*1.6μm，上表面、下台阶面表面粗糙度值为 *Ra*3.2μm。

2. 选用毛坯或明确来料状况

采用车间现有的 100mm×80mm×20mm 锻铝板料代替 ZL4 铸铝。

3. 选用数控机床

由于零件比较简单，加工过程中不需要换刀，所以选用车间里现有的三轴联动 TK7640 数控立式铣床。

4. 确定装夹方案

定位基准的选择：毛坯下表面+两个长侧面。

夹具的选择：选用通用夹具——机用虎钳装夹工件。

5. 确定加工方案及加工顺序

根据零件形状及加工精度要求，一次装夹完成所有加工内容。上表面、下台阶面要求表面粗糙度值为 *Ra*3.2μm，铣削一次能达到加工要求；两凸台轮廓要求表面粗糙度值为 *Ra*1.6μm，分粗、精加工两次完成。

先用面铣刀加工工件上表面，然后用立铣刀加工工件的两凸台轮廓。

6. 选择刀具

铣削上表面选用标准八齿 ϕ100mm 可转位面铣刀。

粗、精加工凸台轮廓时，加工外轮廓应尽量选用大直径铣刀，以提高加工效率。本模块任务选用 ϕ16mm 的三齿平底高速钢立铣刀。

7. 确定切削用量

（1）铣削顶面　八齿 ϕ100mm 面铣刀铣削顶面，侧吃刀量 $a_e = 80\text{mm}$，背吃刀量 $a_p = 3\text{mm}$，查《机械加工手册》取切削速度 $v_c = 120\text{m/min}$，则主轴转速 n（编程时主轴转速用 S 表示）

$$n=1000v_c/(\pi D)=[1000\times 120/(3.14\times 100)]\text{r/min}\approx 380\text{r/min}$$

式中　v_c——切削速度；

D——刀具直径。

查《机械加工手册》取每齿进给量 $f_z=0.08\text{mm/r}$，则进给速度 v_f（编程时用 F 表示）为

$$v_f=0.08\times 8\times 380\text{mm/min}\approx 240\text{mm/min}$$

（2）铣削轮廓　三齿 ϕ16mm 立铣刀，材料为高速钢。铣削凸台轮廓和台阶面时分粗、精铣削。

粗铣：背吃刀量范围为 1.8 ~ 4.8mm，留 0.2mm 精铣余量；侧吃刀量的范围为 4.8 ~ 11.01mm，也留 0.2mm 精铣余量。

查《机械加工手册》取切削速度 $v_c=30\text{m/min}$，则主轴转速

$$n=1000v_c/(\pi D)=[1000\times 30/(3.14\times 16)]\text{r/min}\approx 600\text{r/min}$$

查《机械加工手册》取每齿进给量 $f_z=0.1\text{mm/r}$，则进给速度 v_f

$$v_f=0.1\times 3\times 600\text{mm/min}\approx 180\text{mm/min}$$

精铣：侧吃刀量为 0.2mm，背吃刀量为 0.2mm。

查《机械加工手册》取切削速度 $v_c=40\text{m/min}$，则主轴转速

$$n=1000v_c/(\pi D)=[1000\times 40/(3.14\times 16)]\text{r/min}\approx 800\text{r/min}$$

查《机械加工手册》取每齿进给量 $f_z=0.05\text{mm/r}$，则进给速度

$$v_f=0.05\times 3\times 800\text{mm/min}\approx 120\text{mm/min}$$

8. 填写工艺文件

根据上述分析与计算填写数控加工工艺卡片（表 2-1）。

表 2-1　数控加工工艺卡片（凸模零件）

<table>
<tr><td colspan="2" rowspan="2">单位名称</td><td colspan="2" rowspan="2">××学院</td><td colspan="3">零件名称</td><td colspan="2">零件材料</td><td colspan="2">零件图号</td></tr>
<tr><td colspan="3">凸模</td><td colspan="2">铸铝 ZL4</td><td colspan="2"></td></tr>
<tr><td colspan="2">工序号</td><td colspan="2">程序编号</td><td colspan="3">夹具名称</td><td colspan="2">使用设备</td><td colspan="2">车间</td></tr>
<tr><td colspan="2"></td><td colspan="2">01/02</td><td colspan="3">机用虎钳</td><td colspan="2">TK7640 数控立式铣床</td><td colspan="2">模具实训基地</td></tr>
<tr><td>工步号</td><td colspan="4">工　步　内　容</td><td>刀具号</td><td>刀具规格 /mm</td><td>主轴转速 /r · min⁻¹</td><td>进给速度 /mm · min⁻¹</td><td>背吃刀量 /mm</td><td>备注</td></tr>
<tr><td>1</td><td colspan="4">铣顶面达 Ra3.2μm，厚 17mm</td><td>T01</td><td>φ100</td><td>380</td><td>240</td><td>3</td><td></td></tr>
<tr><td>2</td><td colspan="4">粗铣轮廓，留精加工余量 0.2mm</td><td>T02</td><td>φ16</td><td>600</td><td>180</td><td>1.8 ~ 4.8</td><td></td></tr>
<tr><td>3</td><td colspan="4">精铣轮廓达图样要求</td><td>T02</td><td>φ16</td><td>800</td><td>120</td><td>0.2</td><td></td></tr>
<tr><td>4</td><td colspan="4">清理、入库</td><td></td><td></td><td></td><td></td><td></td><td></td></tr>
<tr><td>编制</td><td colspan="2"></td><td>审核</td><td></td><td>批准</td><td></td><td colspan="2">年　月　日</td><td>共　页</td><td>第　页</td></tr>
</table>

（二）编制凸模零件的数控加工程序

1. 建立工件坐标系

如图 2-2 所示凸模零件加工的进给路线图，在 *XY* 平面，把工件坐标系的原点 *O* 建立在工件正中心。*Z* 轴的原点 *O* 在工件上表面。因为本工件对称，不仅有利于编程坐标计算，而且工件坐标系的原点在机床坐标系中的位置数据比较容易测得，即容易对刀。当然，工件坐标系的原点也可以建立在工件的四个角，不过这样不利于毛坯的对称分布。

2. 编程方案及走刀路径

先用 T01 刀具编一段程序。ϕ100mm 面铣刀先从机床坐标系的原点开始快速定位到 1 点的上

方，然后下刀到要求高度，不用刀补，直线插补过毛坯的右端面55mm后抬刀。

再用T02刀具编另一段程序。ϕ16mm立铣刀先从机床坐标系的原点开始快速定位到1点的上方，下刀到要求高度，直线插补建立刀具半径补偿至2点后沿3→4→5→6→7→8→9→10→11→3点路线铣削，抬刀至$Z=-2$mm，直线插补至12点再到13点，加工整圆回到13点，从13→14点取消刀具半径补偿，最后在14点抬刀。

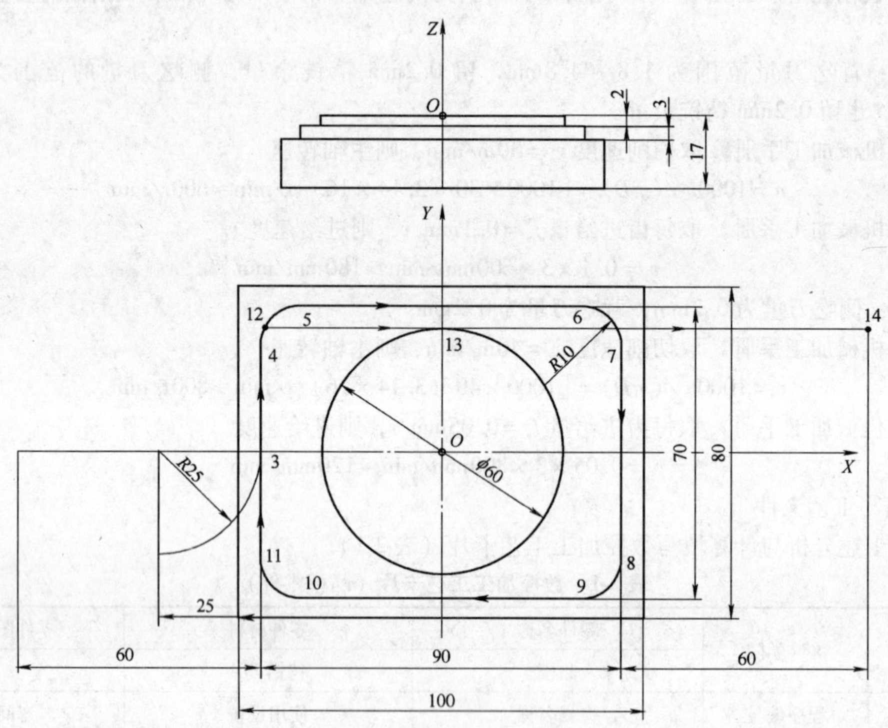

图2-2 凸模零件加工的进给路线图

3. 计算编程尺寸

编程所需的基点坐标见表2-2。

表2-2 基点坐标

基点序号	X坐标值	Y坐标值	基点序号	X坐标值	Y坐标值
1	−105	0	8	45	−25
2	−70	−25	9	35	−35
3	−45	0	10	−35	−35
4	−45	25	11	−45	−25
5	−35	35	12	−45	30
6	35	35	13	0	30
7	45	25	14	105	30

4. 编制程序（表2-3、表2-4）

表 2-3　凸模零件上表面加工主程序

主　程　序	注　　释
O0001;	ϕ100mm 面铣刀铣削凸模零件上表面加工主程序
N10　G90　G54　G00　X-105　Y0　M03　S380;	绝对值输入，调用第一工件坐标系，快速定位到 1 点上方，主轴正转，转速为 380r/min
N20　Z-3;	下刀至平面 $Z=-3$mm
N30　G01　X105　F240;	以进给速度 240mm/min 直线插补过毛坯的右端面 55mm
N40　G00　Z200;	抬刀至平面 $Z=200$mm
N50　M30;	程序结束

表 2-4　凸模零件轮廓粗、精加工主程序

主　程　序	注　　释
O0002;	ϕ16mm 立铣刀铣凸模零件轮廓粗、精加工主程序
N10　G90　G55　G00　X-105　Y0　M03　S600;	绝对值输入，调用第二工件坐标系，快速定位到 1 点上方，主轴正转，转速为 600r/min（精加工时主轴转速取 800r/min）
N20　Z-4.8;	下刀至平面 $Z=-4.8$mm（精铣轮廓理论 $Z=-5$mm，要实测）
N30　G41　G01　X-70　Y-25　D01　F180;	以进给速度 180mm/min 直线插补至 2 点建立左刀补（精加工时进给速度取 120mm/min，粗加工 D01 取 8.2mm，精加工理论值为 8mm，要实测）
N40　G03　X-45　Y0　R25;	插补至点 3
N50　G01　Y25;	插补至点 4
N60　G02　X-35　Y35　R10;	插补至点 5
N70　G01　X35;	插补至点 6
N80　G02　X45　Y25　R10;	插补至点 7
N90　G01　Y-25;	插补至点 8
N100　G02　X35　Y-35　R10;	插补至点 9
N110　G01　X-35;	插补至点 10
N120　G02　X-45　Y-25　R10;	插补至点 11
N130　G01　Y0;	插补至点 3
N140　Z-1.8;	抬刀至平面 $Z=-1.8$mm（精铣轮廓理论 $Z=-2$mm，要实测）
N150　Y30;	插补至点 12
N160　X0;	插补至点 13
N170　G02　J-30;	ϕ60mm 铣整圆
N180　G40　G01　X105;	插补至点 14 并取消刀补
N190　G00　Z200;	抬刀至平面 $Z=200$mm
N200　M30;	程序结束

四、相关的理论知识

（一）数控铣削加工机床结构

1. 数控铣床分类

模具零件大都用刀具切削成形，刀具在工件表面上连续切削要有主运动和进给运动。对于普

通铣床，固定在主轴上的刀具随主轴作回转主运动，装夹在工作台上的工件由手工操作相对刀具作三维进给运动进行切削。

数控铣床的加工，就是按普通机床切削模式用旋转伺服电动机通过传动精度较高的同步带直接驱动主轴作回转主运动，用旋转伺服电动机传动精度较高的滚珠丝杠螺母副，把旋转运动变成直线运动。数控铣床的装夹工作台就是用这两种传动机构传动，使刀具能在工件上作三维铣削。

数控铣床上增加刀具库架就成为加工中心。加工中心可以在加工过程中按需要自行换刀，工件一次装夹后，可以对加工面进行铣、镗、钻、扩、铰及攻螺纹等多工序连续加工。

数控铣床和加工中心的主要区别在于，加工中心比数控铣床增加了一个容量较大的刀库和自动换刀装置，可以连续自动完成不同刀具的不同加工内容。

数控铣床通常以主轴与工作台的相对位置分类，分为卧式数控铣床、立式数控铣床和万能数控铣床。按工件和主轴运动方式可分为三轴数控铣床、四轴数控铣床、五轴数控铣床。

（1）三轴数控铣床　图2-3a所示为立式数控铣床，*XY*平面为工件运动平面，刀具在*Z*轴方向上下运动，刀具相对工件能在*X*、*Y*、*Z*三个坐标轴方向上作进给运动，这样的数控铣床称为三轴数控铣床。图2-3b所示为卧式三轴数控铣床。

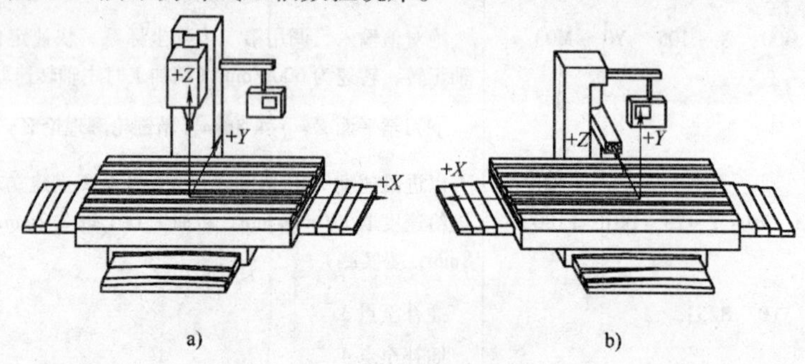

图2-3　三轴数控铣床

a）立式数控铣床　b）卧式数控铣床

（2）四轴数控铣床　如果把工件装夹在如图2-4a所示的*X*、*Z*方向工作台上，还能绕*Y*轴回转，或者把工件装夹在如图2-4b所示的*X*、*Y*方向工作台上，还能绕*X*轴回转，绕坐标轴旋转也作为一轴，就称为四轴数控铣床。

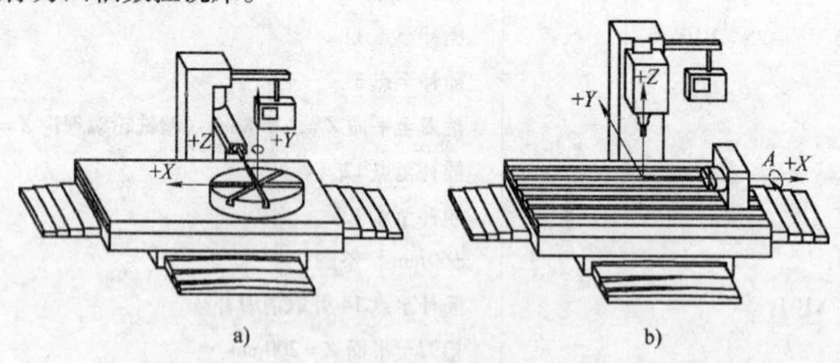

图2-4　四轴数控铣床

（3）五轴数控铣床　如果在四轴基础上让如图2-5所示的主轴也作回转运动，就称为五轴数控铣床。轴数越多，铣床加工能力越强，加工范围越广。

2. 数控铣削加工中心的结构

无论哪一种结构形式的数控铣床，除机床基础件外，主要系统组成如图2-6所示。

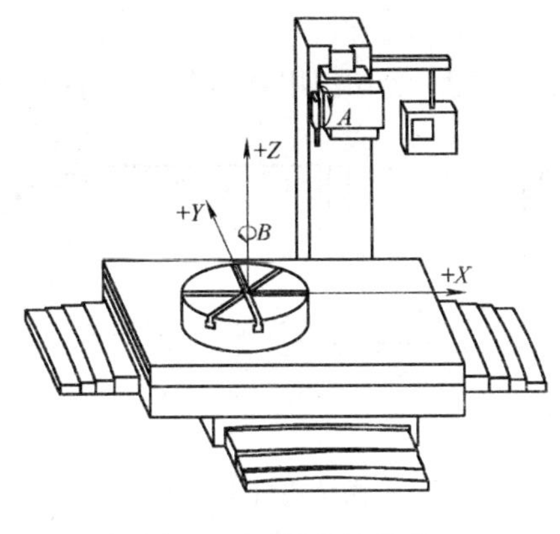

图 2-5　五轴数控铣床

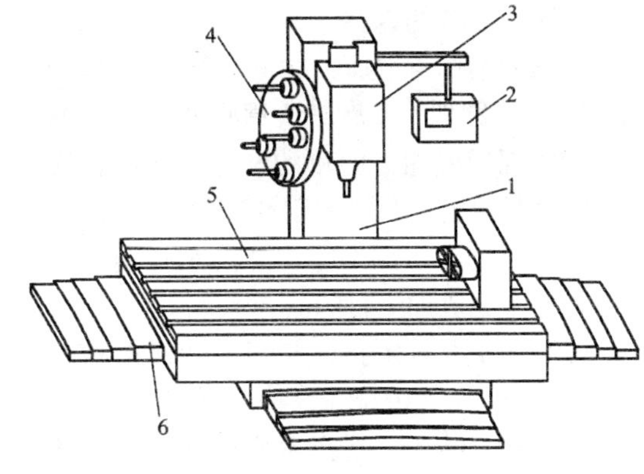

图 2-6　数控铣削加工中心结构
1—立柱　2—计算机数控系统　3—主传动系统　4—刀库　5—工作台　6—滑轨

数控铣削加工中心由以下几部分组成：计算机数控系统；主传动系统；进给传动系统；实现某些动作和辅助功能的系统和装置，如液压、气动、润滑、冷却等系统，排屑、防护等装置，刀架和自动换刀装置，自动托盘交换装置；特殊功能装置，如刀具破损监控、精度检测和监控装置。

机床基础件（或称机床大件）通常是指床身、底座、立柱、横梁、滑座、工作台等。它们是整台机床的基础和框架，机床的其他零部件固定在基础件上，或工作时在其导轨上运动。

对于加工中心，除上述组成部分外，有的还有双工位工件自动交换装置。柔性制造单元还带有工位数较多的工件自动交换装置，有的甚至还配有用于上、下料的工业机器人。

（二）工件的定位与装夹

1. 工作台

立式数控铣床工作台不作分度运动，其形状一般为长方形，装夹为 T 形槽，如图 2-7 所示。第 1、2、4 槽为装夹用 T 形槽，第 3 槽为基准 T 形槽。

2. 机用虎钳

通用夹具作为机床附件已标准化、系列化，适合于工件形状比较规则的单件小批量零件的装夹。本模块选用回转式机用虎钳装夹零件。如图 2-8 所示为回转式机用虎钳，主要由固定钳口、活动钳口、底座等组成。钳体能在底座上任意扳转角度。装夹工件时，先把机用虎钳固定在工作台上并校准，然后装夹工件。

3. 工件装夹

数控机床上零件的安装方法与普通机床一样，要合理选择定位基准和夹紧方案，注意以下两点。

1）力求设计、工艺与编程计算的基准统一，这样有利于编程时数值计算的简便性和精确性。

2）尽量减少装夹次数，尽可能在一次定位装夹后，加工出全部待加工表面。

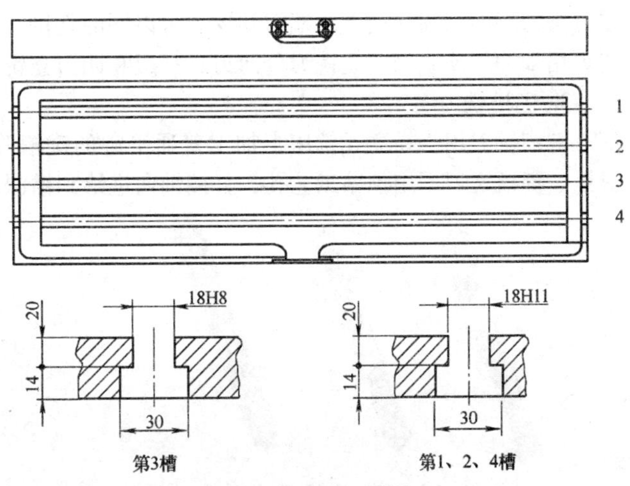

图 2-7　长方形工作台

（三）刀具的选择

刀具的选择与被加工材料、加工工序内容、机床的加工能力、切削用量等有关。总的选择原则是适用、安全、经济。适用是要求选择的刀具能实现切削加工的目的和加工精度；安全是指刀具要具有足够的刚性、强度和硬度，保证刀具必要的使用寿命；经济是指用最小的刀具成本完成加工目的。

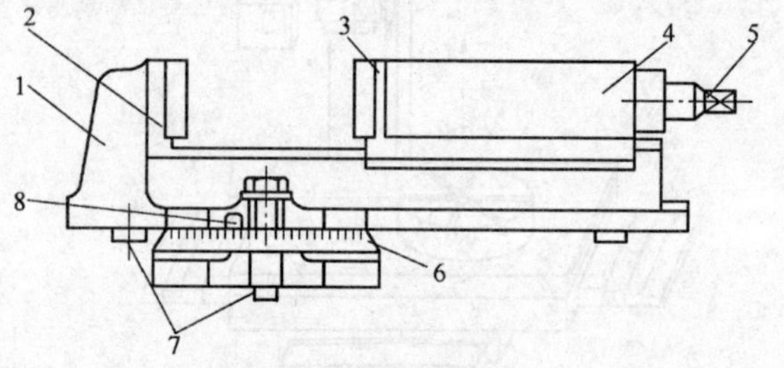

图 2-8　回转式机用虎钳

1—钳体　2—固定钳口　3—活动钳口　4—活动钳身　5—丝杠方头　6—底座　7—定位键　8—钳体零线

刀具的主要技术指标是刀具的制造精度和刀具寿命，它们的高低与刀具的价格成正比。加工同一结构，选择寿命长和精度高的刀具必然增加刀具成本，但也可以使加工的质量和效率提高，从而使加工总成本降低，加工效益更高。一般情况下，加工切削低硬度金属选择高速钢或硬质合金刀具；切削高硬金属，必须选用硬质合金或强度更高的刀具。

数控加工的刀具从构造上可以分为整体式、镶嵌式两种类型，镶嵌式又分焊接式和机夹式。从制造的材料分，数控加工的刀具有高速钢刀具、硬质合金刀具、陶瓷刀具、立方氮化硼刀具、金刚石刀具等。

下面重点介绍在数控加工中常用的刀具形状及其加工特点。

1. 面铣刀

面铣刀主要用于在铣床上加工平面、台阶等。面铣刀切削刃多制成套式镶齿结构分布在面铣刀的圆周表面和端面上，如图 2-9 所示。刀齿采用硬质合金或高速钢材料，刀体材料为 40Cr。硬质合金面铣刀允许的铣削速度较高，加工效率高，加工质量也比高速钢面铣刀好，应用广泛。

图 2-9 所示为可转位式硬质合金面铣刀，可转位刀片通过夹紧元件夹固在刀体上，当一个切削刃磨钝后，可将刀片转位或更换新的刀片。

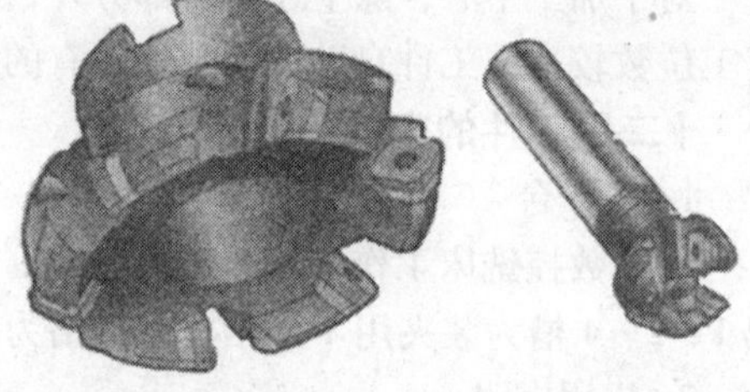

图 2-9　可转位式硬质合金面铣刀

2. 立铣刀

立铣刀主要用于在铣床上加工凹槽、台阶面等。立铣刀的结构如图 2-10 所示。切削刃分布在刀头的端面和圆柱面上，端刃和周刃可以同时切削，也可以单独切削。端刃用来加工底平面，周刃用来加工侧立面。立铣刀分两刃、三刃和四刃立铣刀。

3. 键槽铣刀

键槽铣刀用于在立式铣床上加工普通平键的键槽等。其形状与两刃立铣刀相似，如图 2-11 所示。键槽铣刀不用预钻工艺孔，直接轴向进给到槽深，再沿键槽方向铣出键槽全长。

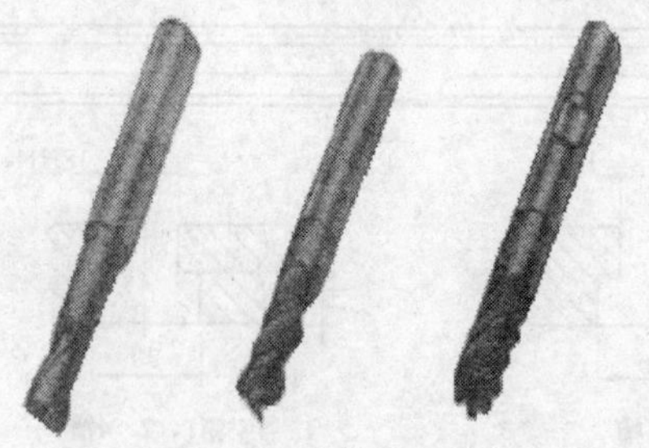

图 2-10　立铣刀

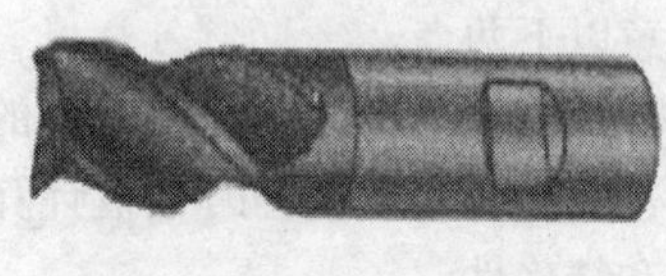

图 2-11　键槽铣刀

4. 球头铣刀

球头铣刀是在立式铣床上加工模具小型型腔和空间曲面的立式铣刀。按切削部位形状分圆锥形立铣刀（图 2-12）和圆柱球头立铣刀、圆锥球头立铣刀（图 2-13）；按刀柄形状分直柄和锥柄立铣刀。球头铣刀的结构特点是切削部分的圆周和球头带有连续的切削刃，可以进行轴向和径向的进给加工。小型立铣刀（直径为 20mm 以下）多采用整体结构，大型立铣刀采用焊接或可转位刀片结构制造。如图 2-14 所示分别是可转位球头立铣刀和可转位圆刀片铣刀。

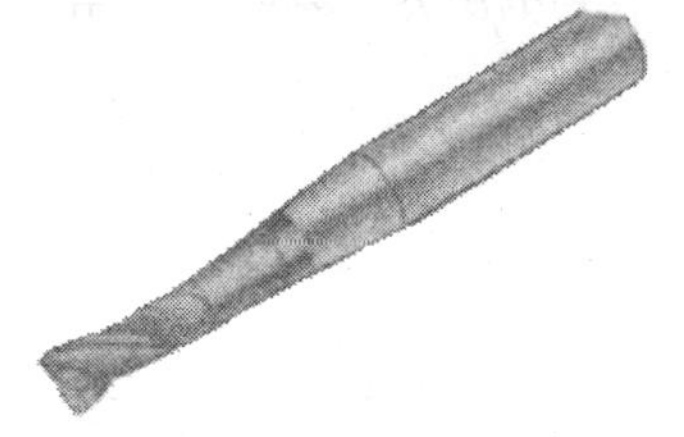

图 2-12　圆锥形立铣刀

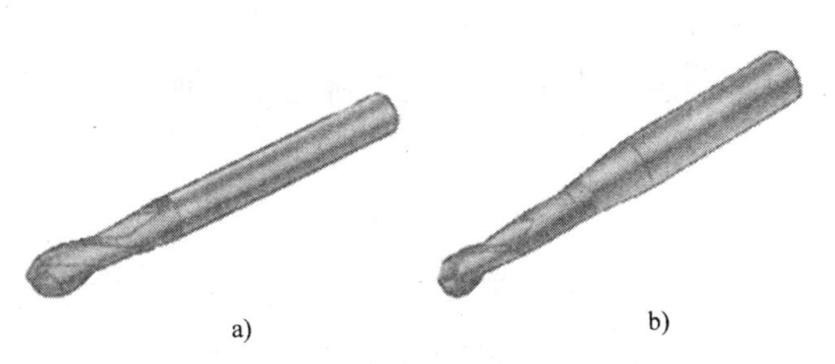

图 2-13　圆柱球头立铣刀、圆锥球头立铣刀
a）圆柱球头立铣刀
b）圆锥球头立铣刀

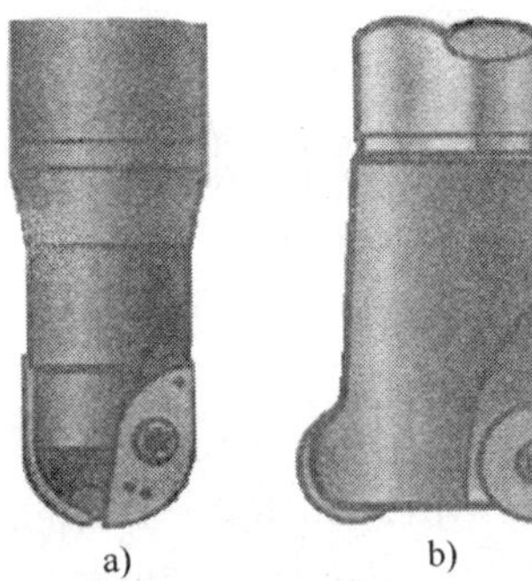

图 2-14　可转位球头立铣刀和可转位圆刀片立铣刀
a）可转位球头立铣刀
b）可转位圆刀片立铣刀

（四）铣削加工进给路线的分析

刀具切入、切出工件轮廓时，应沿切入、切出点的切线或延长线方向进行，这样能最大限度地减小接刀痕迹，有利于保证切入点和切出点光滑。图 2-15 和图 2-16 所示为内、外型腔用立铣刀侧面铣削的走刀路线，表示了切线、延长线、圆弧过渡三种切入、切出方式。图 2-15 所示为铣内、外圆轮廓刀具切入、切出方式，其中铣外圆轮廓切线切入、切出路径是 1→2→9→4→2→3，铣外圆轮廓圆弧过渡切入、切出路径是 11→8→9→4→2→9→10→11，铣内圆轮廓圆弧过渡切入、切出路径是 6→5→4→2→9→4→7→6。图 2-16 所示为铣非内、外圆轮廓刀具切入、切出方式，其中铣外轮廓延长线切入、切出路径是 12→13→15→9→2→4→15→14→12，铣外轮廓圆弧过渡切入、切出路径是 11→8→9→2→4→15→9→10→11，铣内轮廓圆弧过渡切入、切出路径是 6→5→4→15→9→2→4→7→6。切入、切出方式的起点与终点重合与否和接刀痕迹大小无关，而与后续的深度分层铣削有关。

（五）数控铣床坐标系

1. 机床参考点

通常数控铣床的参考点是机床的一个固定点，在这个位置交换刀具或设定坐标系，它也是编程的绝对零点和换刀点。把刀具移动到参考点，可采用手动返回参考点和自动返回参考点。

（1）手动返回参考点　机床每次开机后必须首先执行返回参考点再进行其他操作，按“手动返回参考点”按钮完成。

（2）自动返回参考点　通常在接通电源后，首先执行手动返回参考点设置机床坐标系。然后，用自动返回参考点功能，将刀具移动到参考点进行换刀。机床坐标系一旦设定，就保持不变，直到电源关掉为止。

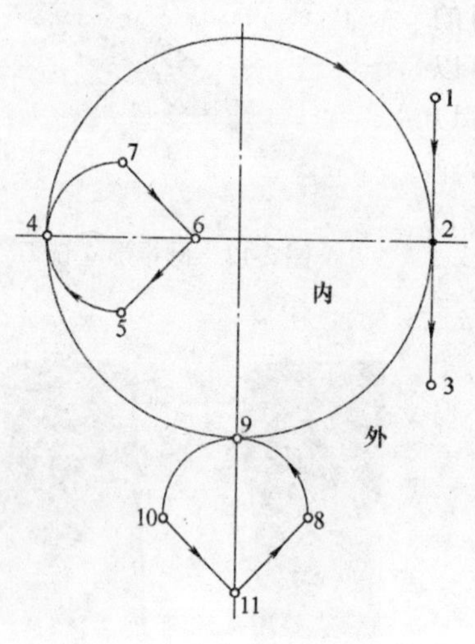

图 2-15　铣内、外圆轮廓刀具切入、切出方式

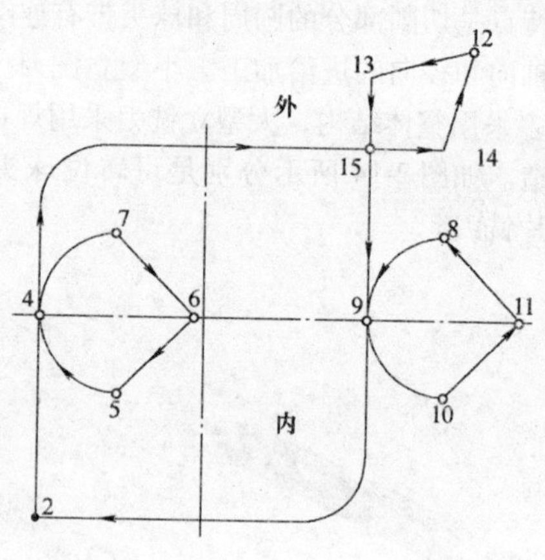

图 2-16　铣非内、外圆轮廓刀具切入、切出方式

2. 工件坐标系

实际加工时，工件装夹到工作台的位置是不确定的，因此机床坐标系无法事先确定刀轨与工件的位置关系。为了解决这个问题就要设置相对坐标系，称为工件坐标系，有的称加工坐标系。每台数控机床都有一个如图 2-17 所示的 $X_0Y_0Z_0$ 坐标系，该坐标系称为机床坐标系。机床坐标系的原点 O_0 由生产厂家出厂前设定，一般固定不变。工件坐标系和机床坐标系的相对关系如图 2-17 所示。

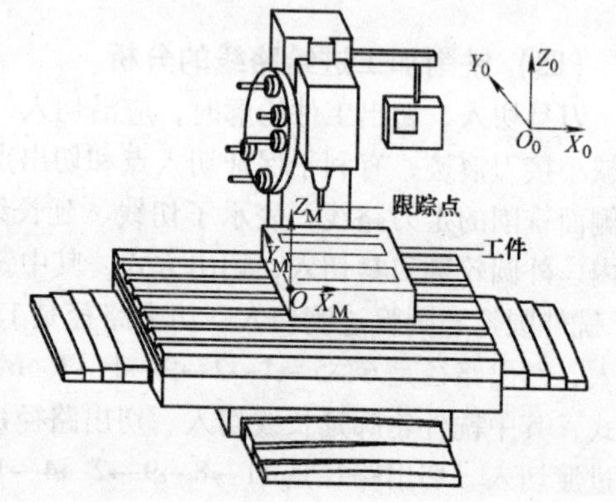

图 2-17　工件坐标系和机床坐标系

（六）基本编程功能简介

现以配备 FANUC-0MD 系统的数控铣床和加工中心为例，介绍数控铣床和加工中心的编程方法。

1. F、S、T 功能

（1）进给功能（F 功能）

1）格式：F＿；

2）说明：进给功能用于指定进给速度（mm/min），由 F 代码指定，范围为 1 ~ 15000mm/min（米制），0. 01 ~ 600. 00in/min（英制）。如“F200；”表示进给速度为 200mm/min。

使用机床操作面板上的开关，可以对快速移动速度或切削进给速度使用倍率。为防止机械振动，在刀具移动开始和结束时，自动实施加、减速。

（2）主轴功能（S 功能）

1）格式：S __；

2）说明：S功能用于设定主轴转速（r/min），范围为0～20000r/min。S后面可以直接指定四位数的主轴转速，也可以指定两位数表示主轴转速的千位和百位。如“S10;”表示主轴转速为1000r/min。

（3）刀具功能（T功能）

1）格式：T __；

2）说明：当机床进行加工时，必须选择适当的刀具。每个刀具赋给一个编号，在程序中指令不同的编号时，就选择相应的刀具。T功能用于选择刀具号，其范围是T00～T99。当机床换刀时，要配合辅助功能M06使用。如要调用放在ATC的2号位刀具时，通过指令“M06　T02;”就可以调用该刀具。

2. 辅助功能（M功能）

辅助功能用于指令机床的辅助操作，如主轴的起动、停止，切削液的开、关等（表2-5）。

表2-5　常用M代码及其含义

M代码	功能	说明
M00 M01	程序停 计划停	后指令码
M02 M30	程序结束 程序结束并返回	后指令码
M03 M04	主轴正转 主轴反转	前指令码
M05	主轴停	后指令码
M06	换刀	后指令码
M08 M09	切削液开 切削液关	前指令码 后指令码
M13 M14	主轴正转、切削液开 主轴反转、切削液开	前指令码
M17	主轴停、切削液停	后指令码
M98 M99	调用子程序 子程序结束	后指令码

注意：M代码可分为前指令码和后指令码。其中前指令码可以和移动指令同时执行，如“G01　X20　M03;”表示刀具移动的同时主轴也旋转；而后指令码必须在移动指令完成后才能执行，如“G01　X20　M05;”表示刀具移动20mm后主轴才停止。

一般情况下，一个程序段仅能指定一个M代码，有两个以上M代码时，最后一个M代码有效。

3. 准备功能（G功能）

准备功能用于指令机床各坐标轴运动。有两种代码，一种是模态代码，一旦指定将一直有效，直到被另一个模态代码取代。另一种为非模态代码，只在本程序段中有效。本系统的部分G代码列表见表2-6。

表 2-6　部分 G 代码列表

G 代码	组	功　能	G 代码	组	功　能
◤ G00	01	定位	G53	00	选择机床坐标系
◤ G01		直线插补	◤ G54	14	选择工件坐标系 1
G02		圆弧插补/螺旋线插补 CW	G54.1		选择附加工件坐标系
G03		圆弧插补/螺旋线插补 CCW	G55		选择工件坐标系 2
G04	00	停刀，准确停止	G56		选择工件坐标系 3
G08		先行控制	G57		选择工件坐标系 4
G09		准确停止	G58		选择工件坐标系 5
G10		可编程序数据输入	G59		选择工件坐标系 6
G11		可编程序数据输入方式取消	G65	00	宏程序调用
◤ G17	02	选择 *XP*、*YP* 平面　*XP*：*X* 轴或其平行轴	G66	12	宏程序模态调用
◤ G18		选择 *ZP*、*XP* 平面　*YP*：*Y* 轴或其平行轴	◤ G67		宏程序模态调用取消
◤ G19		选择 *YP*、*ZP* 平面　*ZP*：*Z* 轴或其平行轴	G73	09	排屑钻孔循环
G20	06	英寸输入	G74		左旋攻螺纹循环
G21		毫米输入	G76		精镗循环
G27	00	返回参考点检测	◤ G80		固定循环取消/外部操作功能取消
G28		返回参考点	G81		钻孔循环、锪镗循环或外部操作功能
G29		从参考点返回	G82		钻孔循环或反镗循环
G33	01	螺纹切削	G83		排屑钻孔循环
G37	00	自动刀具长度测量	G84		攻螺纹循环
G39		拐角偏置圆弧插补	G85		镗孔循环
◤ G40	07	刀具半径补偿取消/三维补偿取消	G86		镗孔循环
G41		左侧刀具半径补偿/三维补偿	G87		背镗循环
G42		右侧刀具半径补偿	G88		镗孔循环
G43	08	正向刀具长度补偿	G89		镗孔循环
G44		负向刀具长度补偿	◤ G90	03	绝对值编程
G45	00	刀具偏置值增加	◤ G91		增量值编程
G46		刀具偏置值减小	G92	00	设定工件坐标系
G47		2 倍刀具偏置值	◤ G94	05	每分钟进给
G48		1/2 倍刀具偏置值	G95		每转进给
◤ G49	08	刀具长度补偿取消	◤ G98	10	固定循环返回到初始点
G52	00	局部坐标系设定	G99		固定循环返回到 *R* 点

说明：

1）如设定参数，使电源接通或复位时 CNC 进入清除状态，此时模态 G 代码的状态如下。

①模态 G 代码的状态在表 2-6 中用“◤”指示。

②当电源接通或复位而使系统为清除状态时，原来的 G20 或 G21 保持不变。

③设定参数可以选择 G00 或 G01。

④设定参数可以选择 G90 或 G91。

⑤设定参数可以选择 G17、G18 或 G19。

2）00 组 G 代码中，除了 G10 和 G11 以外，其他的都是非模态 G 代码。

3）可以在同一程序段中指令多个不同组的 G 代码。如果在同一程序段中指令了多个同组的 G 代码，仅执行最后指令的 G 代码。

4）如果在固定循环中指令了 01 组的 G 代码，则固定循环被取消，这与指令 G80 的状态相同。注意：01 组 G 代码不受固定循环 G 代码的影响。

5）G 代码按组号显示。

（七）常用编程指令

1. 工件坐标系的设定

编程时，必须首先确定工件零点。工件零点通常设定在工件或夹具的合适位置上，便于对刀、测量、坐标计算，若能与定位基准重合，则可以减少装夹误差。设定工件坐标系的方法有两种：G92 法和 CRT/MDI 面板输入法（G54 ~ G59）。

（1）G92 法　在程序中，在 G92 之后指定一个值来设定工件坐标系。

1）格式：（G90）G92 X __ Y __ Z __；

2）说明：设定工件坐标系，使刀具上的点（如刀尖）位于指定的坐标位置。如果在刀具长度偏置期间用 G92 设定坐标系，则 G92 用无偏置的坐标值设定坐标系。刀具半径补偿被 G92 临时删除。

例 2-1　设置如图 2-18a 所示图形的工件坐标系。

G92　X25.2　Z23；//指令设置坐标系（刀尖是程序的起点）

例 2-2　设置如图 2-18b 所示图形的工件坐标系。

G92　X600　Z1200；//指令设置坐标系（刀柄上的基准点是程序的起点）

如果发出绝对指令，基准点移动到指令位置。为了把刀尖移动到指令位置，则刀尖到基准点的差，用刀具长度偏差来补偿。

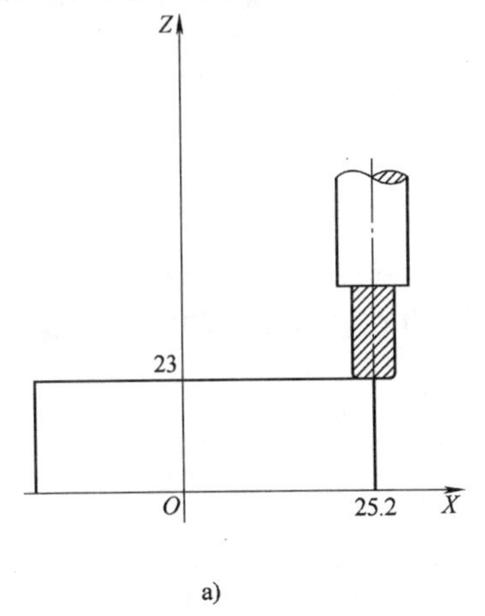

a)

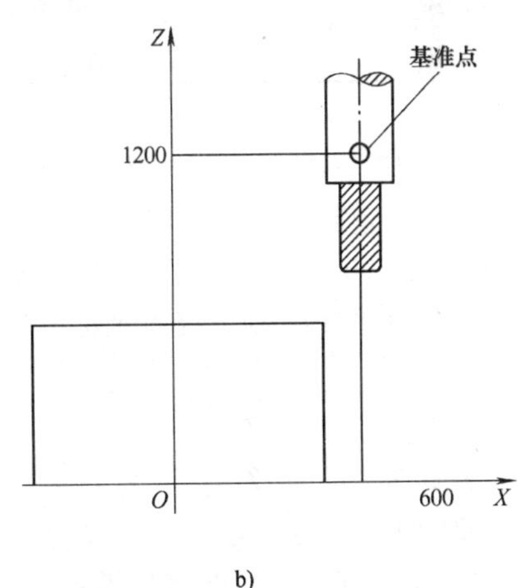

b)

图 2-18　G92 设置工件坐标系

（2）CRT/MDI 面板输入法（G54 ~ G59）　用 MDI 面板可设定 6 个工件坐标系 G54 ~ G59，如图 2-19 所示为机床坐标系与工件坐标系的关系。对刀时，只需将工件零点在机床坐标系当中的位置坐标输入到 G54 ~ G59 任意一个工件坐标系当中，编程时直接调用即可。

例 2-3　用 G55 选择工件坐标系 2，刀具定位到选择工件坐标系 2 的坐标点（40，100），如

图 2-20 所示。

G90　G55　G00　X40　Y100；

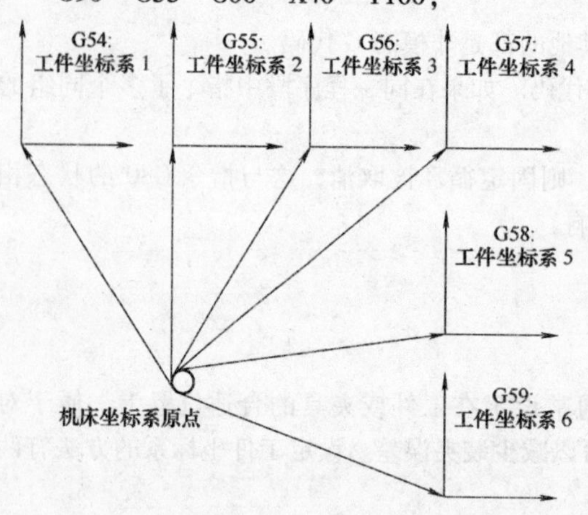

图 2-19　机床坐标系与工件坐标系的关系

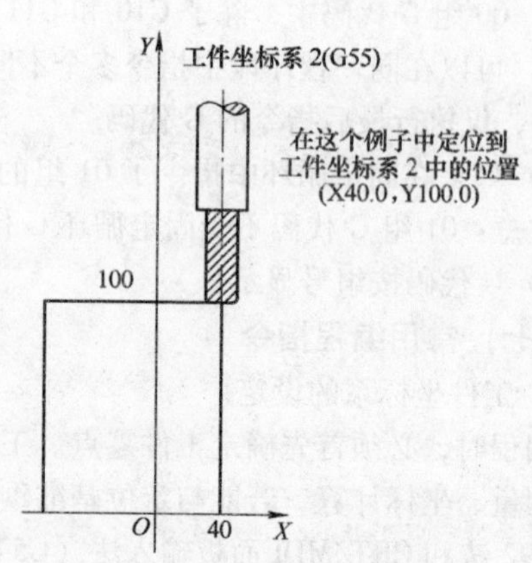

图 2-20　选择工件坐标系举例

2. 英制/米制转换 G20/G21

G20/G21 指令指定坐标尺寸的单位。G21 为米制输入方式，最小输入增量为 0.001mm；G20 为英制输入方式，最小输入增量为 0.0001inch。

3. 平面选择 G17 ~ G19

对使用 G 代码的圆弧插补、刀具半径补偿和钻孔，需要用 G 代码指令选择平面，见表 2-7。

表 2-7　由 G 代码选择的平面

G 代码	选择的平面	
◤ G17	选择 *XP*、*YP* 平面	*XP*：*X* 轴或其平行轴
◤ G18	选择 *ZP*、*XP* 平面	*YP*：*Y* 轴或其平行轴
◤ G19	选择 *YP*、*ZP* 平面	*ZP*：*Z* 轴或其平行轴

在不指令 G17、G18、G19 的程序段中，平面维持不变。

4. 绝对制/增量制 G90/G91

使用绝对制 G90 编制程序时，使用的点的坐标都是相对于编程零点，这些值是固定不变的；使用增量制 G91 编制程序时，终点坐标的确定是相对于起始点在各轴增加的值，与编程零点没有关系。

格式：G90 X __ Y __ Z __；

　　　G91 X __ Y __ Z __；

在图 2-21 中，所给出的 *A*、*B*、*C* 点坐标都是相对于坐标原点，即编程零点。如果使用绝对制 G90 方式，按照 *A*→*B*→*C*→*A* 顺序移动，则各点的坐标为 *B*（40，40）、*C*（50，-20）、*A*（-20，0）；如果换成增量制 G91 方式，按照 *A*→*B*→*C*→*A* 顺序移动，则各点的坐标为 *B*（60，40）、*C*（10，-60）、*A*（-70，20）。由

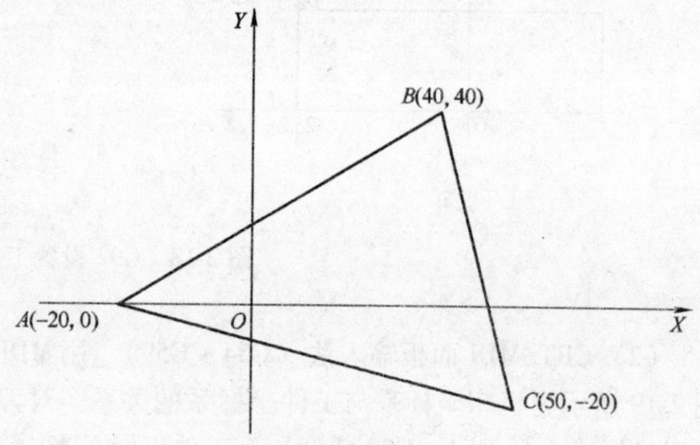

图 2-21　绝对制/增量制（G90/G91）编程举例

此可见，增量制 G91 与绝对制 G90 确定的点的坐标是不同的。在某一程序段中，增量制 G91 与绝对制 G90 不能同时使用。G90/G91 都属于模态码，一经指定，一直有效，直到用另一指令（G91/G90）来替换。

5. 刀具移动指令 G00、G01、G02、G03

（1）G00 快速定位

1）格式：G00 X __ Y __ （Z __） M __ S __ T __；

式中　X __、Y __、(Z __)——移动的终点坐标。

2）说明：

①G00 以机床的最大进给速度移动。v_{fmax} = 10000mm/min，因此一般不用来加工工件。在点动状态下，v_{fmax} = 5000mm/min，实际移动最大值为 4995mm/min。

②G00 在移动时先沿着与坐标轴成 45°的直线移动，后沿着与坐标轴平行的直线移动，到达终点。

③对于 G00 指令，一般不使用 G00 X __ Y __ Z __，即三个轴都发生移动，以防止在运动时发生撞刀。如果在移动过程中，刀具可能与工件相碰，可以设定中间点，用两个 G00 程序段来表示，或者将刀具抬高，使刀具在工件上方移动到终点的（*X*，*Y*）处，再移动到终点的（*Z*）处。

④G00、G01、G02、G03、G04 指令中，前面的“0”可以省略。如 G00 = G0。

例 2-4　如图 2-21 所示图形，刀具当前在 *A* 点，编制按照 *A*→*B*→*C*→*A* 顺序快速移动返回 *A* 点的程序。

绝对制编程：G90 G00 X40 Y40 M03 S600;
　　　　　　X50 Y－20;
　　　　　　X－20 Y0;

增量制编程：G91 G00 X60 Y40 M03 S600;
　　　　　　X10 Y－60;
　　　　　　X－70 Y20;

（2）G01 直线插补

1）格式：G01 X __ Y __ Z __ F __ M __ S __ T __；

2）说明：

①在第一次出现 G01 指令时，必须给定 F 值，否则将发生 011 号报警。在以后使用的 G01 指令中，如果不指定 F 值，将按上一程序段中的 F 值进给。

②G01 指令可以进行三轴联动，加工空间直线，使用时注意用来加工的刀具是否可进行加工。

③G01 后为移动的直线终点。其坐标的表示可以用绝对制（G90）或增量制（G91）。

例 2-5　如图 2-21 所示图形，刀具当前在 *A* 点，编制按照 *A*→*B*→*C*→*A* 顺序直线插补返回 *A* 点的程序。

绝对制编程：G90 G01 X40 Y40 F200 M03 S600;
　　　　　　X50 Y－20;
　　　　　　X－20 Y0;

增量制编程：G91 G01 X60 Y40 F200 M03 S600;
　　　　　　X10 Y－60;
　　　　　　X－70 Y20;

（3）G02/G03 圆弧插补

1）格式 1（G17/G18/G19）G02/G03 X __ Y __（Z __）R __ F __ M __ S __;

2）格式 1 的说明：

①本系统只能插补平面内的圆弧（包括整圆），即该圆弧必须在 *OXY*、*OXZ*、*OYZ* 平面内，分别用 G17、G18、G19 来选择。对于空间的圆弧不能进行插补。系统接电后默认 G17 状态，即已经选择 *OXY* 平面。

②判断 G02、G03 的方法为由右手笛卡儿坐标系来判断与圆弧所在平面垂直的第三轴，沿着该轴负方向看要加工的圆弧，如果该圆弧是顺时针方向旋转，用 G02 指令，反之，用 G03 指令，如图 2-22 所示。

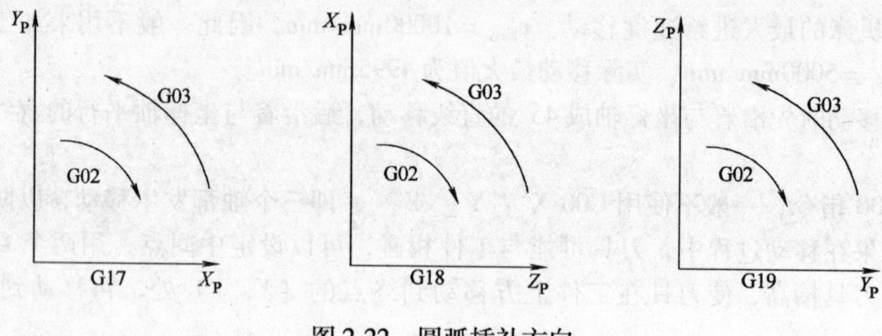

图 2-22　圆弧插补方向

③R 值为圆弧半径，有正负值之分、正负号由所插补的圆弧对应的圆心角 α 决定，当 $0<\alpha<180°$ 时，R 为正值；当 $180°\leqslant\alpha<360°$ 时，R 为负值。

④如果在插补圆弧的程序段中没有 R 值，将被视为直线移动。

⑤程序段中的进给速率与实际速率的误差 $\leqslant\pm2\%$，但该进给速率是刀具补偿后沿圆弧测得的。

⑥如果被编程的一个轴不在所选的平面中，系统将报警。

3）格式 2：（G17/G18/G19）G02/G03 X __ Y __（Z __）I __ J __（K __）F __ M __ S __;

4）格式 2 的说明：

①插补参数 I、J、K 分别是圆弧起点到圆心的矢量在 *X*、*Y*、*Z* 方向的分量，即插补参数等于圆心坐标值减去起点坐标值，如图 2-23 所示，这与 G90/G91 无关。当插补参数为正时，表示运动方向与坐标轴正方向相同；为负时，表示运动方向与坐标轴正方向相反；为零时，可以省略不写。

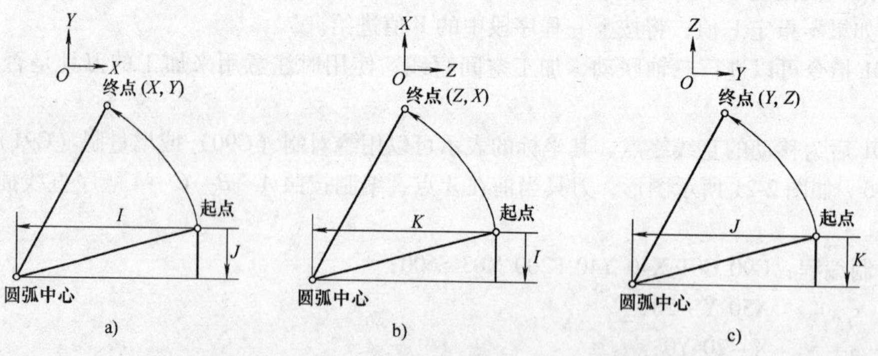

图 2-23　起始点到圆弧中心的距离 I、J 和 K 的方向

②当插补的圆弧对应的圆心角 $\alpha=360°$ 时，即插补的圆弧为整圆时，不能用 R 编程，只能用 I、J、（K）圆心坐标来编制程序。因为对于整圆，插补的起点与终点重合，即在插补整圆的程

序段中没有 X、Y、(Z) 值，只有 I、J、(K) 圆心坐标值。

例 2-6　如图 2-24 所示图形，用 R 和插补参数指令格式编程。

编程所需的各基点坐标见表 2-8，其加工程序见表 2-9。

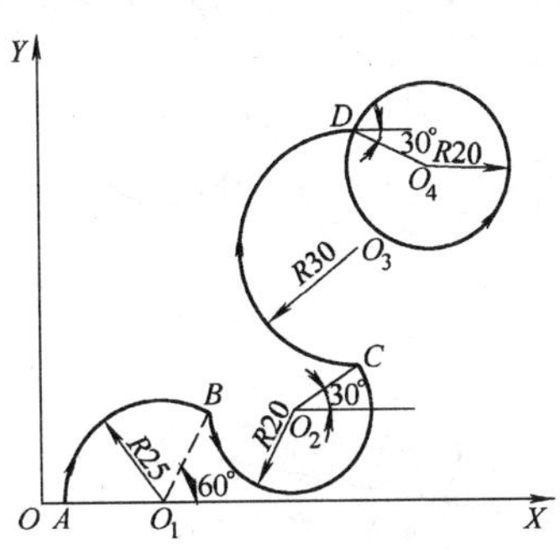

图 2-24　用 R 和插补参数指令格式编程举例

表 2-8　各基点的坐标

基点序号	X 坐标值	Y 坐标值
O	0	0
A	5	0
B	42.5	21.651
C	79.821	31.651
D	79.821	91.651
O_1	30	0
O_2	62.5	21.651
O_3	79.821	61.651
O_4	97.141	81.651

表 2-9　用 R 和插补参数指令格式编程举例

主　程　序	注　　释
O0003；	
N10　G90　G54　G00　X0　Y0　M03　S800；	绝对值输入，调用第一工件坐标系，快速定位到 O 点，主轴正转，转速为 800r/min
N20　G01　X5　Y0　F80；	以进给速度 80mm/min 直线插补至 A 点
N30　G02　X42.5　Y21.651　R25；	顺圆弧插补至 B 点
N40　G03　X79.821　Y31.651　I20　J0；	逆圆弧插补至 C 点
N50　G91　G02　X0　Y60　R－30；	刀具以增量值顺圆弧插补至 D 点
N60　G90　G03　I17.32　J－10；	刀具以绝对值逆圆弧插补走整圆
N70　M30；	程序结束

6. 取消/建立刀具半径补偿 G40/G41、G42

(1) 建立刀具半径补偿的原因　在加工轮廓（包括外轮廓、内轮廓）时，由刀具的刃口产生切削，而在编制程序时，是以刀具中心来编制的，即编程轨迹是刀具中心的运行轨迹，这样，加工出来的实际轨迹与编程轨迹偏差刀具半径，这是在进行实际加工时不允许的。为了解决这个矛盾，可以建立刀具半径补偿，使刀具在加工工件时，能够自动偏移编程轨迹刀具半径，即刀具中心的运行轨迹偏移编程轨迹刀具半径，形成正确加工，如图 2-25 所示。

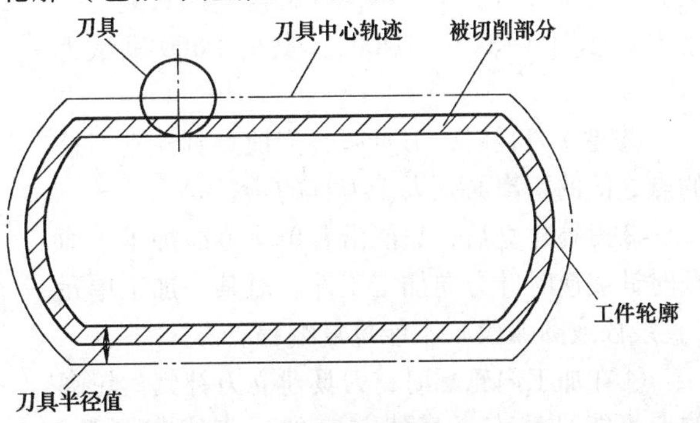

图 2-25　刀具半径补偿功能

(2) 判别左刀补（G41）/右刀补（G42）的方法　铣削加工的刀具半径补偿分为刀具半径左补偿（G41）和刀具半径右补偿（G42）。左刀补指令 G41 是沿着刀具的前进方向看刀具与工件的位置关系，刀具在工件的左侧；

右刀补指令 G42 是沿着刀具的前进方向看刀具与工件的位置关系，刀具在工件的右侧，如图 2-26 所示。

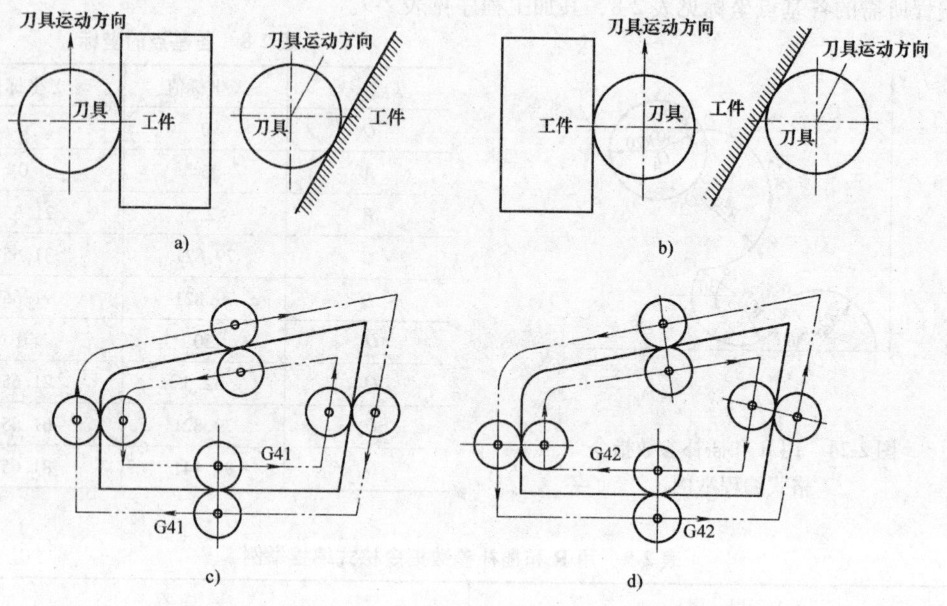

图 2-26 刀具半径偏置方向

a）G41 左偏 b）G42 右偏 c）内外轮廓 G41 刀补 d）内外轮廓 G42 刀补

（3）建立/取消刀具半径补偿格式及说明

1）格式：G41/G42 G01/G00 X＿Y＿D＿F＿M＿S＿;

G40 G01/G00 X＿Y＿F＿M＿S＿;

2）说明：

①建立刀补时只能在直线段建立，即使用 G00 或 G01，刀具中心在 *OXY* 平面中移动的过程中实现偏移，在 *Z* 方向上移动时不能建立刀具半径补偿。考虑实际情况选择使用 G00、G01。刀具补偿的值在 D—代码中赋予，与使用的 D 代码数字大小没有关系，但同一补偿代码只能对一把刀具使用（D001～D400），其中 D000 默认为 0。

②建立刀补时，刀具中心当前点到建立刀补的点之间的距离必须大于刀具的半径。

③刀补建立后，只能沿着单一方向加工，即顺时针或逆时针方向加工工件。对某一加工单元（直线段或圆弧段）不能重复编程。

④在加工内轮廓时，刀具建立刀补到达轮廓的点不能是基点（直线与直线、直线与圆弧、圆弧与圆弧的交点）。

例 2-7 如图 2-27 所示零件，运用半径补偿指令编制零件外轮廓加工程序。

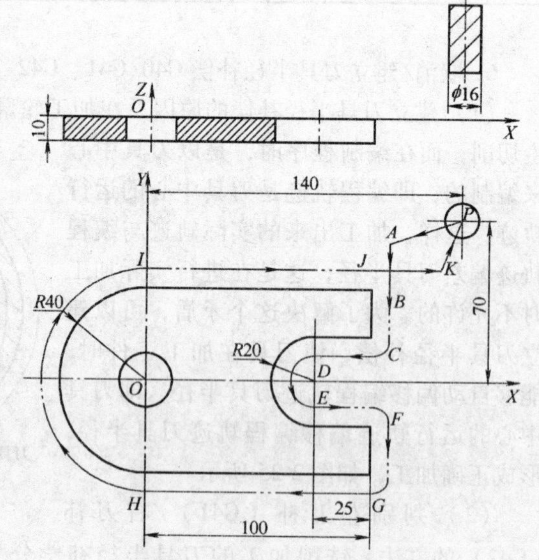

图 2-27 用半径补偿指令编程举例

编程所需各基点坐标见表2-10，其加工程序见表2-11。

表2-10　各基点的坐标

基点序号	X坐标值	Y坐标值	基点序号	X坐标值	Y坐标值
P	140	70	F	100	-20
A	100	60	G	100	-40
B	100	40	H	0	-40
C	100	20	I	0	40
D	75	20	J	100	40
E	75	-20	K	120	40

表2-11　用半径补偿指令编程举例

主　程　序	注　释
O0004;	
N10　G90　G54　G00　X140　Y70　M03　S600;	绝对值输入，调用第一工件坐标系，快速定位到P点上方，主轴正转，转速为600r/min
N20　Z-10;	下刀至平面Z=-10mm
N30　G41　G01　X100　Y60　D01　F180;	以进给速度180mm/min直线插补至A点建立左刀补
N40　Y20;	插补至点C
N50　X75;	插补至点D
N60　G03　Y-20　R20;	插补至点E
N70　G01　X100;	插补至点F
N80　Y-40;	插补至点G
N90　X0;	插补至点H
N100　G02　Y40　R40;	插补至点I
N110　G01　X120;	插补至点K
N120　G40　G00　X140　Y70;	插补至点P并取消刀补
N130　G00　Z200;	抬刀至平面Z=200mm
N140　M30;	程序结束

五、思考与练习

1. 数控铣床是如何分类的？
2. 铣刀分为哪几种类型？每种铣刀的加工特点是什么？
3. 加工轮廓时，为何要从切线方向切入或切出？
4. 何谓绝对尺寸编程？何谓增量尺寸编程？
5. 圆弧插补指令G02、G03的方向是如何规定的？圆弧半径R的正负如何规定？整圆能用半径编程吗？
6. 简述刀具半径补偿G41/G42的判断方法。
7. 编制如图2-28和图2-29所示零件的数控加工工艺和程序。

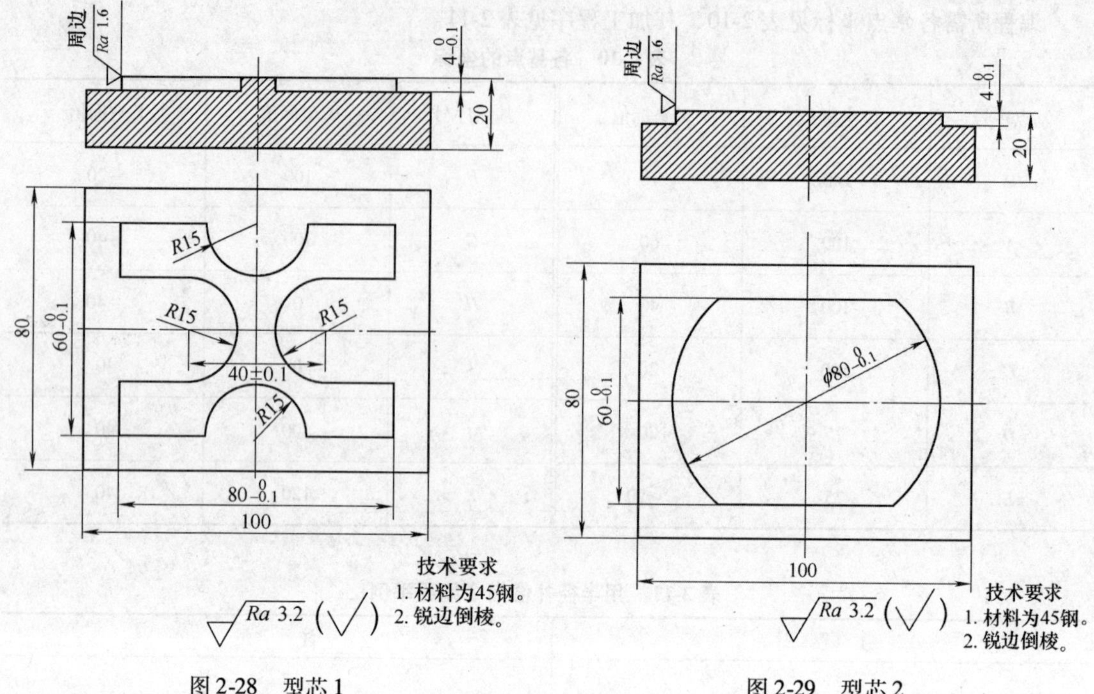

图 2-28　型芯 1　　图 2-29　型芯 2

模块二　凹模零件的内轮廓加工

一、教学目标

1. 会制订平面类凹模零件的数控加工工艺。
2. 会合理选择型腔加工的下刀方法。
3. 会合理选择型腔加工的进给路线。
4. 会灵活运用 FANUC-0i 数控系统的子程序功能编制程序。
5. 会编制平面类凹模零件的数控加工程序。

二、工作任务

1. 零件图样（图 2-30）
2. 生产纲领

加工 3 件凹模零件。

三、工作化学习内容

（一）编制凹模零件的数控加工工艺

1. 分析零件工艺性能

由图 2-30 可知，该零件外形规整，为平面类带孤岛型腔，加工轮廓由直线、外圆弧和内圆弧构成。中心孤岛直径尺寸及凹腔长、宽尺寸有公差要求。型腔底面的表面粗糙度值为 *Ra*6.3μm，其余加工表面的表面粗糙度值为 *Ra*3.2μm。尺寸标注完整，轮廓描述清楚。

2. 选用毛坯或明确来料状况

选择尺寸（长×宽×高）为 70mm×70mm×20mm 的 45 钢半成品件，上、下表面已磨平，四侧面两两平行且与上下表面垂直。

3. 选用数控机床

由于零件比较简单，加工的过程中不需要换刀，所以选用车间里现有的三轴联动 TK7640 数控立式铣床。

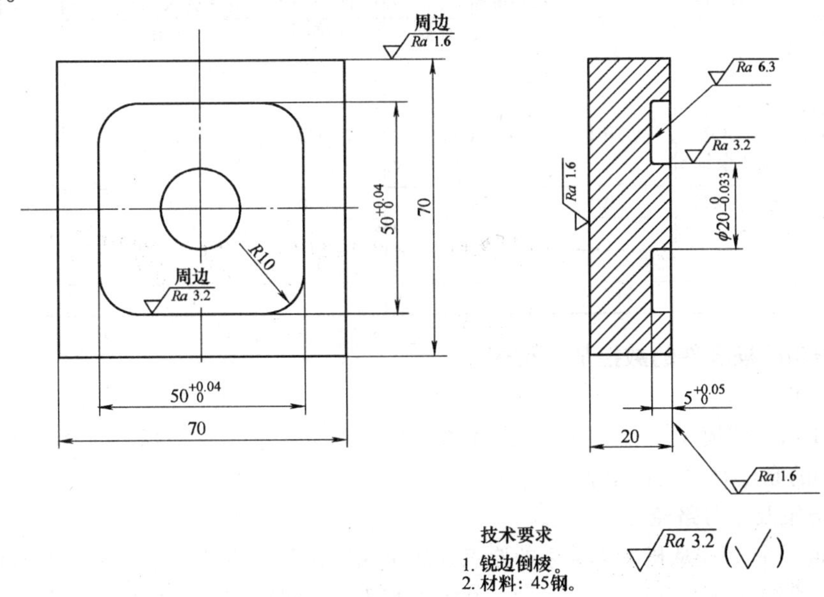

图 2-30　凹模零件

4. 确定装夹方案

定位基准的选择：毛坯下表面 + 两个长侧面。

夹具的选择：选用通用夹具——机用虎钳装夹工件。

5. 确定加工方案

根据零件形状及加工精度要求，型腔及孤岛用立铣刀分粗、精铣两工步完成加工。深度方向由于采用摆动下刀法所以直接加工到尺寸，孤岛外轮廓及型腔周边均留 0.3mm 精铣余量。加切削液。

6. 选择刀具

窄沟宽为 (50 - 20)/2mm = 15mm，沟槽四角最大宽度为 21.213mm，内圆弧半径为 10mm，用一把刀在内外侧面各走一刀成形，所以选用 ϕ12mm 的四齿平底高速钢立铣刀。

7. 确定切削用量

（1）粗铣　查《机械加工手册》取切削速度 $v_c = 22\text{m/min}$，则主轴转速

$$n = 1000v_c/(\pi D) = [1000 \times 22/(3.14 \times 12)]\text{r/min} \approx 580\text{r/min}$$

查《机械加工手册》取每齿进给量 $f_z = 0.06\text{mm/r}$，则进给速度 v_f（编程时用 F 表示，下同）

$$v_f = 0.06 \times 4 \times 580\text{mm/min} \approx 140\text{mm/min}$$

（2）精铣　查《机械加工手册》取切削速度 $v_c = 25\text{m/min}$，则主轴转速

$$n = 1000v_c/(\pi D) = [1000 \times 25/(3.14 \times 12)]\text{r/min} \approx 650\text{r/min}$$

查《机械加工手册》取每齿进给量 $f_z = 0.03\text{mm/r}$，则进给速度 v_f

$$v_f = 0.03 \times 4 \times 650\text{mm/min} \approx 80\text{mm/min}$$

8. 填写工艺文件

根据上述分析与计算，填写数控加工工艺卡片（表 2-12）。

表 2-12 数控加工工艺卡片

单位名称	××学院	零件名称		零件材料		零件图号	
		凹模		45 钢			
工序号	程序编号	夹具名称		使用设备		车间	
	05/06	机用虎钳		TK7640 数控立式铣床		模具实训基地	
工步号	工 步 内 容	刀具号	刀具规格 /mm	主轴转速 $/\mathrm{r\cdot min^{-1}}$	进给速度 $/\mathrm{mm\cdot min^{-1}}$	背吃刀量 /mm	备注
1	粗铣孤岛及型腔达 $Ra6.3\mu m$，侧面留 0.3mm 精加工余量	T01	$\phi12$	580	140	5	
2	精铣轮廓达图样要求	T01	$\phi12$	650	80	0	
3	清理、入库						
编 制		审 核		批 准	年 月 日	共 页	第 页

（二）编制凹模零件的数控加工程序

1. 建立工件坐标系

如图 2-31 所示凹模零件加工的进给路线图，在 XY 平面，把工件坐标系的原点 O 建立在工件正中心，Z 轴的原点 O 在工件上表面。

2. 编程方案及走刀路径

用 $\phi12$mm 立铣刀先从机床坐标系的原点开始快速定位到 1 点的上方，快速下刀到安全平面 $Z=10$mm，再直线插补下刀到 $Z=0$ 平面，在 1 点和 2 点之间往复摆动下刀直至 $Z=-5$mm 平面；直线插补建立刀具半径补偿至 3 点后沿圆岛切点 4 进刀，顺时针加工圆岛后回到 4 点，走逆时针圆弧切入点 5，然后沿 5→6→7→8→9→10→11→12→13→5→14 点路线铣削，从 14→1 点取消刀具半径补偿，最后在 1 点抬刀，如图 2-31 所示。

3. 计算编程尺寸

编程所需的基点坐标见表 2-13。

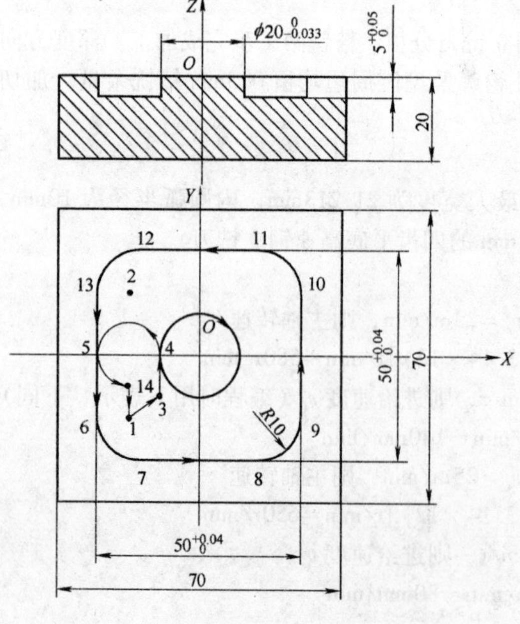

图 2-31 凹模零件加工的进给路线图

表 2-13 基 点 坐 标

基点序号	X 坐标值	Y 坐标值
1	−17.5	−15
2	−17.5	15
3	−10	−10
4	−10	0
5	−25	0
6	−25	−15
7	−15	−25
8	15	−25
9	25	−15
10	25	15
11	15	25
12	−15	25
13	−25	15
14	−17.5	−7.5

4. 编制程序（表2-14和表2-15）

表2-14　凹模零件加工下刀槽子程序

子　程　序	注　　释
O0005;	ϕ12mm立铣刀铣削凹模零件加工下刀槽子程序
N10　G91　G01　Y30　Z-0.5;	增量编程，从1点向Y轴正方向进给30mm至2点，并向Z轴负方向增量进给0.5mm
N20　Y-30　Z-0.5;	从2点向Y轴负方向进给30mm返回1点并向Z轴负方向增量进给0.5mm
N30　M99;	子程序结束

表2-15　凹模零件内外轮廓粗、精加工主程序

主　程　序	注　　释
O0006;	ϕ12mm立铣刀铣凹模零件内外轮廓粗、精加工主程序
N10　G90　G54　G00　X-17.5　Y-15　M03　S580;	绝对值输入，调用第一工件坐标系，快速定位到1点上方，主轴正转，转速为580r/min（精加工主轴转速取650r/min）
N20　Z10　M08;	下刀置安全平面Z=10mm并打开切削液
N30　G01　Z0　F140;	以进给速度140mm/min下刀至平面Z=0（精加工时F取80mm/min）;
N40　M98　P00050005;	调用子程序铣下刀槽
N50　G90　G01　Y15;	插补至点2
N60　Y-15;	插补至点1
N70　G41　G01　X-10　Y-10　D01;	直线插补至3点建立左刀补（粗加工D01取6.2mm，精加工时理论值6mm，要实测）
N80　Y0;	插补至点4
N90　G02　I10;	圆弧插补整圆回到点4
N100　G03　X-25　Y0　R7.5;	插补至点5
N110　G01　Y-15;	插补至点6
N120　G03　X-15　Y-25　R10;	插补至点7
N130　G01　X15;	插补至点8
N140　G03　X25　Y-15　R10;	插补至点9
N150　G01　Y15;	插补至点10
N160　G03　X15　Y25　R10;	插补至点11
N170　G01　X-15;	插补至点12
N180　G03　X-25　Y15　R10;	插补至点13
N190　G01　Y0;	插补至点5
N200　G03　X-17.5　Y-7.5　R7.5;	插补至点14
N210　G40　G01　Y-15;	插补至点1并取消刀补
N220　G00　Z200　M09;	抬刀至平面Z=200mm，关闭切削液
N230　M30;	程序结束

四、相关的理论知识

（一）型腔加工的下刀方法

在加工凹模的时候会遇到很多型腔加工的问题，其中最为困难的就是由于型腔的特点，不可

能从工件毛坯之外下刀，所以这里提供三种下刀的方法，以作参考。

1. 预钻削起始孔法

预钻削起始孔法是指在型腔加工之前首先用钻头或键槽铣刀在型腔上预钻一个要求深度的起始孔，然后再换立铣刀铣去多余的型腔余量。但这需要增加一种刀具，从切削的观点看，刀具通过预钻削孔时因切削力而产生不利的振动，使用预钻削孔时，常常会导致刀具损坏，所以不建议采用。

2. 坡走铣削法

坡走铣削法是指使用 X、Y 和 Z 方向的线性坡走切削，以达到轴向深度的切削，如图 2-32 所示。在坡走切削过程中，Z 方向每次只能进给少量距离，所以要想达到型腔所要求的深度，可以采用调用子程序的方法，沿直线采用坡走切削往复铣削，直到达到要求深度。

3. 螺旋下刀法

螺旋下刀法是指以螺旋形式进行圆插补铣削下刀的方法，如图 2-33 所示。这是一种非常好的方法，因为它可产生光滑的切削作用，而只要求很小的开始空间。

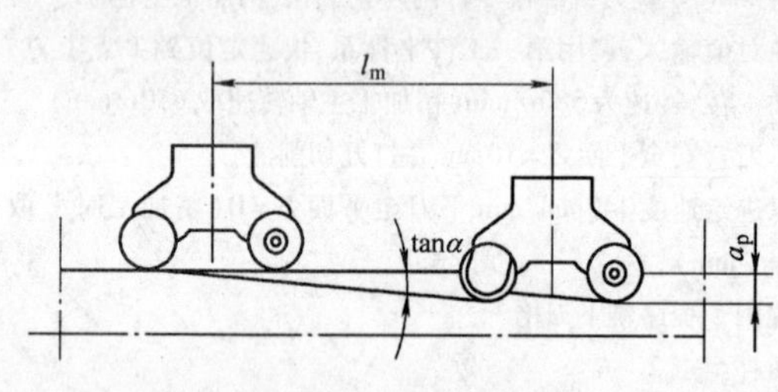

图 2-32　坡走铣削法

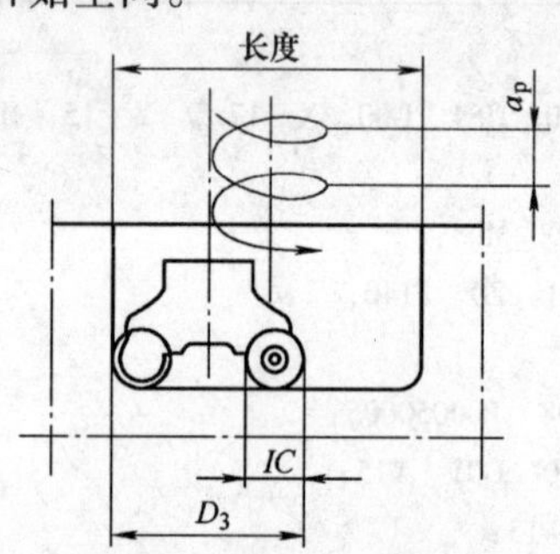

图 2-33　螺旋下刀法

（二）型腔加工路线的制订

二维型腔是指平面封闭轮廓为边界的平底直壁凹坑。内部全部加工的为简单型腔，内部有不许加工的区域（岛）为带岛型腔。如图 2-34 所示为加工简单型腔的三种进给路线，图 2-34a、b 分别表示用环切法和行切法加工型腔的进给路线。两种进给路线的共同点是都能切净内腔中全部面积，不留死角，不伤轮廓，同时尽量减少重复进给的搭接量。不同点是行切法的进给路线比环切法短，但行切法将在每两次进给的起点和终点之间留下残留面积，而达不到所要求的表面粗糙度。综合行、环切法的优点，采用如图 2-34c 所示的进给路线，即先用行切法切去中间部分余量，最后环切一刀，这样既能使总的进给路线较短，又能获得较好的表面粗糙度。

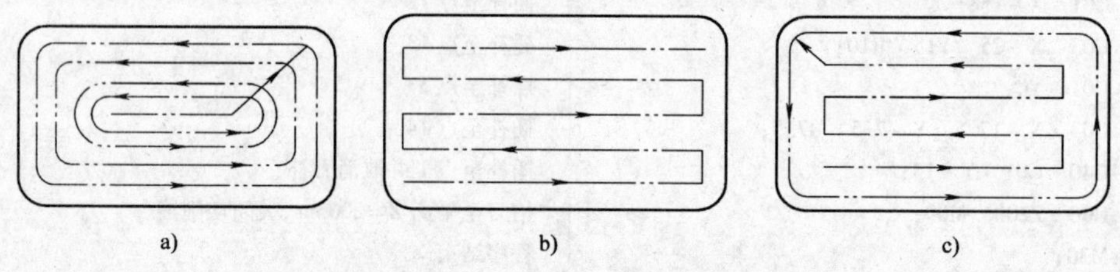

图 2-34　加工简单型腔的三种进给路线

a）环切法　b）行切法　c）行切 + 环切法

（三）子程序

1. 主程序和子程序

程序有主程序和子程序两种程序形式。一般情况下，CNC 根据主程序运行。但是，当主程序遇到调用子程序的指令时，控制转到子程序，当子程序中遇到返回主程序的指令时，控制返回到主程序，如图 2-35 所示。

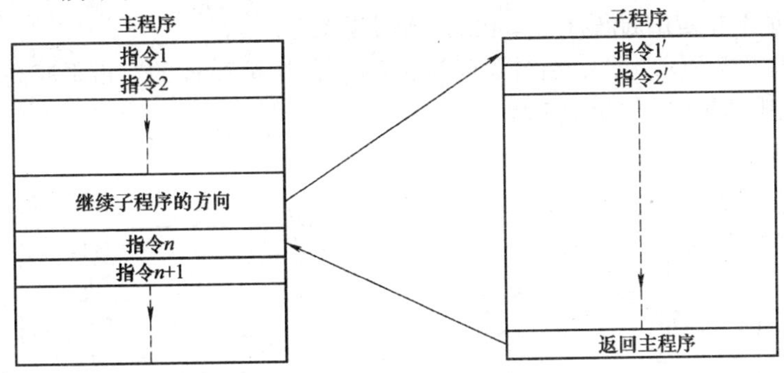

图 2-35　主程序和子程序

如果程序包含固定的顺序或多次重复的模式程序，这样的顺序或模式程序可以编成子程序并在存储器中储存，以简化编程。CNC 最多能存储 400 个主程序和子程序。

子程序只有在自动方式时被调用。

子程序可以由主程序调用，被调用的子程序也可以调用另一个子程序。

2. 指令格式

（1）子程序的构成

O□□□□;　　　　子程序号

⋮　　　　　　　程序内容

M99;　　　　　　程序结束

（2）子程序调用

1）格式：M98 P△△△△ □□□□;

↑ 子程序被重复调用次数　　↑ 子程序号

当不指定重复数据时，子程序只调用一次。

2）说明：

①当主程序调用子程序时，它被认为是 1 级子程序。子程序调用可以镶嵌 4 级，如图 2-36 所示。

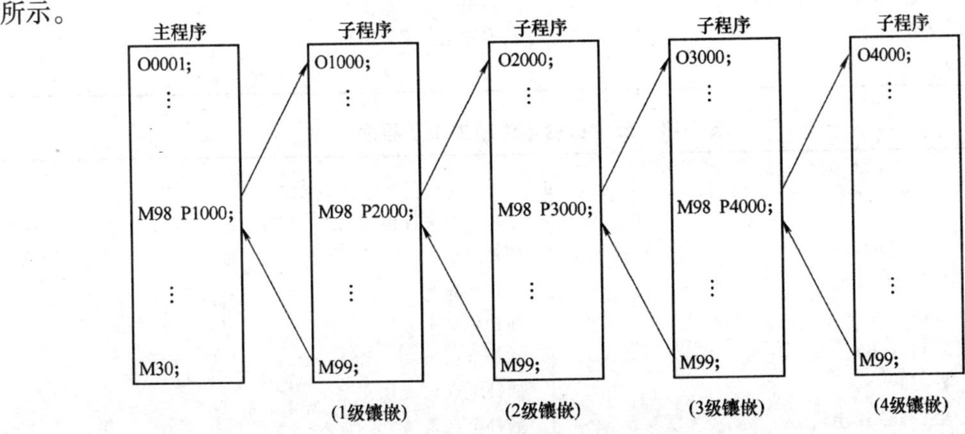

图 2-36　子程序镶嵌图

②调用指令可以重复地调用子程序，最多9999次。

③M98和M99代码信号和选通信号不输出到机床。

④如果用地址P指定的子程序号未找到，输出报警。

例2-8　如图2-37所示零件，凸台深度为5mm，采用ϕ12mm的三齿平底高速钢立铣刀，运用子程序指令编制三凸台零件精加工程序。

编程所需的基点坐标见表2-16。程序见表2-17和表2-18。

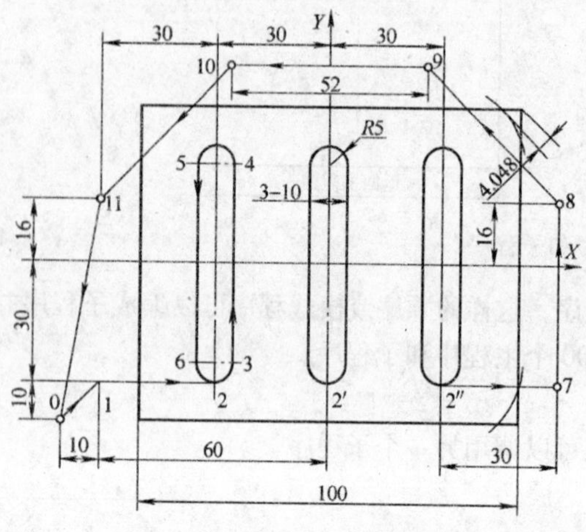

图2-37　用子程序指令编程举例

表2-16　各基点的坐标

基点序号	X坐标值	Y坐标值
0	-70	-40
1	-60	-30
2	-30	-30
3	-25	-25
4	-25	25
5	-35	25
6	-35	-25
7	60	-30
8	60	16
9	26	38
10	-26	38
11	-60	16

表2-17　三个凸台零件精加工主程序

主程序	注释
O0007;	三个凸台零件精加工主程序
N10　G90　G54　G00　X-70　Y-40　M03　S500;	绝对值输入，调用第一工件坐标系，快速定位到0点上方，主轴正转，转速为500r/min
N20　Z-5;	下刀至平面$Z=-5$mm
N30　G42　G01　X-60　Y-30　D01　F100;	以进给速度100mm/min直线插补至1点建立右刀补
N40　M98　P00030008;	调用3次凸台子程序
N50　G90　G01　X60;	插补至点7
N60　G00　Y16;	插补至点8
N70　G01　X26　Y38;	插补至点9
N80　G00　X-26;	插补至点10
N90　G01　X-60　Y16;	插补至点11
N100　G40　G00　X-70　Y-40;	插补至点0并取消刀补
N110　G00　Z200;	抬刀置平面$Z=200$mm
N120　M30;	程序结束

表2-18　三个凸台零件精加工子程序

子程序	注释
O0008;	三个凸台零件精加工子程序
N10　G91　G01　X30;	插补至点2
N20　G03　X5　Y5　R5;	插补至点3
N30　G01　Y50;	插补至点4
N40　G03　X-10　R5;	插补至点5
N50　G01　Y-50;	插补至点6
N60　G03　X5　Y-5　R5;	插补至点2
N70　M99;	子程序结束

五、思考与练习

1. 简述型腔加工的下刀方式有哪几种。
2. 简述型腔加工有几种进给路线，各有何特点。
3. 何为子程序？简述子程序和主程序之间的关系。
4. 编制如图 2-38、图 2-39 和图 2-40 所示零件的数控加工工艺和程序。

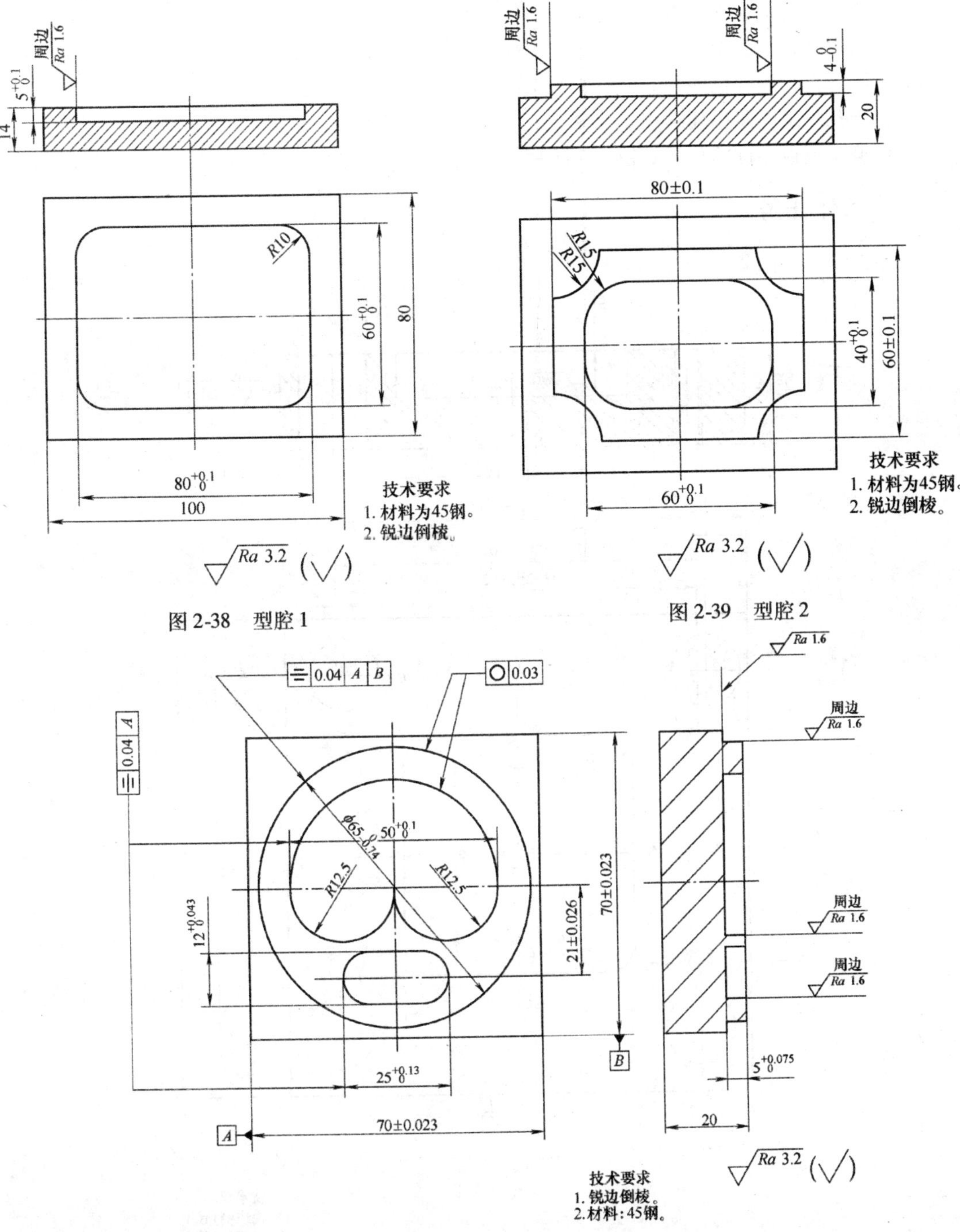

图 2-38 型腔 1

图 2-39 型腔 2

图 2-40 型腔 3

模块三　模板零件的孔系加工

一、教学目标

1. 会制订模板零件的孔系数控加工工艺。
2. 会合理选用孔加工刀具。
3. 会选用立式加工中心。
4. 会用刀具长度补偿编程。
5. 会用孔加工固定循环编程。
6. 会编制模板零件的孔系数控加工程序。

二、工作任务

1. 零件图样（图2-41）

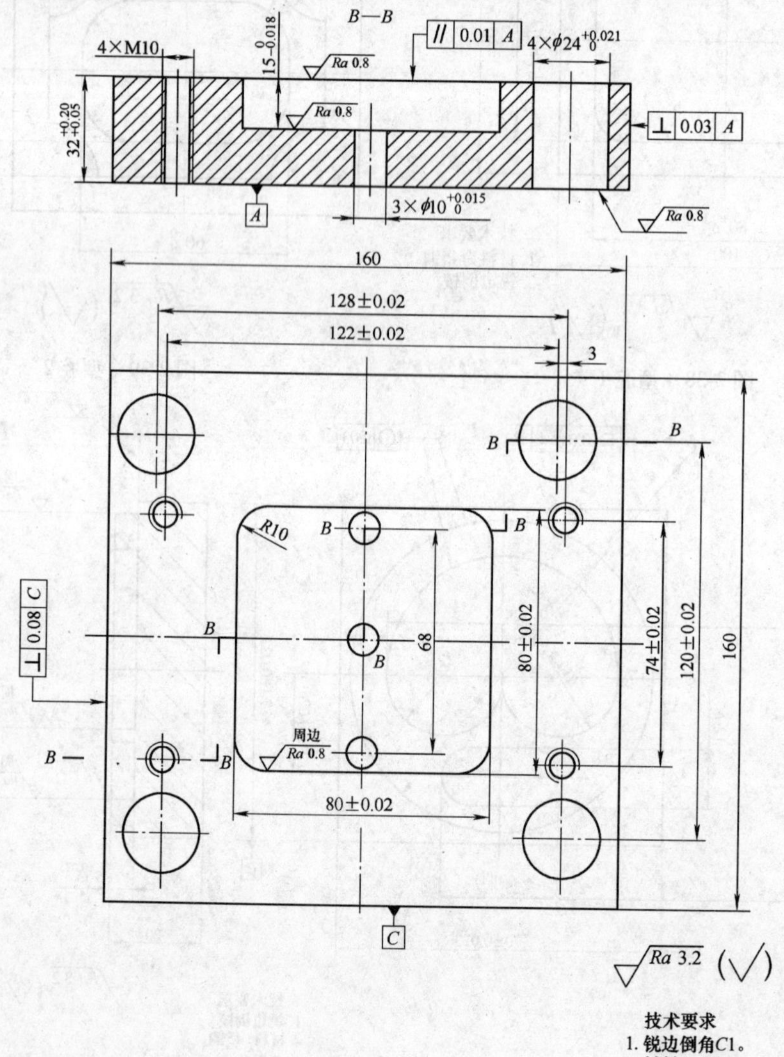

图2-41　定模板

2. 生产纲领

加工1件定模板。

三、工作化学习内容

(一) 编制定模板零件孔系的数控加工工艺

1. 分析零件工艺性能

该零件外形尺寸（长×宽×高）为160mm×160mm×32mm，是模板类小零件。

加工内容：在该定模板零件上分布着三种类型尺寸的孔，分别为4×ϕ24H7（$^{+0.021}_{0}$）的导套孔、4×M10—7H的螺纹孔、3×ϕ10H7（$^{+0.015}_{0}$）的光孔。各孔均有尺寸精度和位置精度的要求。

2. 选用毛坯或明确来料状况

除孔系以外，各表面均已加工达到图样要求的定模板半成品件，材料为45钢。

3. 选用数控机床

由于零件加工的过程中需要换多把刀，所以选用车间里现有的三轴联动VMC480P3加工中心机床。

4. 确定装夹方案

定位基准的选择：定模板下表面+一对平行侧面。

夹具的选择：选用通用夹具——机用虎钳装夹工件。

5. 确定加工方案

加工方案见表2-19。

表2-19 加工方案

加工部位	加工方案				
4×M10—7H	钻中心孔	钻底孔	倒角	攻螺纹	—
3×ϕ10H7	钻中心孔	钻底孔	扩孔	倒角	铰孔
4×ϕ24H7	钻中心孔	钻底孔	扩孔	粗镗	精镗

6. 确定加工顺序及选择刀具

加工顺序及刀具见表2-20。

表2-20 加工顺序及刀具

序号	加工顺序	刀具/mm	刀具编号
1	4×M10—7H钻中心孔	ϕ16定心钻	T01
2	3×ϕ10H7钻中心孔		
3	4×ϕ24H7钻中心孔		
4	4×M10—7H钻底孔	ϕ8.6钻头	T02
5	3×ϕ10H7钻底孔		
6	4×ϕ24H7钻底孔		
7	3×ϕ10H7扩孔	ϕ9.8钻头	T03

（续）

序号	加工顺序	刀具/mm	刀具编号
8	4×ϕ24H7 扩孔	ϕ23 钻头	T04
9	4×M10—7H 倒角		
10	3×ϕ10H7 倒角		
11	4×ϕ24H7 粗镗孔	ϕ23.9 镗刀	T05
12	4×ϕ24H7 精镗孔	ϕ24H7 镗刀	T06
13	3×ϕ10H7 铰孔	ϕ10H7 铰刀	T07
14	4×M10—7H 攻螺纹	M10—Ⅱ丝锥	T08

7. 填写工艺文件

根据上述分析，填写数控加工工艺卡片（表 2-21）。

表 2-21　数控加工工艺卡片

单位名称	××学院	零件名称	零件材料	零件图号
		定模板	45 钢	
工序号	程序编号	夹具名称	使用设备	车间
	O9	机用虎钳	VMC480P3 加工中心	模具实训基地

工步号	工步内容	刀具号	刀具规格/mm	主轴转速/r·min⁻¹	进给速度/mm·min⁻¹	背吃刀量/mm	备注
1	4×M10—7H、3×ϕ10H7、4×ϕ24H7 钻中心孔	T01	ϕ16 定心钻	800	70	1	
2	4×M10—7H、3×ϕ10H7、4×ϕ24H7 钻孔至 ϕ8.6mm	T02	ϕ8.6 钻头	700	70	4.3	
3	3×ϕ10H7 扩孔至 ϕ9.8mm	T03	ϕ9.8 钻头	300	60	0.6	
4	4×ϕ24H7 扩孔至 ϕ23mm	T04	ϕ23 钻头	200	50	7.2	
5	4×M10－7H、3×ϕ10H7 倒角	T04	ϕ23 钻头	200	40		
6	4×ϕ24H7 粗镗至 ϕ23.9mm	T05	ϕ23.9 镗刀	1200	120	0.4	
7	4×ϕ24H7 精镗孔至尺寸	T06	ϕ24H7 镗刀	1000	80	0.1	
8	3×ϕ10H7 铰孔至尺寸	T07	ϕ10H7 铰刀	150	70	0.1	
9	4×M10—7H 攻螺纹	T08	M10—Ⅱ丝锥	200	300		
10	清理、防锈、入库						
编制		审核	批准		年 月 日	共 页	第 页

（二）编制定模板零件孔系的数控加工程序

1. 建立工件坐标系

在 XY 平面，把工件坐标系的原点 O 建立在工件正中心。Z 轴的原点 O 在工件上表面，如图 2-42 所示。

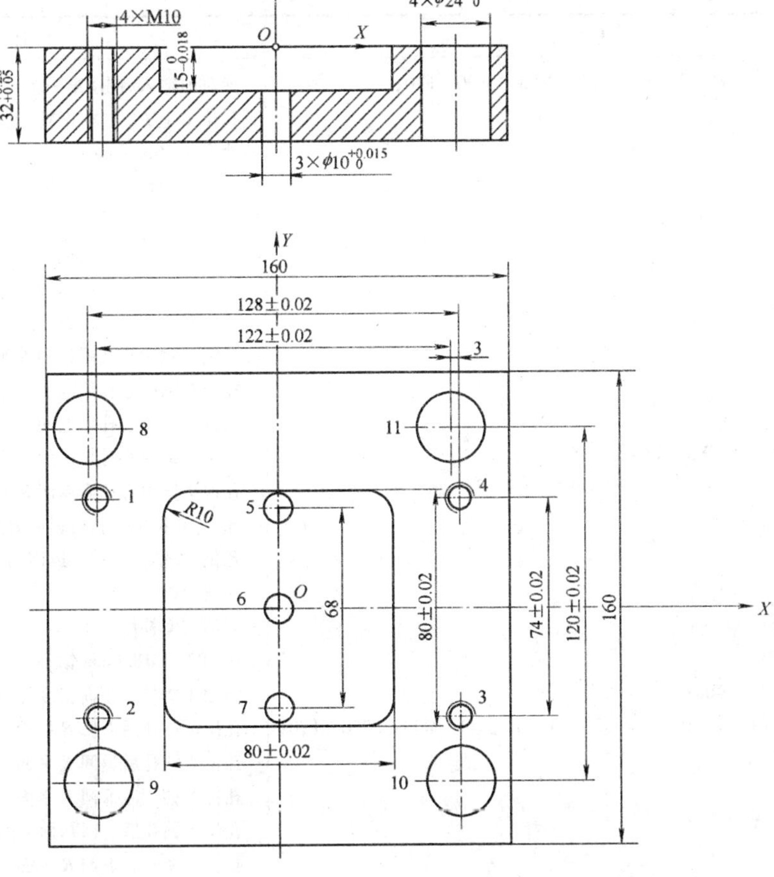

图 2-42　定模板零件工件坐标系

2. 计算编程尺寸

各孔位坐标见表 2-22。

表 2-22　各孔位坐标

孔位序号	X 坐标值	Y 坐标值	孔位序号	X 坐标值	Y 坐标值
1	-61	37	7	0	-34
2	-61	-37	8	-64	60
3	61	-37	9	-64	-60
4	61	37	10	64	-60
5	0	34	11	64	60
6	0	0	—	—	—

3. 编制程序（表 2-23）

表 2-23　定模板零件孔系加工程序

主　程　序	注　　释
O0009；	定模板零件孔系加工程序
N10　M06　T01；	换 T01 号 ϕ16mm 定心钻
N20　G43　H01　M08；	调用 T01 号刀正向长度补偿并开切削液

（续）

主 程 序	注 释
N30 G90 G54 G00 X-61 Y37 M03 S800 F70;	绝对值输入，调用第一工件坐标系，快速定位到孔位1上方，主轴正转，转速为800r/min，进给速度为70mm/min
N40 Z20;	下刀至初始平面 $Z=20$mm
N50 G99 G81 Z-5 R5;	孔位1钻中心孔后返回 R 平面
N60 Y-37;	孔位2钻中心孔后返回 R 平面
N70 X61;	孔位3钻中心孔后返回 R 平面
N80 G98 Y37;	孔位4钻中心孔后返回初始平面
N90 G99 X0 Y34 Z-20 R5;	孔位5钻中心孔后返回 R 平面
N100 Y0;	孔位6钻中心孔后返回 R 平面
N110 G98 Y-34;	孔位7钻中心孔后返回初始平面
N120 G99 X-64 Y60 Z-5 R5;	孔位8钻中心孔后返回 R 平面
N130 Y-60;	孔位9钻中心孔后返回 R 平面
N140 X64;	孔位10钻中心孔后返回 R 平面
N150 G98 Y60;	孔位11钻中心孔后返回初始平面
N160 G00 X-200 Y0;	快速定位换刀点
N170 G49;	取消长度补偿
N180 M06 T02;	换T02号 ϕ8.6mm钻头
N190 G43 H02 M08;	调用T02号刀正向长度补偿并开切削液
N200 G99 G73 X-61 Y37 Z-40 R5 Q8 M03 S700 F70;	孔位1钻孔后返回 R 平面
N210 Y-37;	孔位2钻孔后返回 R 平面
N220 X61;	孔位3钻孔后返回 R 平面
N230 G98 Y37;	孔位4钻孔后返回初始平面
N240 G99 X0 Y34 R5;	孔位5钻孔后返回 R 平面
N250 Y0;	孔位6钻孔后返回 R 平面
N260 G98 Y-34;	孔位7钻孔后返回初始平面
N270 G99 X-64 Y60 R5;	孔位8钻孔后返回 R 平面
N280 Y-60;	孔位9钻孔后返回 R 平面
N290 X64;	孔位10钻孔后返回 R 平面
N300 G98 Y60;	孔位11钻孔后返回初始平面
N310 G00 X-200 Y0;	快速定位换刀点
N320 G49;	取消长度补偿
N330 M06 T03;	换T03号 ϕ9.8mm钻头
N340 G43 H03 M08;	调用T03号刀正向长度补偿并开切削液
N350 G99 G81 X0 Y34 Z-40 R5 M03 S300 F60;	孔位5扩孔后返回 R 平面
N360 Y0;	孔位6扩孔后返回 R 平面
N370 G98 Y-34;	孔位7扩孔后返回初始平面
N380 G00 X-200 Y0;	快速定位换刀点
N390 G49;	取消长度补偿
N400 M06 T04;	换T04号 ϕ23mm钻头
N410 G43 H04 M08;	调用T04号刀正向长度补偿并开切削液
N420 G99 G81 X-64 Y60 Z-40 R5 M03 S200 F50;	孔位8扩孔后返回 R 平面
N430 Y-60;	孔位9扩孔后返回 R 平面
N440 X64;	孔位10扩孔后返回 R 平面
N450 G98 Y60;	孔位11扩孔后返回初始平面
N460 G99 G82 X-61 Y37 Z-3 R5 P2000;	孔位1倒角后返回 R 平面

（续）

主 程 序	注　释
N470　Y－37；	孔位2倒角后返回 R 平面
N480　X61；	孔位3倒角后返回 R 平面
N490　G98　Y37；	孔位4倒角后返回初始平面
N500　G99　X0　Y34　Z－18　R5　P2000；	孔位5倒角后返回 R 平面
N510　Y0；	孔位6倒角后返回 R 平面
N520　G98　Y－34；	孔位7倒角后返回初始平面
N530　G00　X－200　Y0；	快速定位换刀点
N540　G49；	取消长度补偿
N550　M06　T05；	换T05号 ϕ23.9mm镗刀
N560　G43　H05　M08；	调用T05号刀正向长度补偿并开切削液
N570　G99　G81　X－64　Y60　Z－40　R5　M03　S1200　F120；	孔位8粗镗孔后返回 R 平面
N580　Y－60；	孔位9粗镗孔后返回 R 平面
N590　X64；	孔位10粗镗孔后返回 R 平面
N600　G98　Y60；	孔位11粗镗孔后返回初始平面
N610　G00　X－200　Y0；	快速定位换刀点
N620　G49；	取消长度补偿
N630　M06　T06；	换T06号 ϕ24H7镗刀
N560　G43　H06　M08；	调用T06号刀正向长度补偿并开切削液
N640　G99　G86　X－64　Y60　Z－40　R5　M03　S1000　F80；	孔位8精镗孔后返回 R 平面
N650　Y－60；	孔位9精镗孔后返回 R 平面
N660　X64；	孔位10精镗孔后返回 R 平面
N670　G98　Y60；	孔位11精镗孔后返回初始平面
N680　G00　X－200　Y0；	快速定位换刀点
N690　G49；	取消长度补偿
N700　M06　T07；	换T07号 ϕ10H7铰刀
N710　G43　H07　M08；	调用T07号刀正向长度补偿并开切削液
N720　G99　G85　X0　Y34　Z－40　R5　M03　S150　F70；	孔位5铰孔后返回 R 平面
N730　Y0；	孔位6铰孔后返回 R 平面
N740　G98　Y－34；	孔位7铰孔后返回初始平面
N750　G00　X－200　Y0；	快速定位换刀点
N760　G49；	取消长度补偿
N770　M06　T08；	换T08号M10—Ⅱ丝锥
N780　G43　H08　M08；	调用T08号刀正向长度补偿并开切削液
N790　G99　G84　X－61　Y37　Z－40　R5　M03　S200　F300；	孔位1攻螺纹后返回 R 平面
N800　Y－37；	孔位2攻螺纹后返回 R 平面
N810　X61；	孔位3攻螺纹后返回 R 平面
N820　G98　Y37；	孔位4攻螺纹后返回初始平面
N830　G00　X－200　Y0；	快速定位换刀点
N840　G49；	取消长度补偿
N850　M30；	程序结束

四、相关的理论知识

（一）孔加工刀具

常用的孔系加工刀具有中心钻、麻花钻、铰刀、丝锥、镗刀，其中麻花钻、铰刀、丝锥已在项目一当中的模块三中给予阐述，这里不再重复。

1. 中心钻

中心孔常出现在轴类零件的轴端，用作本道工序或后续工序的装夹定位基准。而钻孔前打中心孔，主要用作定心，防止开始钻削时钻尖打滑而歪斜，导致钻偏孔或影响孔的位置精度。

打中心孔所用的刀具为中心钻，如图 2-43 所示。钻孔定中心用的中心钻可用刚性好的短钻头代用，近年来数控机床广泛使用整体钨钢中心钻，又叫定心钻，效果很好。中心钻的主要规格是直径 d。

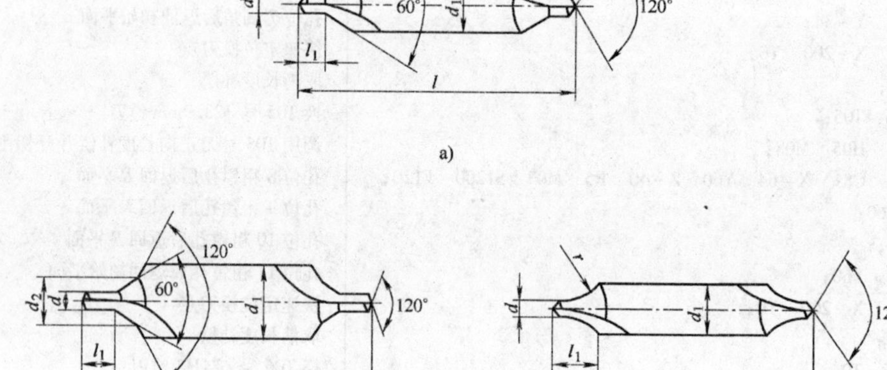

图 2-43 打中心孔用中心钻

a）A 型不带护锥 b）B 型带护锥 c）R 型弧形

2. 镗刀

镗孔是使用镗刀对已钻出的孔或毛坯孔进行进一步加工的方法。镗孔的通用性较强，可以粗加工、精加工不同尺寸的孔，以及镗通孔、不通孔、阶梯孔，镗加工同轴孔系、平行孔系等。粗镗孔的公差等级为 IT11 ~ IT13，表面粗糙度值为 Ra6.3 ~ 12.5μm；半精镗的公差等级为 IT9 ~ IT10，表面粗糙度值为 Ra1.6 ~ 3.2μm；精镗的公差等级可达 IT6，表面粗糙度值为 Ra0.4 ~ 0.1μm。

常用的镗刀有两种类型：微调镗刀和可调双刃镗刀，如图 2-44 和图 2-45 所示。微调镗刀适用于精镗孔，可调双刃镗刀由于双刃同时参与切削，进给量高，加工效率高，可以消除切削力对镗杆的影响，用于镗大孔。

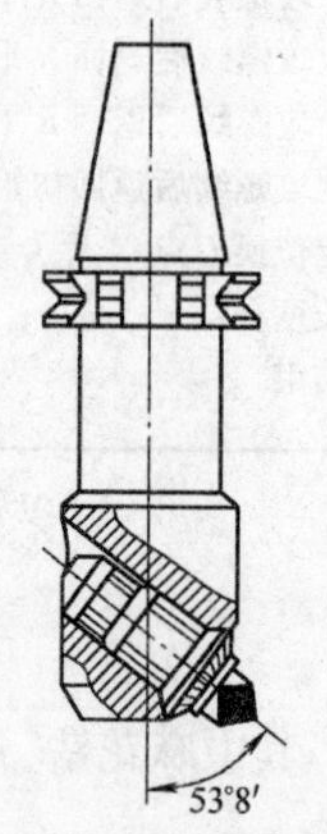

图 2-44 微调镗刀

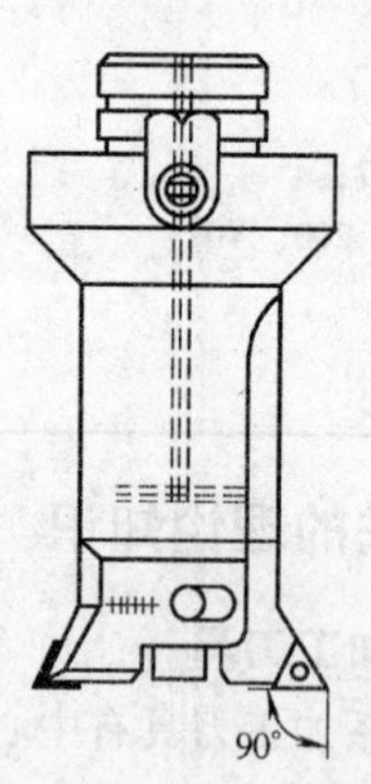

图 2-45 可调双刃镗刀

镗孔与钻→扩→铰工艺比，具有较强的误差修正能力，可通过多次走刀来修正原孔的轴线偏斜误差，而且能使所镗孔与定位表面保持高的定位精度。

镗孔工艺范围应用广，可以加工各种不同尺寸、不同精度的孔。对于孔径较大、尺寸和位置精度要求较高的孔和孔系，镗孔几乎是唯一的加工方法。

（二）刀具长度补偿

1. 建立刀具长度补偿的原因

加工中心的特点是可以在一次装夹中完成多种加工，期间就有可能需要用到多种刀具，然而这些刀具的大小、长度都不相同，此时便需要用到刀具补偿功能。即将编程时的刀具长度和实际使用的刀具长度之差设定于刀具偏置存储器中，用该功能补偿这个差值而不用修改程序，如图2-46所示。用G43或G44指定偏置方向。由输入的相应地址号（H代码），从偏置存储器中选择刀具长度偏置值（注意：本书中讨论的长度偏置特指沿 Z 轴补偿刀具长度的差值）。

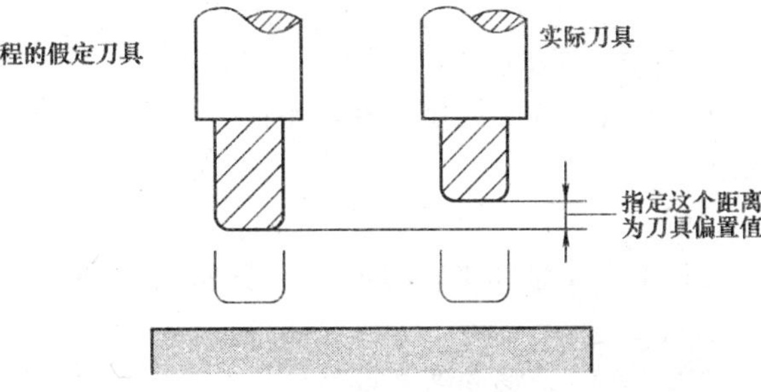

图2-46　刀具长度偏置

2. 建立/取消刀具长度补偿

1）格式：

G43/G44 H __;

G49;

2）说明：

①当指定G43时，用H代码指定的刀具长度偏置值（存储在偏置存储器中）加到在程序中由指令指定的终点位置坐标值上。当指定G44时，从终点位置减去补偿值。补偿后的坐标值表示补偿后的终点位置。不管选择的是绝对值还是增量值，如果不指定轴的移动，则系统假定指定了不引起移动的移动指令。当用G43对刀具长度偏置指定一个正值时，刀具按照正向移动。当用G44指定正值时，刀具按照负向移动。当指定负值时，刀具在相反方向移动。G43和G44是模态G代码。它们一直有效，直到指定同组的G代码为止。

②从刀偏存储器中取出由H代码指定（偏置号）的刀具长度偏置值并与程序的移动指令相加（或减）。

③指定G49或H0可以取消刀具长度偏置。在G49或H0指定之后，系统立即取消偏置方式。

（三）孔加工固定循环

一般数控铣床中的固定循环主要用于钻孔、镗孔、攻螺纹等。固定循环使编程变得简单，有固定循环且频繁使用的加工操作可以用G功能在单程序段中指令；没有固定循环，一般要求多个程序段。另外，固定循环可以缩短程序，节省存储器。表2-24为固定循环代码及功能。

表2-24　固定循环代码及功能

G代码	钻孔方式	孔底操作	返回方式	应用
G73	间歇进给	—	快速移动	高速深孔钻循环
G74	切削进给	停刀→主轴正转	切削进给	左旋攻螺纹循环
G76	切削进给	主轴定向停止	快速移动	精镗循环
G80	—	—	—	取消固定循环
G81	切削进给	—	快速移动	钻孔循环、点钻循环
G82	切削进给	停刀	快速移动	钻孔循环、锪镗循环

（续）

G 代码	钻孔方式	孔底操作	返回方式	应用
G83	间歇进给	—	快速移动	深孔钻循环
G84	切削进给	停刀→主轴反转	切削进给	攻螺纹循环
G85	切削进给	—	切削进给	镗孔循环
G86	切削进给	主轴停止	快速移动	镗孔循环
G87	切削进给	主轴正转	快速移动	背镗循环
G88	切削进给	停刀→主轴停止	手动移动	镗孔循环
G89	切削进给	停刀	切削进给	镗孔循环

1. 固定循环组成

固定循环由 6 个顺序的动作组成，如图 2-47 所示。

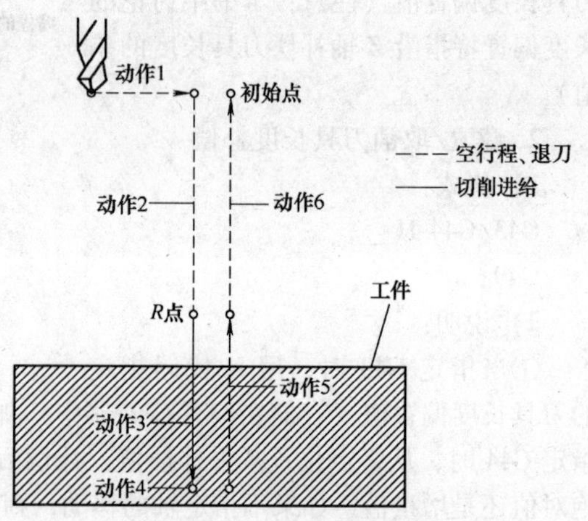

图 2-47 固定循环动作顺序

说明：

动作 1 为 X 轴和 Y 轴的定位（还可以包括另一个轴）；

动作 2 为快速移动到 R 点；

动作 3 为孔加工；

动作 4 为在孔底的动作；

动作 5 为返回到 R 点；

动作 6 为快速返回到初始点。

2. 固定循环指令格式

1）格式：G90/G91 G98/G99 G73 ~ G89 X__ Y__ Z__ R__ Q__ P__ F__ K__；

式中 X、Y——孔在定位平面上的位置；

Z——孔底位置；

R——快进的终止面；

Q——在 G76 和 G87 中为每次的切削深度，在 G76 和 G87 中为偏移值，它始终是增量坐标值；

P——在孔底的暂停时间，与 G04 相同；

F——切削进给速度；

K——重复加工次数，范围是 1 ~ 6，当 K = 1 时，可以省略，当 K = 0 时，不执行孔加工。

2）说明：

①固定循环定位平面由平面选择代码 G17、G18 或 G19 决定。定位轴是除钻孔轴以外的轴。

②钻孔轴根据 G 代码（G73 ~ G89）程序段中指令的轴地址确定。如果没有对钻孔轴指定轴地址，则认为基本轴是钻孔轴。

③G90 和 G91 决定孔加工数据的形式，沿着钻孔轴的移动距离 Z 和 R，G90 和 G91 的变化如图 2-48 所示。

④G73、G74、G76 和 G81 ~ G89 是模态 G 代码，直到被取消之前一直保持有效。当有效时，当前状态是钻孔方式。一旦在钻孔方式中数据被指定，数据将被保持，直到被修改或清除。在固定循环的开始，指定全部所需的钻孔数据；当固定循环正在执行时，只能指定修改数据。

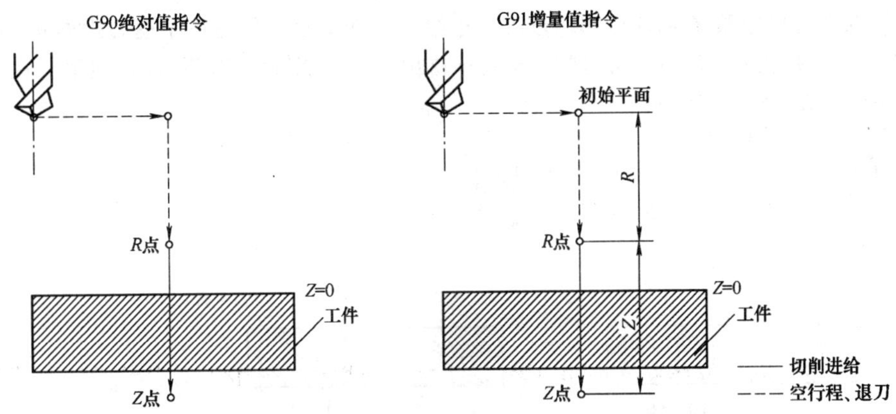

图 2-48 G90、G91 规定的 Z、R 值

⑤当刀具到达孔底后，刀具可以返回到 R 点平面或初始平面（由 G98 和 G99 指定）。图 2-49 所示为指定 G98 和 G99 时的刀具移动。一般情况下，加工完当前孔后要加工的下一个孔与当前孔处于同一平面，并且在移动过程中不跨过台阶时用 G99；反之用 G98，另外，G98 用于最后一个孔的加工。

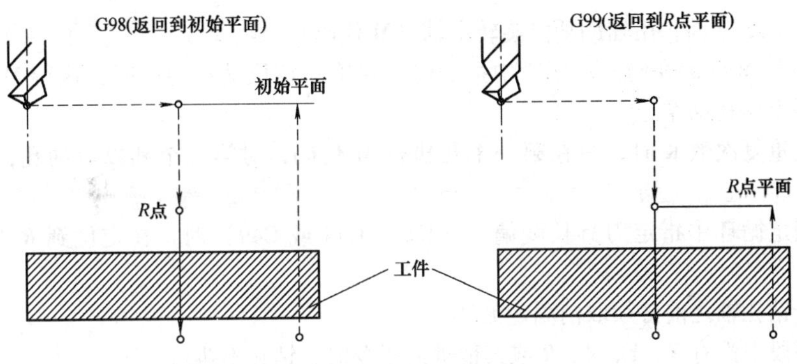

图 2-49 G98 和 G99 时的刀具移动

⑥在 K 中指定重复次数，对等间距孔进行重复钻孔；K 仅在被指定的程序段内有效；以增量方式（G91）指定第一个孔的位置，如果用绝对方式（G90）指令，则在相同位置重复钻孔。

⑦使用 G80 或 01 组 G 代码，可以取消固定循环。

3. 固定循环指令

（1）G73 高速排屑钻孔循环 该循环执行高速排屑钻孔。它执行间歇切削进给直到孔的底部，同时从孔中排除切屑。

1）格式：G73 X __ Y __ Z __ R __ Q __ F __ K;

式中 X、Y——孔在定位平面上的位置；

Z——孔底位置；

R——快进的终止面；

Q——每次切削进给的切削深度；

F——切削进给速度；

K——重复次数。

2）说明：

①执行 G73 高速排屑钻孔循环（图 2-50），机床首先快速定位于 *X*，*Y* 坐标，并快速下刀到

R 点，然后以 F 速度沿着 Z 轴执行间歇进给，进给一个深度 Q 后回退一个退刀距离 d，将切屑带出，再次进给。使用这个循环，切屑容易从孔中排出，并且能够设定较小的回退值。在参数中设定退刀量 d，刀具快速移动退回。

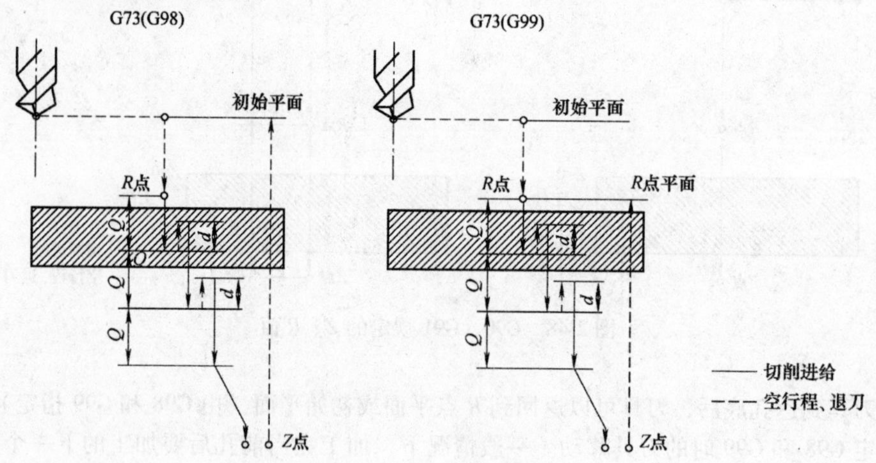

图 2-50 G73 循环过程

②在指定 G73 之前，用辅助功能旋转主轴（M 代码）。

③当 G73 和 M 代码在同一程序段中指定时，在第一定位动作的同时，执行 M 代码。然后，系统处理下一个钻孔动作。

④当指定重复次数 K 时，只在第一个孔执行 M 代码，对第二个和以后的孔，不执行 M 代码。

⑤当在固定循环中指定刀具长度偏置（G43、G44 或 G49）时，在定位到 R 点的同时加偏置。

⑥在改变钻孔轴之前必须取消固定循环。

⑦在程序段中没有 X、Y、Z、R 或其他轴的指令时，钻孔不执行。

⑧在执行钻孔的程序段中指定 Q/R。如果在不执行钻孔的程序段中指定它们，它们不能作为模态数据被储存。

⑨不能在同一程序段中指定 01 组 G 代码和 G73，否则，G73 将被取消。

⑩在固定循环方式中，刀具偏置被忽略。

（2）G74 左旋攻螺纹循环　该循环执行左旋攻螺纹。在左旋攻螺纹循环中，当刀具到达孔底时，主轴顺时针旋转。

1）格式：G74 X__ Y__ Z__ R__ P__ F__ K__；

式中　X、Y——孔在定位平面上的位置；

Z——孔底位置；

R——快进的终止面；

P——暂停时间；

F——切削进给速度；

K——重复次数。

2）说明：

①该循环用主轴逆时针旋转执行攻螺纹（图 2-51），当到达孔底时，为了退回，主轴顺时针旋转。该循环加工一个反螺纹。

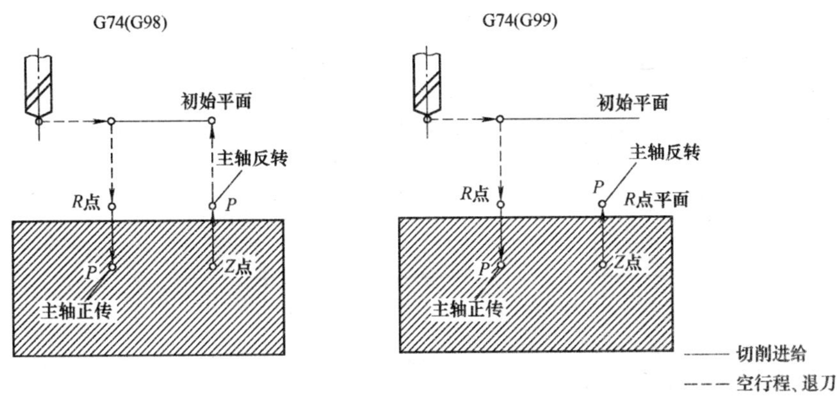

图 2-51 G74 循环过程

②在左旋攻螺纹期间，进给倍率被忽略。进给暂停机床不停止，直到回退动作完成。

③在指定 G74 之前，使用辅助功能（M 代码）使主轴逆时针旋转。

④当 G74 和 M 代码在同一程序段中指定时，在第一定位动作的同时，执行 M 代码。然后，系统处理下一个攻螺纹动作。

⑤当指定重复次数 K 时，只在第一个孔执行 M 代码，对第二个和以后的孔，不执行 M 代码。

⑥当在固定循环中指定刀具长度偏置（G43，G44 或 G49）时，在定位到 *R* 点的同时加偏置。

⑦在改变钻孔轴之前必须取消固定循环。

⑧在程序段中没有 *X*、*Y*、*Z*、*R* 或其他轴的指令时，攻螺纹动作不执行。

⑨在执行钻孔的程序段中指定 P。如果在不执行钻孔的程序段中指定它们，它们不能作为模态数据被储存。

⑩不能在同一程序段中指定 01 组 G 代码和 G74，否则，G74 将被取消。

⑪在固定循环方式中，刀具偏置被忽略。

（3）G76 精镗循环　镗孔是常用的加工方法，镗孔能获得较高的位置精度。精镗循环用于镗削精密孔。当到达孔底时，主轴停止，切削刀具离开工件的表面并返回。

1）格式：G76 X __ Y __ Z __ R __ Q __ P __ F __ K __;

式中　X、Y——孔在定位平面上的位置；

Z——孔底位置；

R——快进的终止面；

Q——孔底的偏置量；

P——在孔底的暂停时间；

F——切削进给速度；

K——重复次数。

①执行 G76 循环时（图 2-52），机床首先快速定位于 *X*、*Y* 和 *Z* 坐标位置，以 *F* 速度进行精镗加工；当加工至孔底时，主轴在固定的旋转位置停止（主轴准停 OSS），然后刀具以刀尖的相反方向移动 *Q* 距离退刀，如图 2-53 所示。这样可保证加工表面不被破坏，实现精密有效的镗削加工。

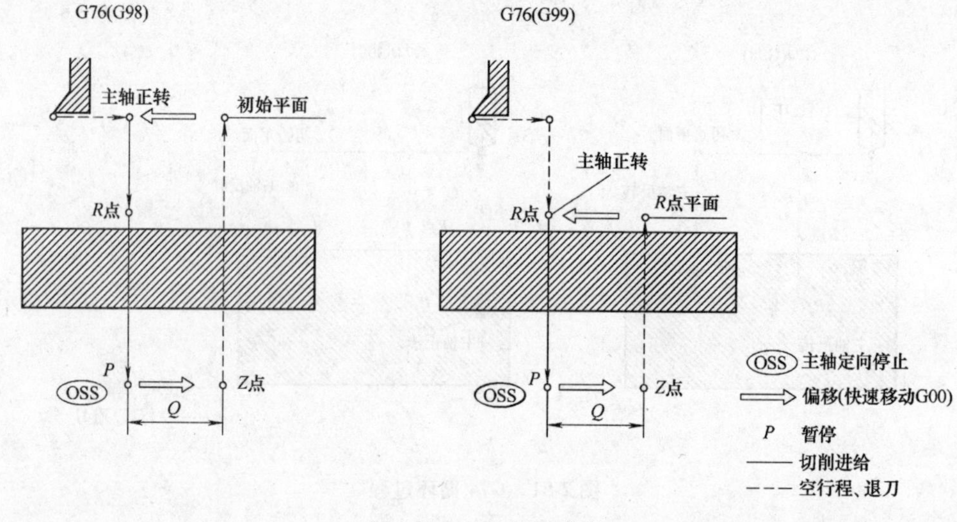

图 2-52　G76 循环过程

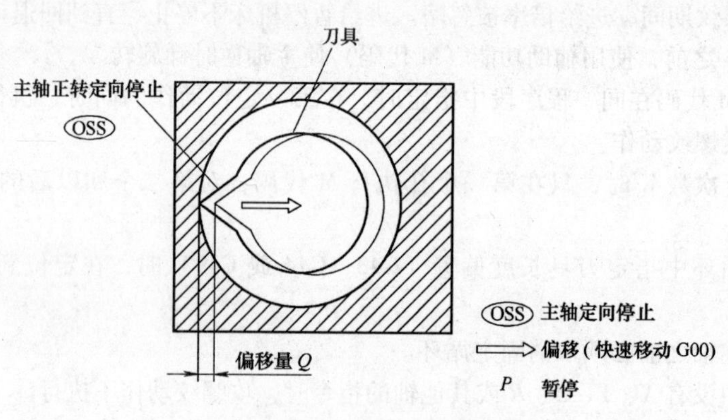

图 2-53　刀具退刀示意图

②Q（在孔底的偏移量）是在固定循环内储存的模态值。必须小心指定，因为它也作用于 G73 和 G83 的切削深度。

③在指定 G76 之前，用辅助功能（M 代码）旋转主轴。

④当 G76 代码和 M 代码在同一程序段中指定时，在第一定位动作的同时，执行 M 代码。然后，系统处理下一个动作。

⑤当指定重复次数 K 时，只在第一个孔执行 M 代码；对第二个和以后的孔，不执行 M 代码。

⑥当在固定循环中指定刀具长度偏置（G43、G44 或 G49）时，在定位到 *R* 点的同时加偏置。

⑦在改变钻孔轴之前必须取消固定循环。

⑧在程序段中没有 *X*、*Y*、*Z*、*R* 或其他轴的指令时，不执行镗孔加工。

⑨Q 指定为正值。如果 Q 指定为负值，符号被忽略。在参数中设置偏置方向。在执行镗孔的程序段中指定 Q/P。如果在不执行镗孔的程序段中指定它们，它们不能作为模态数据被储存。

⑩不能在同一程序段中指定 01 组 G 代码和 G76，否则，G76 将被取消。

⑪在固定循环方式中，刀具偏置被忽略。

（4）G81 钻孔循环，钻中心孔循环　该循环用作正常钻孔。切削进给执行到孔底，然后，刀具从孔底快速移动退回。

1）格式：G81 X __ Y __ Z __ R __ F __ K __;

式中　X、Y——孔在定位平面上的位置；

Z——孔底位置；

R——快进的终止面；

F——切削进给速度；

K——重复次数。

2）说明：

①执行 G81 循环（图 2-54），机床在沿着 X 和 Y 轴定位后，快速移动到 R 点。从 R 点到 Z 点执行钻孔加工。然后，刀具快速退回。

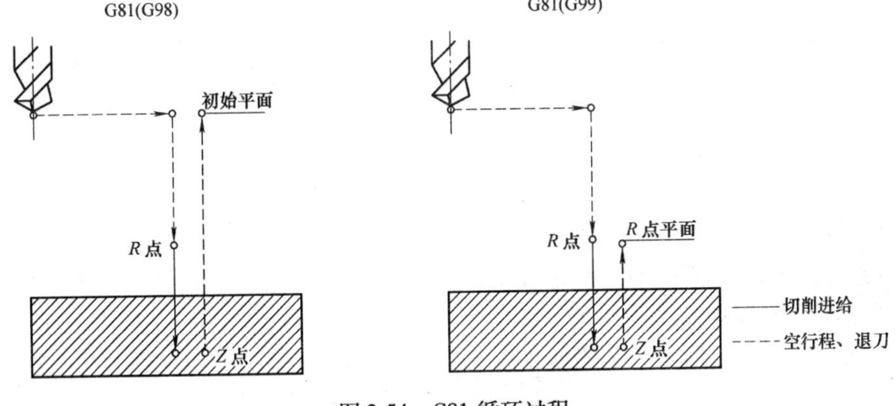

图 2-54　G81 循环过程

②在指定 G81 之前，用辅助功能（M 代码）旋转主轴。

③当 G81 代码和 M 代码在同一程序段中指定时，在第一定位动作的同时，执行 M 代码。然后，系统处理下一个动作。

④当指定重复次数 K 时，只在第一个孔执行 M 代码；对第二个和以后的孔，不执行 M 代码。

⑤当在固定循环中指定刀具长度偏置（G43、G44 或 G49）时，在定位到 R 点的同时加偏置。

⑥在改变钻孔轴之前必须取消固定循环。

⑦在程序段中没有 X、Y、Z、R 或其他轴的指令时，不执行钻孔加工。

⑧不能在同一程序段中指定 01 组 G 代码和 G81，否则，G81 将被取消。

⑨在固定循环方式中，刀具偏置被忽略。

（5）G82 钻孔循环，逆镗孔循环　该循环用作正常钻孔。切削进给执行到孔底，执行暂停；然后，刀具从孔底快速移动退回。

1）格式：G82 X __ Y __ Z __ R __ P __ F __ K __;

式中　X、Y——孔在定位平面上的位置；

Z——孔底位置；

R——快进的终止面；

P——在孔底的暂停时间；

F——切削进给速度；

K——重复次数。

2）说明：

①执行 G82 循环（图 2-55），机床在沿着 X 和 Y 轴定位后，快速移动到 R 点。从 R 点到 Z 点执行钻孔加工。到达孔底时，执行暂停。然后，刀具快速退回。G81 与 G82 都是常用的钻孔方式，区别在于 G82 钻到孔底时执行暂停再返回，孔的加工精度比 G81 高。G81 可用于钻通孔或螺纹孔，G82 用于钻削孔深要求较高的平底孔。使用时可根据实际情况和精度需要选择。

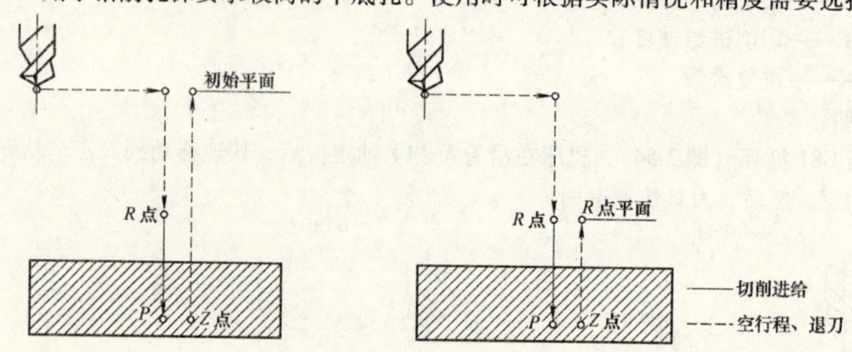

图 2-55　G82 循环过程

②在指定 G82 之前，用辅助功能（M 代码）旋转主轴。

③当 G82 代码和 M 代码在同一程序段中指定时，在第一定位动作的同时，执行 M 代码。然后，系统处理下一个动作。

④当指定重复次数 K 时，只在第一个孔执行 M 代码，对第二个和以后的孔，不执行 M 代码。

⑤当在固定循环中指定刀具长度偏置（G43、G44 或 G49）时，在定位到 R 点的同时加偏置。

⑥在改变钻孔轴之前必须取消固定循环。

⑦在程序段中没有 X、Y、Z、R 或其他轴的指令时，不执行钻孔加工。

⑧在执行钻孔的程序段中指定 P。如果在不执行钻孔的程序段中指定，P 不能作为模态数据被储存。

⑨不能在同一程序段中指定 01 组 G 代码和 G82，否则，G82 将被取消。

⑩在固定循环方式中，刀具偏置被忽略。

（6）G83 排屑钻孔循环　该循环执行深孔钻。执行间歇切削进给到孔的底部，钻孔过程中从孔中排出切屑。

1）格式：G83 X__ Y__ Z__ R__ Q__ F__ K;

式中　X、Y——孔在定位平面上的位置；

Z——孔底位置；

R——快进的终止面；

Q——每次切削进给的切削深度；

F——切削进给速度；

K——重复次数。

2）说明：

①执行 G83 排屑钻孔循环（图 2-56），机床首先快速定位于 X、Y 坐标，并快速下刀到 R 点，然后以 F 速度沿着 Z 轴执行间歇进给，进给一个深度 Q 后快速返回 R 点（退出孔外）。在第二次和以后的切削进给中，执行快速移动到上次钻孔结束之前的 d 点，再执行切削进给。d 位置为每

次退刀后，再次进给时由快进转换成切削进给的位置，它距离前一次进给结束位置的距离为 *d*mm，其值在参数中设定。在 G73 中，*d* 为退刀距离。G73 和 G83 都用于深孔钻，G83 每次都退回 *R* 点，它的排屑、冷却效果比 G73 好。

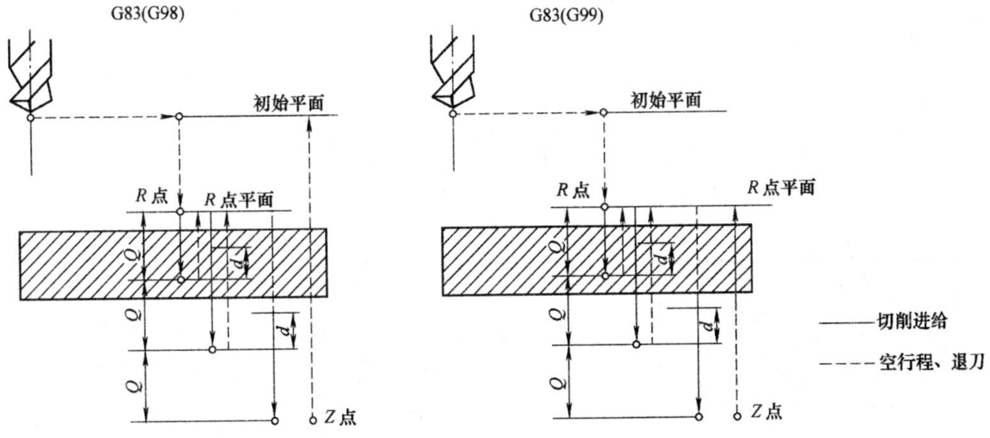

图 2-56　G83 循环过程

②Q 表示每次切削进给的切削深度，它必须用增量值指定。在 Q 中必须指定正值，负值被忽略。

③在指定 G83 之前，用辅助功能（M 代码）旋转主轴。

④当 G83 代码和 M 代码在同一程序段中指定时，在第一定位动作的同时，执行 M 代码。然后，系统处理下一个钻孔动作。

⑤当指定重复次数 K 时，只在第一个孔执行 M 代码；对第二个和以后的孔，不执行 M 代码。

⑥当在固定循环中指定刀具长度偏置（G43、G44 或 G49）时，在定位到 *R* 点的同时加偏置。

⑦在改变钻孔轴之前必须取消固定循环。

⑧在程序段中没有 *X*、*Y*、*Z*、*R* 或其他轴的指令时，钻孔不执行。

⑨在执行钻孔的程序段中指定 Q。如果在不执行钻孔的程序段中指定，Q 不能作为模态数据被储存。

⑩不能在同一程序段中指定 01 组 G 代码和 G83，否则，G83 将被取消。

⑪在固定循环方式中，刀具偏置被忽略。

（7）G84 攻螺纹循环　该循环执行攻螺纹。在这个攻螺纹循环中，当到达孔底时，主轴以反方向旋转。

1）格式：G84 X __ Y __ Z __ R __ P __ F __ K __;

式中　X、Y——孔在定位平面上的位置；

Z——孔底位置；

R——快进的终止面；

P——暂停时间；

F——切削进给速度；

K——重复次数。

2）说明：

①该循环用主轴顺时针旋转执行攻螺纹（图 2-57），当到达孔底时，为了退回，主轴以相反方向旋转。该循环加工一个螺纹。

②在攻螺纹期间进给倍率被忽略。进给暂停机床不停止，直到回退动作完成。

③在指定 G84 之前，使用辅助功能（M 代码）使主轴旋转。

④当 G84 代码和 M 代码在同一程序段中指定时，在第一定位动作的同时，执行 M 代码。然后，系统处理下一个动作。

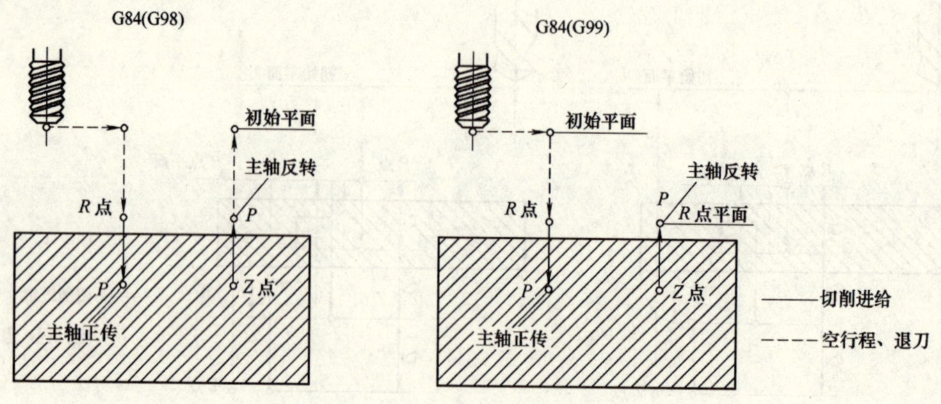

图 2-57　G84 循环过程

⑤当指定重复次数 K 时，只在第一个孔执行 M 代码；对第二个和以后的孔，不执行 M 代码。

⑥当在固定循环中指定刀具长度偏置（G43、G44 或 G49）时，在定位到 *R* 点的同时加偏置。

⑦在改变钻孔轴之前必须取消固定循环。

⑧在程序段中没有 *X*、*Y*、*Z*、*R* 或其他轴的指令时，攻螺纹动作不执行。

⑨在执行钻孔的程序段中指定 P。如果在不执行钻孔的程序段中指定它们，它们不能作为模态数据被储存。

⑩不能在同一程序段中指定 01 组 G 代码和 G84，否则，G84 将被取消。

⑪在固定循环方式中，刀具偏置被忽略。

（8）G85 镗孔循环

1）格式：G85 X _ Y _ Z _ R _ F _ K _;

式中　X、Y——孔在定位平面上的位置；

Z——孔底位置；

R——快进的终止面；

F——切削进给速度；

K——重复次数。

2）说明：

①执行 G85 循环（图 2-58），机床在沿着 *X* 和 *Y* 轴定位后，快速移动到 *R* 点。从 *R* 点到 *Z* 点执行镗孔加工。当到达孔底时，执行切削进给，然后返回到 *R* 点。

②在指定 G85 之前，用辅助功能（M 代码）旋转主轴。

③当 G85 代码和 M 代码在同一程序段中指定时，在第一定位动作的同时，执行 M 代码。然后，系统处理下一个动作。

④当指定重复次数 K 时，只在第一个孔执行 M 代码；对第二个和以后的孔，不执行 M 代码。

⑤当在固定循环中指定刀具长度偏置（G43、G44 或 G49）时，在定位到 *R* 点的同时加偏置。

⑥在改变钻孔轴之前必须取消固定循环。

⑦在程序段中没有 *X*、*Y*、*Z*、*R* 或其他轴的指令时，不执行镗孔加工。

⑧不能在同一程序段中指定 01 组 G 代码和 G85，否则，G85 将被取消。

⑨在固定循环方式中，刀具偏置被忽略。

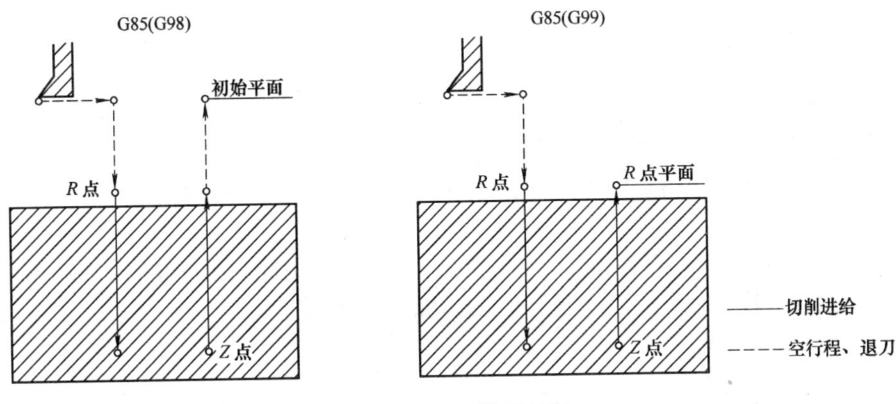

图 2-58　G85 循环过程

（9）G86 镗孔循环

1）指令格式：G86 X＿ Y＿ Z＿ R＿ F＿ K＿；

式中　X、Y——孔在定位平面上的位置；

Z——孔底位置；

R——快进的终止面；

F——切削进给速度；

K——重复次数。

2）说明：

①执行 G86 循环（图 2-59），机床在沿着 *X* 和 *Y* 轴定位后，快速移动到 *R* 点。从 *R* 点到 *Z* 点执行镗孔加工。当到达孔底时，主轴停止，然后刀具以快速移动退回。

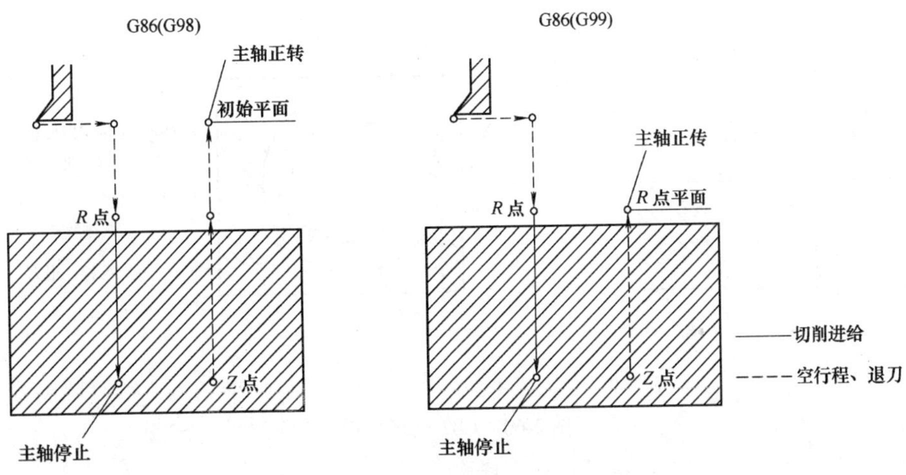

图 2-59　G86 循环过程

②在指定 G86 之前，用辅助功能（M 代码）旋转主轴。

③当 G86 代码和 M 代码在同一程序段中指定时，在第一定位动作的同时，执行 M 代码。然后，系统处理下一个动作。

④当指定重复次数 K 时，只在第一个孔执行 M 代码，对第二个和以后的孔，不执行 M 代码。

⑤当在固定循环中指定刀具长度偏置（G43、G44 或 G49）时，在定位到 *R* 点的同时加偏置。

⑥在改变钻孔轴之前必须取消固定循环。

⑦在程序段中没有 *X*、*Y*、*Z*、*R* 或其他轴的指令时，不执行镗孔加工。

⑧不能在同一程序段中指定 01 组 G 代码和 G86，否则，G86 将被取消。

⑨在固定循环方式中，刀具偏置被忽略。

（10）G87 背镗孔循环　该循环执行精密镗孔。镗孔时，由孔底向外镗削，此时刀杆受拉力，可防止振动。当刀杆较长时，使用该指令可提高孔的加工精度。

1）格式：G87 X __ Y __ Z __ R __ Q __ P __ F __ K __；

式中　X、Y——孔在定位平面上的位置；

Z——孔底位置；

R——快进的终止面；

Q——刀具偏置量；

P——暂停时间；

F——切削进给速度；

K——重复次数。

2）说明：

①执行 G87 循环（图 2-60），机床在沿着 *X* 和 *Y* 轴定位后，主轴准停（OSS）。刀具沿刀尖反方向偏移 *Q* 距离，并且快速定位到孔底 *R* 点（快速移动）。然后，刀具在刀尖方向上移动并且主轴正转，沿 *Z* 轴的正向镗孔直到 *Z* 点。在 *Z* 点，主轴再次准停，刀具在刀尖的相反方向移动，然后主轴返回到初始位置，刀具在刀尖的方向上偏移，主轴正转，执行下个程序段的加工。

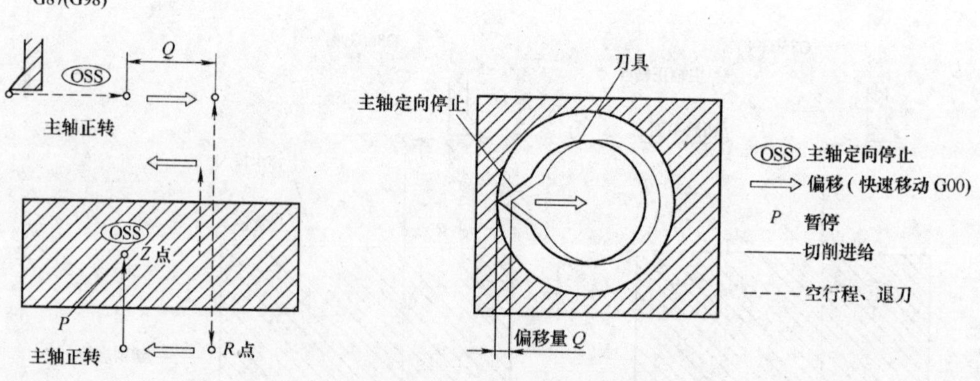

图 2-60　G87 循环过程

②因为 *R* 点在孔底，该指令只能用 G98 的方式。

③在指定 G87 之前，用辅助功能（M 代码）旋转主轴。

④当 G87 代码和 M 代码在同一程序段中指定时，在第一定位动作的同时，执行 M 代码。然后，系统处理下一个动作。

⑤当指定重复次数 K 时，只在第一个孔执行 M 代码；对第二个和以后的孔，不执行 M 代码。

⑥当在固定循环中指定刀具长度偏置（G43、G44 或 G49）时，在定位到 R 点的同时加偏置。

⑦在改变钻孔轴之前必须取消固定循环。

⑧在程序段中没有 X、Y、Z、R 或其他轴的指令时，不执行镗孔加工。

⑨Q 必须指定正值，负值被忽略，在参数中指定偏置方向。在执行镗孔的程序段中指定 P/Q。如果在不执行镗孔的程序段中指定，P 和 Q 不能作为模态数据被储存。

⑩不能在同一程序段中指定 01 组 G 代码和 G87，否则，G87 将被取消。

⑪在固定循环方式中，刀具偏置被忽略。

(11) G88 镗孔循环

1) 格式：G88 X＿Y＿Z＿R＿P＿F＿K＿;

式中　X、Y——孔在定位平面上的位置；

Z——孔底位置；

R——快进的终止面；

P——孔底的暂停时间；

F——切削进给速度；

K——重复次数。

2) 说明：

①执行 G88 循环（图 2-61），机床在沿着 X 和 Y 轴定位后，快速移动到 R 点。从 R 点到 Z 点执行镗孔加工。当镗孔完成后，执行暂停，然后主轴停止。刀具从孔底（Z 点）手动返回到 R 点。在 R 点，主轴正转，并且执行快速移动到初始位置。

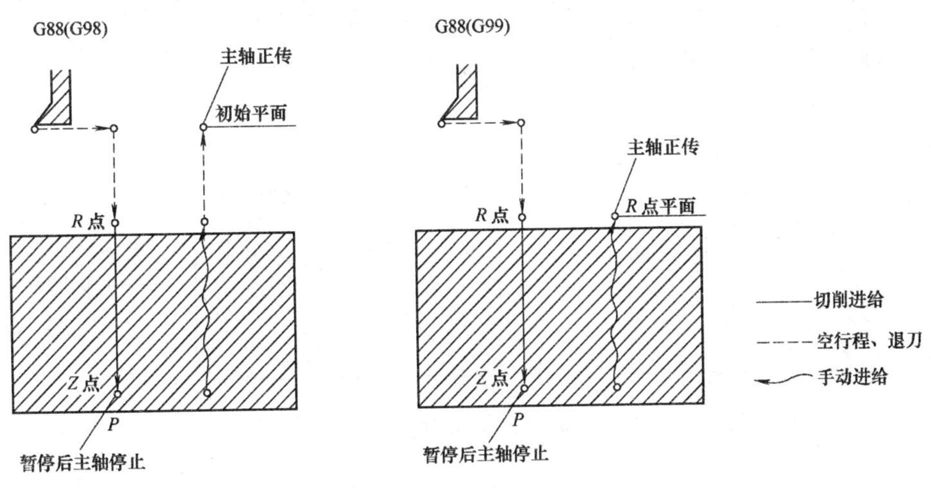

图 2-61　G88 循环过程

②在指定 G88 之前，用辅助功能（M 代码）旋转主轴。

③当 G88 代码和 M 代码在同一程序段中指定时，在第一定位动作的同时，执行 M 代码。然

后，系统处理下一个动作。

④当指定重复次数 K 时，只在第一个孔执行 M 代码；对第二个和以后的孔，不执行 M 代码。

⑤当在固定循环中指定刀具长度偏置（G43、G44 或 G49）时，在定位到 *R* 点的同时加偏置。

⑥在改变钻孔轴之前必须取消固定循环。

⑦在程序段中没有 *X*、*Y*、*Z*、*R* 或其他轴的指令时，不执行镗孔加工。

⑧在执行镗孔的程序段中指定 P。如果在不执行镗孔的程序段中指定，P 不能作为模态数据被储存。

⑨不能在同一程序段中指定 01 组 G 代码和 G88，否则，G88 将被取消。

⑩在固定循环方式中，刀具偏置被忽略。

（12）G89 镗孔循环

1）格式：G89 X__ Y__ Z__ R__ P__ F__ K__;

式中 X、Y——孔在定位平面上的位置；
Z——孔底位置；
R——快进的终止面；
P——孔底的停刀时间；
F——切削进给速度；
K——重复次数。

2）说明：

①执行 G89 循环（图 2-62），机床在沿着 *X* 和 *Y* 轴定位后，快速移动到 *R* 点。从 *R* 点到 *Z* 点执行镗孔加工。当到达孔底时执行暂停，然后执行切削进给返回到 *R* 点。G89 循环几乎和 G85 循环相同，区别在于 G89 在孔底执行暂停，而 G85 在孔底以切削进给返回 *R* 点。

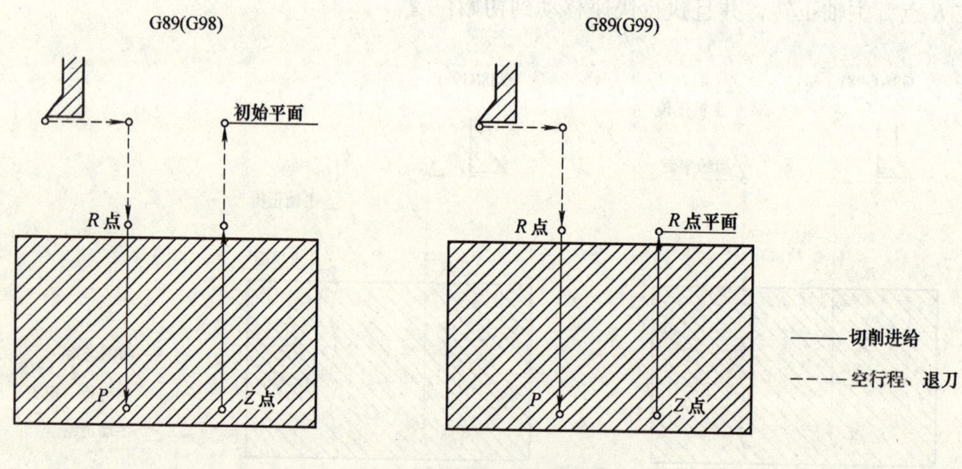

图 2-62 G89 循环过程

②在指定 G89 之前，用辅助功能（M 代码）旋转主轴。

③当 G89 代码和 M 代码在同一程序段中指定时，在第一定位动作的同时，执行 M 代码。然后，系统处理下一个动作。

④当指定重复次数 K 时，只在第一个孔执行 M 代码；对第二个和以后的孔，不执行 M 代码。

⑤当在固定循环中指定刀具长度偏置（G43、G44 或 G49）时，在定位到 *R* 点的同时加偏置。

⑥在改变钻孔轴之前必须取消固定循环。

⑦在程序段中没有 *X*、*Y*、*Z*、*R* 或其他轴的指令时，不执行镗孔加工。

⑧在执行镗孔的程序段中指定 P。如果在不执行镗孔的程序段中指定，P 不能作为模态数据被储存。

⑨不能在同一程序段中指定 01 组 G 代码和 G89，否则，G89 将被取消。

⑩在固定循环方式中，刀具偏置被忽略。

（13）G80 固定循环取消指令

1）格式：G80；

2）说明：取消所有固定循环，执行正常的操作。*R* 点和 *Z* 点也被取消。这意味着，在增量方式中，*R* =0 和 *Z* =0。其他钻孔数据也被取消（消除）。

五、思考与练习

1. 常用的孔系加工的刀具有哪些？各类刀具的主要应用范围有哪些？
2. 刀具的长度补偿有何作用？如何使用刀具的长度补偿？
3. 何为初始平面？何为 *R* 平面？在孔系加工的过程中如何选择？
4. 编制如图 2-63 ~ 图 2-66 所示零件的数控孔系加工工艺和程序。

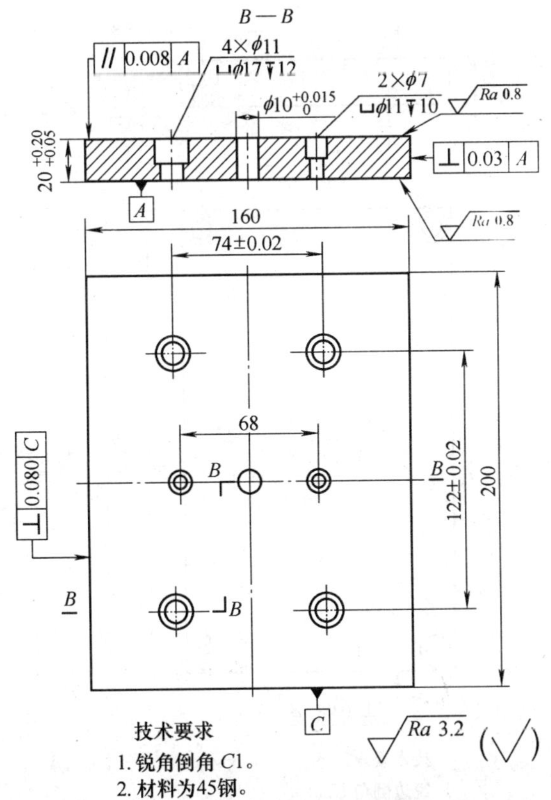

图 2-63　定模座板

技术要求

1. 锐边倒角 C1。
2. 材料为45钢。

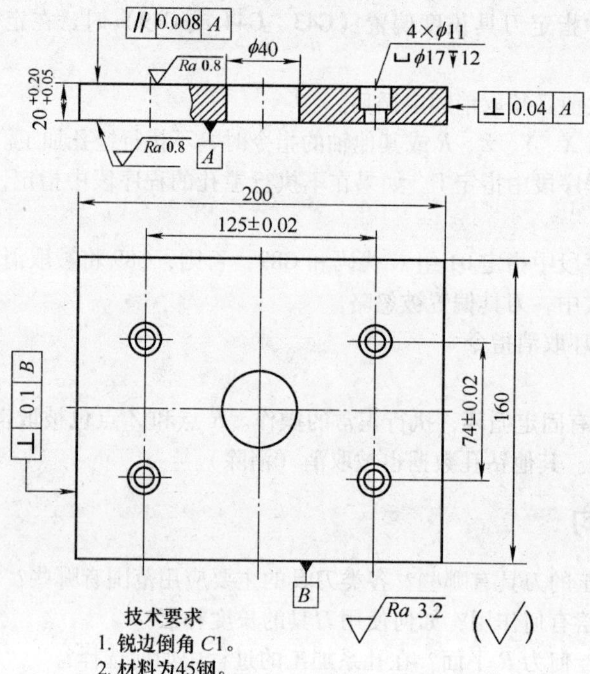

图 2-64　动模座板

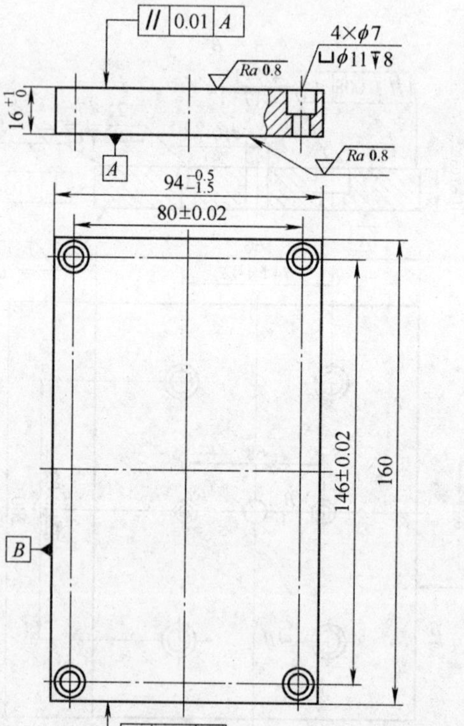

技术要求

1. 锐边倒角 C1。
2. 材料为45钢。

图 2-65　推板

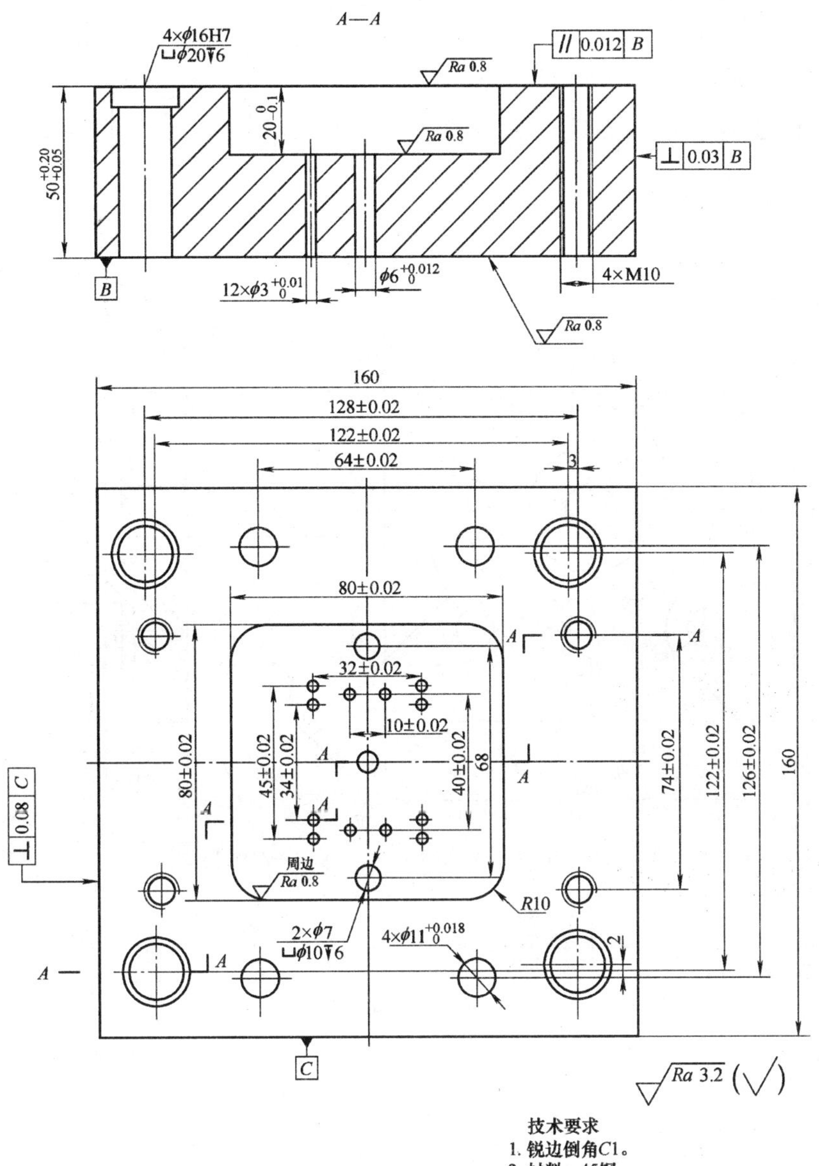

图 2-66　动模板

模块四　模具零件的综合加工

一、教学目标

1. 会制订综合模具零件的数控加工工艺。
2. 会用极坐标编程。
3. 会用坐标旋转编程。
4. 会用比例缩放功能编程。

5. 会用镜像功能编程。
6. 会确定切削用量。
7. 会编制综合模具零件的数控加工程序。

二、工作任务

1. 零件图样（图 2-67）

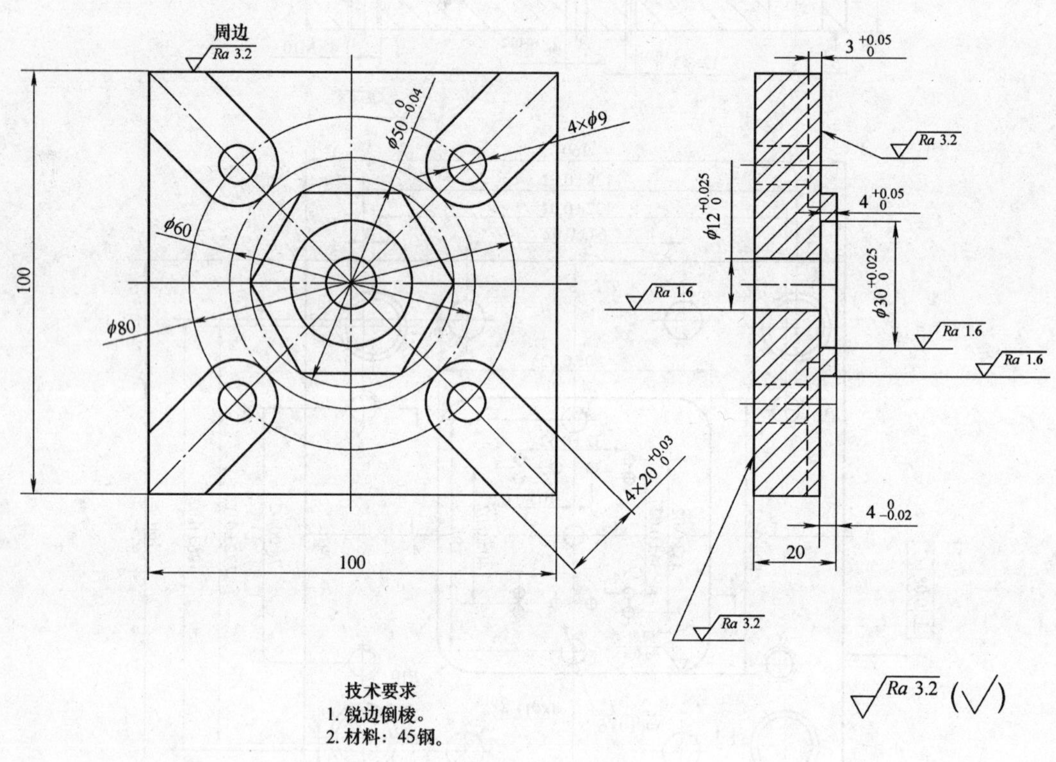

图 2-67 六角凸模

2. 生产纲领

加工 1 件六角凸模。

三、工作化学习内容

（一）编制六角凸模零件的数控加工工艺

1. 分析零件工艺性能

该零件外形尺寸（长×宽×高）为 100mm×100mm×20mm，是形状规整的材料为 45 钢正方体小零件。

加工内容：外接圆直径为 50mm 的正六边形的凸台轮廓，4 个角的压板槽，直径为 30mm 的圆形凹模内轮廓，4×ϕ9mm 和 ϕ12H7 的中心光孔，其余表面不加工。

加工精度：如图 2-67 所示各表面尺寸精度、位置精度和表面粗糙度的要求。

2. 选用毛坯或明确来料状况

尺寸（长×宽×高）为 100mm×100mm×20mm 上下表面已经加工到图样要求的 45 钢半成品件。

3. 选用数控机床

由于零件比较复杂，加工的过程中需要换多把刀具，所以选用车间里现有的三轴联动 VMC 480P3 加工中心机床。

4. 确定装夹方案

定位基准的选择：毛坯下表面 + 两平行侧面。

夹具的选择：选用通用夹具——机用虎钳装夹工件。

5. 确定加工方案

加工方案见表 2-25。

表 2-25　加 工 方 案

加工部位	加工方案				
正六边形凸轮廓	运用极坐标编程				
4 个角的压板槽	运用坐标旋转功能和镜像功能编程				
圆形凹模内轮廓	运用子程序摆动下刀编程				
4 × ϕ9mm 孔	钻中心孔	钻底孔	—	—	—
ϕ12H7 孔	钻中心孔	钻底孔	扩孔	倒角	铰孔

6. 确定加工顺序及选择刀具

加工顺序及刀具见表 2-26。

表 2-26　加工顺序及刀具

序　号	加工顺序	刀　具	刀具编号
1	正六边形凸轮廓	ϕ16mm 的 4 刃平底立铣刀	T01
2	4 个角的压板槽		
3	圆形凹模内轮廓		
4	4 × ϕ9mm 孔	ϕ16mm 定心钻	T02
5	ϕ12H7 孔		
6	4 × ϕ9mm 钻底孔	ϕ9mm 钻头	T03
7	ϕ12H7 钻底孔		
8	ϕ12H7 扩孔	ϕ11.8mm 钻头	T04
9	ϕ12H7 倒角	ϕ19mm 钻头	T05
10	ϕ12H7 铰孔	ϕ12H7 铰刀	T06

7. 填写工艺文件

根据上述分析，填写数控加工工艺卡片（表 2-27）。

（二）编制六角凸模零件的数控加工程序

1. 建立工件坐标系

在 *XY* 平面，把工件坐标系的原点 *O* 建立在工件正中心。*Z* 轴的原点 *O* 在工件上表面，如图 2-68 所示。

表 2-27 数控加工工艺卡片

单位名称	××学院	零件名称			零件材料			零件图号	
		六角凸模			45 钢			10-1004	
工序号	程序编号	夹具名称			使用设备			车间	
	O10/O11/O12	机用虎钳			VMC480P3 加工中心			模具实训基地	
工步号	工步内容		刀具号	刀具规格 /mm	主轴转速 /r·min^{-1}	进给速度 /mm·min^{-1}	背吃刀量 /mm	备注	
1	粗铣正六边形凸轮廓、4 个角的压板槽、圆形凹模内轮廓		T01	ϕ16 立铣刀	600	150	3.8		
2	精铣正六边形凸轮廓、4 个角的压板槽、圆形凹模内轮廓		T01	ϕ16 立铣刀	700	100	0.2		
3	4×ϕ9mm 和 ϕ12H7 钻中心孔		T02	ϕ16 定心钻	800	70	1		
4	4×ϕ9mm 和 ϕ12H7 钻底孔至 9mm		T03	ϕ9 钻头	700	70	4.5		
5	ϕ12H7 扩孔至 11.8mm		T04	ϕ11.8 钻头	300	60	1.4		
6	ϕ12H7 倒角		T05	ϕ19 钻头	200	40			
7	ϕ12H7 铰孔至尺寸		T06	ϕ12H7 铰刀	150	70	0.1		
8	清理、防锈、入库								
编制		审核		批准		年 月 日		共 页	第 页

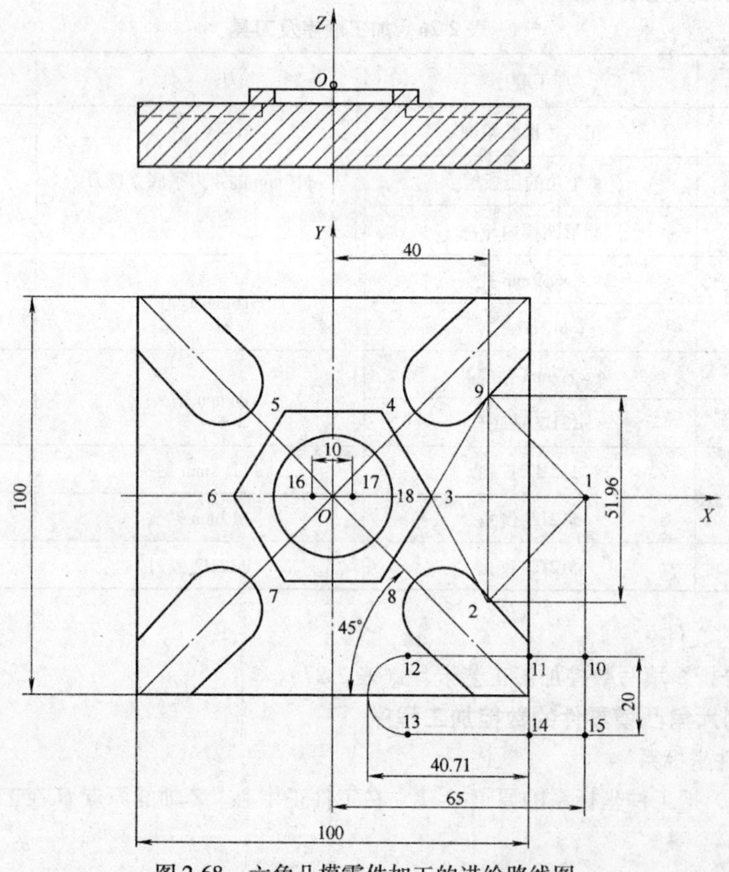

图 2-68 六角凸模零件加工的进给路线图

2. 编程方案及走刀路径

用 ϕ16mm 立铣刀先从机床坐标系的原点开始快速定位到 1 点的上方，快速下刀至平面 $Z=-4$mm，直线插补建立刀具半径补偿至 2 点，然后利用极坐标编程法沿 3→4→5→6→7→8→3→9 点路线铣削，从 9→1 点取消刀具半径补偿；在 1→3 点之间移动刀具中心位置并铣削整圆去除多余毛坯余量后抬刀，移至原点上方。从原点快速定位到 10 点上方，下刀至平面 $Z=-7$mm，利用坐标旋转功能直线插补建立刀具半径补偿至 11 点，然后沿 11→12→13→14 点路线铣削，从 14→15 点取消刀具半径补偿，利用镜像功能铣削其他 3 个压板槽。抬刀并快速定位到 16 点的上方，快速下刀到平面 $Z=5$mm，直线插补下刀到平面 $Z=0$，在 16 点和 17 点之间往复摆动下刀直至平面 $Z=-4$mm，直线插补建立刀具半径补偿至 18 点后加工整圆，从 18→O 点取消刀具半径补偿。最后在 O 点抬刀至平面 $Z=200$mm，快速移动到点（-200，0）上方换刀，然后按照表 2-27 所示的工艺顺序进行孔系加工，六角凸模零件孔位坐标如图 2-69 所示。

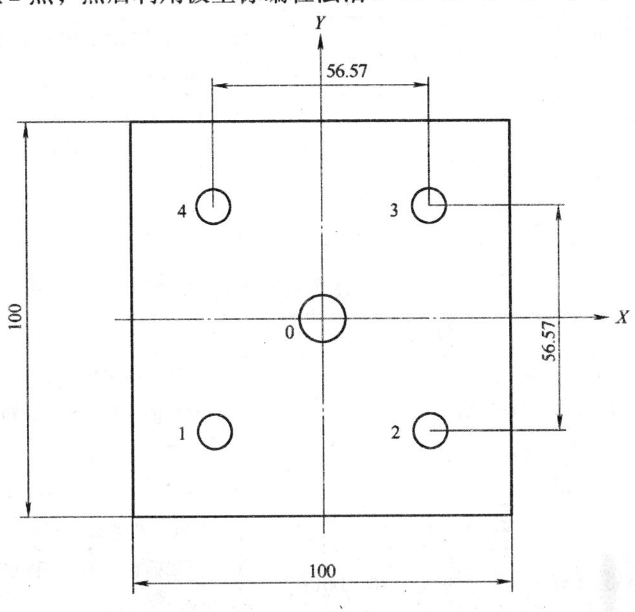

图 2-69　六角凸模零件孔位坐标

3. 计算编程尺寸

编程所需的基点坐标和孔位坐标见表 2-28 和表 2-29。

表 2-28　基 点 坐 标

基点序号	X 坐标值	Y 坐标值	基点序号	X 坐标值	Y 坐标值
1	65	0	13	19.29	-60
2	40	-25.98	14	50	-60
3	25	0	15	65	-60
9	40	25.98	16	-5	0
10	65	-40	17	5	0
11	50	-40	18	15	0
12	19.29	-40	—	—	—

表 2-29　孔 位 坐 标

孔位序号	X 坐标值	Y 坐标值	孔位序号	X 坐标值	Y 坐标值
0	0	0	3	28.285	28.285
1	-28.285	-28.285	4	-28.285	28.285
2	28.285	-28.285	—	—	—

4. 编制程序（表 2-30 ~ 表 2-32）

表 2-30 六角凸模零件圆形型腔下刀槽子程序

子 程 序	注 释
O0010；	φ16mm 立铣刀铣削六角凸模零件圆形型腔下刀槽子程序
N10 G91 G01 X10 Z－0.5；	增量值编程，从 16 点向 X 轴正方向进给 10mm 至 17 点，并向 Z 轴负方向增量进给 0.5mm
N20 X－10 Z－0.5；	从 17 点向 Y 轴负方向进给 10mm 返回 16 点，并向 Z 轴负方向增量进给 0.5mm
N30 M99；	子程序结束

表 2-31 六角凸模零件右下角压板槽加工子程序

子 程 序	注 释
O0011；	六角凸模零件右下角压板槽加工子程序
N10 G90 G00 X65 Y－40 ；	绝对值编程，快速定位到 10 点上方
N20 Z5 ；	下刀至安全平面
N30 G01 Z－6.8；	下刀至平面 $Z=-6.8$mm（精铣轮廓理论 $Z=-7$mm，要实测）
N40 G68 X50 Y－50 R45 ；	G54 工件坐标系绕点（50，－50）逆时针旋转 45°
N50 G41 G01 X50 Y－40 D01；	直线插补至 11 点建立左刀补（粗加工 D01 取 8.2mm，精加工理论值 8mm，要实测）
N60 X19.29；	插补至点 12
N70 G03 Y－60 R10；	插补至点 13
N80 G01 X50；	插补至点 14
N90 G40 X65；	插补至点 15 并取消半径补偿
N100 G69；	取消工件坐标系旋转
N110 G00 Z200；	抬刀
N120 X0 Y0；	快速定位到 O 点上方
N130 M99；	子程序结束

表 2-32 六角凸模零件轮廓粗、精加工主程序

主 程 序	注 释
O0012；	φ16mm 立铣刀铣六角凸模零件轮廓粗、精加工主程序
N10 M06 T01；	换 T01 号 φ16mm 立铣刀
N20 G43 H01 M08；	调用 T01 号刀正向长度补偿并开切削液
N30 G90 G54 G00 X65 Y0 M03 S600；	绝对值输入，调用第一工件坐标系，快速定位到 1 点上方，主轴正转，转速为 600r/min（精加工主轴转速取 700r/min）
N40 Z－3.8；	下刀至平面 $Z=-3.8$mm（精铣轮廓理论 $Z=-4$mm，要实测）
N50 G42 G01 X40 Y－25.98 D01 F150；	以进给速度 150mm/min 直线插补至 2 点建立右刀补（精加工时 F 取 100mm/min，粗加工 D01 取 8.2mm，精加工理论值为 8mm，要实测）
N60 X25 Y0；	插补至点 3
N70 G16 X25 Y60；	极坐标编程，插补至点 4
N80 Y120；	极坐标编程，插补至点 5
N90 Y180；	极坐标编程，插补至点 6

（续）

主 程 序	注 释
N100 Y240;	极坐标编程，插补至点 7
N110 Y300;	极坐标编程，插补至点 8
N120 Y360;	极坐标编程，插补至点 3
N130 G15 X40 Y25.98;	取消极坐标编程，插补至点 9
N140 G40 X65 Y0;	插补至点 1 并取消刀具半径补偿
N150 X33;	去毛坯周边余量
N160 G03 I-33;	去毛坯周边余量
N170 G01 X48;	去毛坯周边余量
N180 G03 I-48;	去毛坯周边余量
N190 G01 X63;	去毛坯周边余量
N200 G03 I-63;	去毛坯周边余量
N210 G01 X65;	插补至点 1
N220 G00 Z200;	抬刀
N230 X0 Y0;	快速定位到 *O* 点上方
N240 M98 P00010011;	加工第四象限压板槽
N250 G51 X0 Y0 I1 J-1;	*X* 轴镜像
N260 M98 P00010011;	加工第一象限压板槽
N270 G51 X0 Y0 I-1 J-1;	*X*、*Y* 轴镜像
N280 M98 P00010011;	加工第二象限压板槽
N290 G51 X0 Y0 I-1 J1;	*Y* 轴镜像
N300 M98 P00010011;	加工第三象限压板槽
N310 G50;	取消比例缩放方式
N320 G00 Z200;	抬刀
N330 X-5 Y0;	快速定位到 16 点上方
N340 Z5;	快速下刀至安全平面
N350 G01 Z0;	直线插补下刀至平面 *Z*=0
N360 M98 P00040010;	调用铣圆形型腔下刀槽子程序
N370 G90 G41 G01 X15 Y0 D01;	绝对值输入，直线插补至 18 点并建立左刀补（粗加工 D01 取 8.2mm，精加工理论值为 8mm，要实测）
N380 G03 I-15;	加工整圆
N390 G40 G01 X0 Y0;	直线插补至 *O* 点并取消半径补偿
N400 G00 Z200;	抬刀
N410 X-200 Y0;	快速定位到换刀点（-200，0）
N420 G49;	取消长度补偿
N430 M06 T02;	换 T02 号 ϕ16mm 定心钻
N440 G43 H02 M08;	调用 T02 号刀正向长度补偿并开切削液
N450 G98 G81 X0 Y0 Z-9 R5 M03 S800 F70;	孔位 0 钻中心孔后返回初始平面
N460 X-28.285 Y-28.285 Z-12;	孔位 1 钻中心孔后返回初始平面
N470 X28.285;	孔位 2 钻中心孔后返回初始平面
N480 Y28.285;	孔位 3 钻中心孔后返回初始平面

（续）

主 程 序	注 释
N490 X-28.285;	孔位4钻中心孔后返回初始平面
N500 G00 X-200 Y0;	快速定位到换刀点（-200，0）
N510 G49;	取消长度补偿
N520 M06 T03;	换T03号 ϕ9mm钻头
N530 G43 H03 M08;	调用T03号刀正向长度补偿并开切削液
N540 G98 G73 X0 Y0 Z-30 R5 Q5 M03 S700 F70;	孔位0钻孔后返回初始平面
N550 X-28.285 Y-28.285;	孔位1钻孔后返回初始平面
N560 X28.285;	孔位2钻孔后返回初始平面
N570 Y28.285;	孔位3钻孔后返回初始平面
N580 X-28.285;	孔位4钻孔后返回初始平面
N590 G00 X-200 Y0;	快速定位到换刀点（-200，0）
N600 G49;	取消长度补偿
N610 M06 T04;	换T04号 ϕ11.8mm钻头
N620 G43 H04 M08;	调用T04号刀正向长度补偿并开切削液
N630 G98 G81 X0 Y0 Z-30 R5 M03 S300 F60;	孔位0扩孔后返回初始平面
N640 G00 X-200 Y0;	快速定位到换刀点（-200，0）
N650 G49;	取消长度补偿
N660 M06 T05;	换T05号 ϕ19mm钻头
N670 G43 H05 M08;	调用T05号刀正向长度补偿并开切削液
N680 G98 G82 X0 Y0 Z-8 R5 M03 S200 F40 P2000;	孔位0倒角后返回初始平面
N690 G00 X-200 Y0;	快速定位到换刀点（-200，0）
N700 G49;	取消长度补偿
N710 M06 T06;	换T06号 ϕ12H7铰刀
N720 G43 H06 M08;	调用T06号刀正向长度补偿并开切削液
N730 G98 G85 X0 Y0 Z-30 R5 M03 S150 F70;	孔位0铰孔后返回初始平面
N740 G00 X-200 Y0;	快速定位到换刀点（-200，0）
N750 G49;	取消长度补偿
N760 M30;	程序结束

四、相关的理论知识

（一）极坐标编程

加工呈圆周分布的零件，采用极坐标编程是十分方便的。G16是极坐标系设定指令，G15是极坐标系取消指令。

1）格式：（G17/G18/G19）G16 X__ Y __ （Z __）；

G15；

2）说明：

①用 G17、G18、G19 指令选择极坐标所在的平面。在选定平面的第一轴上确定极半径，第二轴上确定极角，单位是（°）。第一坐标轴正方向的极角是 0°，逆时针旋转为正极角，顺时针旋转为负极角。如用 G17 指令，极坐标所在平面为 *XY* 平面。X 地址表示极半径，Y 地址表示极角。G16 程序段中的极半径和极角都是模态量。

②用绝对值指令 G90 编程时，工件零点为极坐标的极心位置，工件零点到编程点之间的距离为极半径。用增量值指令 G91 编程时，当前位置为极坐标中心，当前位置和编程点之间的距离为极半径。建议编程用绝对值指令，而 G91 指令尽量少用。

例 2-9 如图 2-70 所示的六边形，用极坐标指令编写加工程序。

用极坐标指令编写的加工程序见表 2-33。

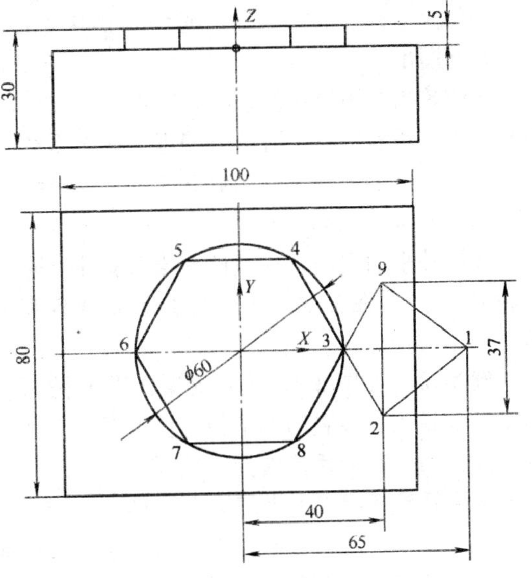

图 2-70 六边形

表 2-33 六边形极坐标指令编程主程序

主 程 序	注 释
O00013；	六边形极坐标指令编程主程序
N10 G90 G54 G00 X65 Y0 M03 S600；	绝对值输入，调用第一工件坐标系，快速定位到 1 点上方，主轴正转，转速为 600r/min
N20 Z－5；	下刀至平面 Z＝－5mm
N30 G42 G01 X40 Y－18.5 D01 F150；	以进给速度 150mm/min 直线插补至 2 点建立右刀补
N40 X30 Y0；	插补至点 3
N50 G16 X30 Y60；	极坐标编程，插补至点 4
N60 Y120；	极坐标编程，插补至点 5
N70 Y180；	极坐标编程，插补至点 6
N80 Y240；	极坐标编程，插补至点 7
N90 Y300；	极坐标编程，插补至点 8
N100 Y360；	极坐标编程，插补至点 3
N110 G15 X40 Y18.5；	取消极坐标编程，插补至点 9
N120 G40 X65 Y0；	插补至点 1 并取消半径补偿
N130 G00 Z200；	抬刀
N140 M30；	程序结束

（二）坐标系旋转

指令在给定的插补平面上按指定旋转中心及旋转方向将坐标系旋转一定的角度。G68 表示坐标系旋转，G69 用于撤销旋转功能。

1）格式：G68（G17/G18/G19） X__ Y__ （Z__） R__；

G69；

式中 X__、Y__、Z__——旋转中心坐标。当 X__、Y__、Z__省略时，G68 指令认为当前刀具中心位置即为旋转中心；

R——旋转角度（°），逆时针旋转为正，顺时针旋转为负，旋转范围是 -360° ~ +360°，第一坐标轴正方向是0°。

2）说明：

①G68 指令用绝对值编程，G68 所在程序段要指定两个坐标才能确定旋转中心。如果紧接 G68 后的一条程序段为增量值编程，那么系统将以当前刀具的坐标位置为旋转中心，按 G68 给定的角度旋转坐标系。

②插补平面内的刀具半径补偿功能同样同步旋转，但不在插补平面内的坐标轴不旋转。

例 2-10 如图 2-71 所示图形，用半径为 5mm 的立铣刀，设置刀具半径补偿偏置号 D01 的数值为 5mm，应用旋转指令编程。

坐标系旋转编程主程序见表 2-34。

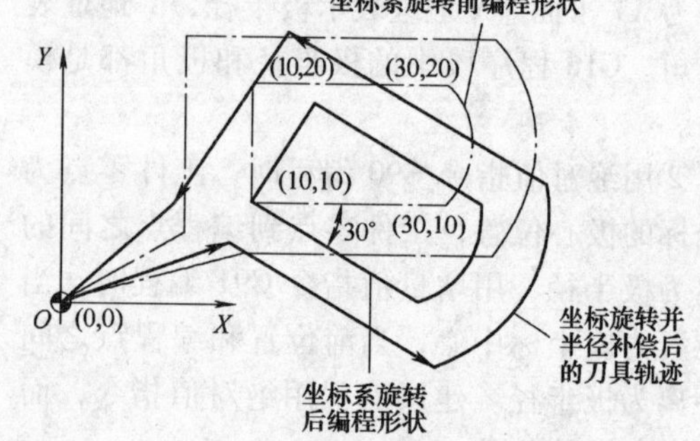

图 2-71 坐标系旋转编程

表 2-34 坐标系旋转编程主程序

主 程 序	注 释
O00014；	
N10 G90 G54 G00 X0 Y0 M03 S600；	绝对值输入，调用第一工件坐标系，快速定位到原点上方，主轴正转，转速为 600r/min
N20 Z5；	下刀至安全平面 z = 5mm
N30 G01 Z -5 F150；	以进给速度 150mm/min 下刀至平面 Z = -5mm
N40 G68 X10 Y10 R -30；	G54 工件坐标系绕点（10，10）顺时针旋转 30°
N50 G42 G01 X10 Y10 D01；	插补至点（10，10）建立右刀补
N60 X30；	插补至点（30，10）
N70 G03 Y20 J5；	插补至点（30，20）
N80 G01 X10；	插补至点（10，20）
N90 Y10；	插补至点（10，10）
N100 G40 X0 Y0；	插补至点（0，0）并取消刀补
N110 G69；	取消工件坐标系旋转
N120 G00 Z200；	抬刀
N130 M30；	程序结束

（三）比例缩放功能

比例缩放功能即对加工程序指定的图形进行缩放。各轴比例因子相等的缩放编程方法如下。G51 表示比例缩放有效，G50 表示比例缩放取消。

1）格式：G51 X __ Y __ P __；

G50；

式中 X __、Y __——比例缩放中心坐标，以绝对值指定；

P——缩放比例，指定范围为 0.001 ~999.999。

2）说明：

①比例因子是缩放之后的编程尺寸与缩放之前的编程尺寸的比值。比例因子大于 1，表示放大；比例因子小于 1，表示缩小。如图 2-72 所示图形，$P_1 \sim P_4$ 为编程图形，$P_1' \sim P_4'$ 为按比例缩放后的图形，P_C 为比例缩放中心。

②若不指定比例因子 P，可由 MDI 预先设定；若省略 X __、Y __、Z __，则用指令 G51 时刀具所在的位置作为比例缩放中心。

③比例缩放功能不能缩放刀具补偿值（如刀具半径补偿和长度补偿）。

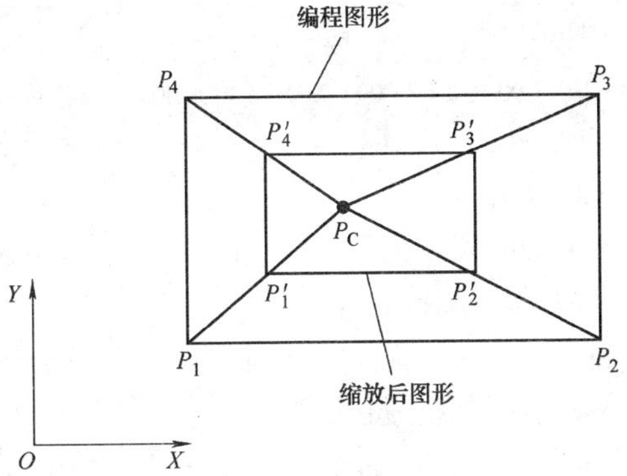

图 2-72　比例缩放

（四）镜像功能

1. 比例缩放镜像

当比例缩放功能指令中各轴比例因子为负值时，则执行镜像加工，以比例缩放中心为镜像对称中心。X、Y、Z 轴的比例因子分别是 I、J、K，且不能用小数点表示。

2. 可编程序镜像

G51.1 表示设置可编程序镜像，G50 表示取消可编程序镜像。

格式：G51.1　X __　Y __；

　　　G50；

式中　X __、Y __——对称点或对称轴。

3. 镜像功能使用注意事项

当对所选平面其中一轴使用镜像时，其结果为：

1）圆弧指令，旋转方向反向，即 G02→G03，G03→G02。

2）刀具半径补偿偏置方向反向，即 G41→G42，G42→G41。

3）坐标系旋转，旋转角度反向。

对固定循环使用镜像时，下面的量不镜像。

1）在深孔钻 G83、G73 中，进给量和退刀量不使用镜像。

2）在精镗 G76 和反镗 G87 中，移动方向不镜像。

使用镜像功能时，要求机床反向间隙很小，否则加工表面粗糙度的值较高，轮廓不光滑，几乎不能使用。

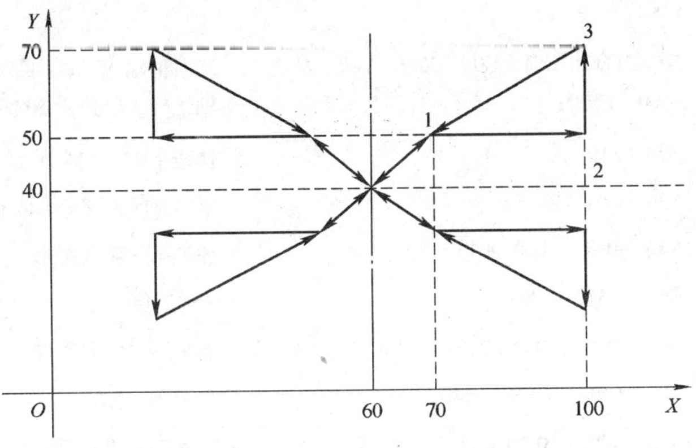

图 2-73　镜像加工

例 2-11　如图 2-73 所示图形，用上述两种编程指令实现镜像加工。

两种编程指令的加工程序见表 2-35 ~ 表 2-37。

表 2-35　右上角三角形轮廓加工子程序

子　程　序	注　释
O0015；	右上角三角形轮廓加工子程序
N10　G01　G90　X70　Y50；	插补至点 1
N20　X100；	插补至点 2
N30　Y70；	插补至点 3
N40　X70　Y50；	插补至点 1
N50　X60　Y40；	插补至点（60，40）
N60　M99；	子程序结束

表 2-36 比例缩放镜像编程主程序

主 程 序	注 释
O0016;	
N10 G90 G54 G00 X60 Y40 M03 S500 F100;	绝对值输入，调用第一工件坐标系，快速定位到点（60，40）上方，主轴正转，转速为500r/min，进给速度为100mm/min
N20 Z10;	快速下刀至安全平面
N30 G01 Z-5;	下刀至平面 $Z=-5$mm
N40 M98 P00010015;	加工第一象限图形
N50 G51 X60 Y40 I-1 J1;	Y 轴镜像
N60 M98 P00010015;	加工第二象限图形
N70 G51 X60 Y40 I-1 J-1;	X、Y 轴镜像
N80 M98 P00010015;	加工第三象限图形
N90 G51 X60 Y40 I1 J-1;	X 轴镜像
N100 M98 P00010015;	加工第四象限图形
N110 G50 G00 Z200;	抬刀，取消比例缩放方式
N120 M30;	程序结束

表 2-37 可编程镜像编程主程序

主 程 序	注 释
O0017;	
N10 G90 G54 G00 X60 Y40 M03 S500 F100;	绝对值输入，调用第一工件坐标系，快速定位到点（60，40）上方，主轴正转，转速为500r/min，进给速度为100mm/min
N20 Z10;	快速下刀至安全平面
N30 G01 Z-5;	下刀至平面 $Z=-5$mm
N40 M98 P00010015;	加工第一象限图形
N50 G51.1 X60;	Y 轴镜像
N60 M98 P00010015;	加工第二象限图形
N70 G51.1 X60 Y40;	X、Y 轴镜像
N80 M98 P00010015;	加工第三象限图形
N90 G51.1 Y40;	X 轴镜像
N100 M98 P00010015;	加工第四象限图形
N110 G50 G00 Z200;	抬刀，取消镜像
N120 M30;	程序结束

五、思考与练习

1. 极坐标编程的主要应用条件是什么？
2. 如何确定极坐标编程？如何确定坐标系旋转的旋转中心？
3. 简述镜像功能使用注意事项。
4. 编制如图 2-74 和图 2-75 所示零件的数控加工工艺和程序。

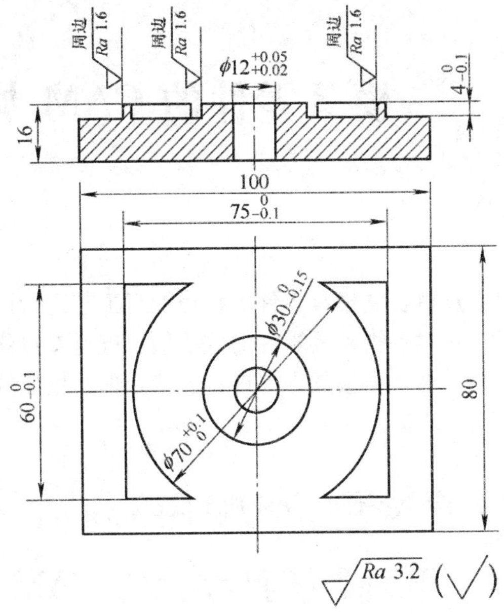

图 2-74　型芯镶件

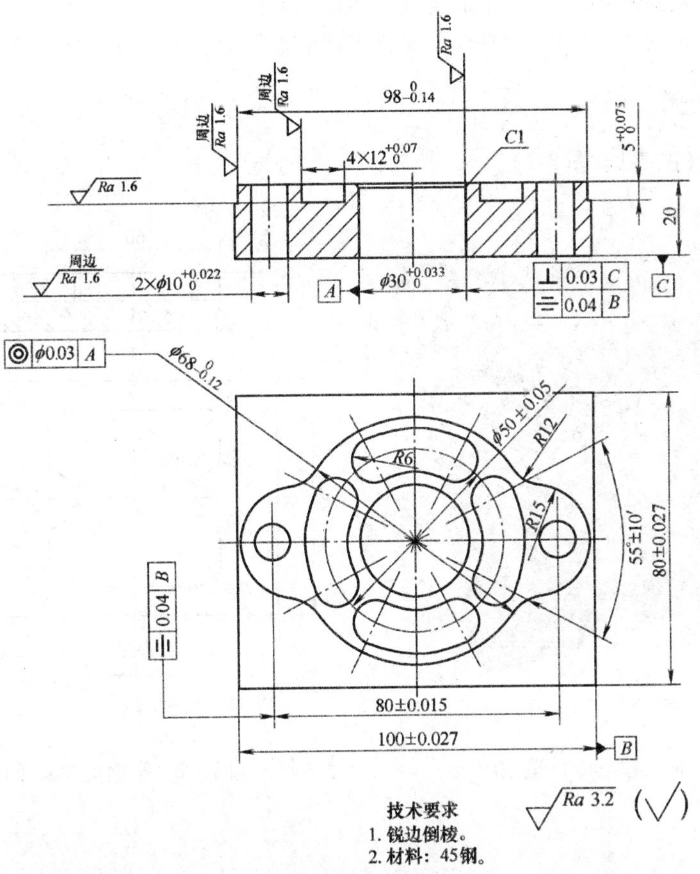

图 2-75　型腔镶件

项目三　模具零件的 CAM 加工

一、项目教学目标

1. 会使用 CAM 软件（UG）对各类模具零件的数控加工工艺进行设置。
2. 会使用 CAM 软件（UG）对各类模具零件的数控加工进行参数化设置。
3. 会使用 CAM 软件（UG）对各类模具零件进行后置处理并生成数控加工程序。

二、项目工作任务

完成模块一 ~ 模块四中各类模具零件的 CAM 加工设置。

模块一　平面类模具零件的 CAM 加工

一、教学目标

1. 会使用 CAM 软件（UG）对平面类模具零件的数控加工工艺进行设置。
2. 会使用 CAM 软件（UG）对平面类模具零件的数控加工进行参数化设置。

二、工作任务

1. 零件图样（图 3-1、图 3-2）

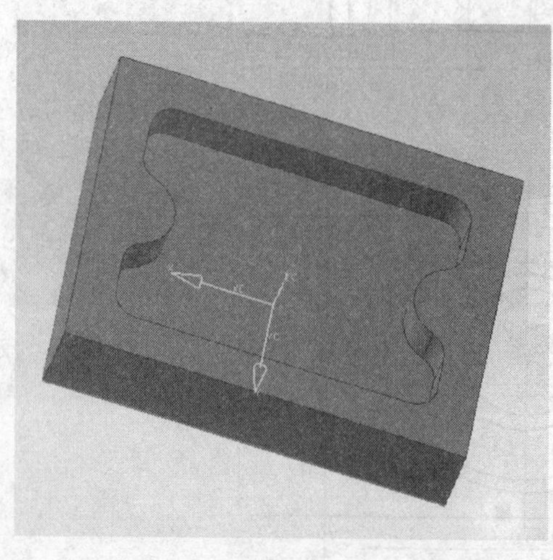

图 3-1　平面类模具零件造型图

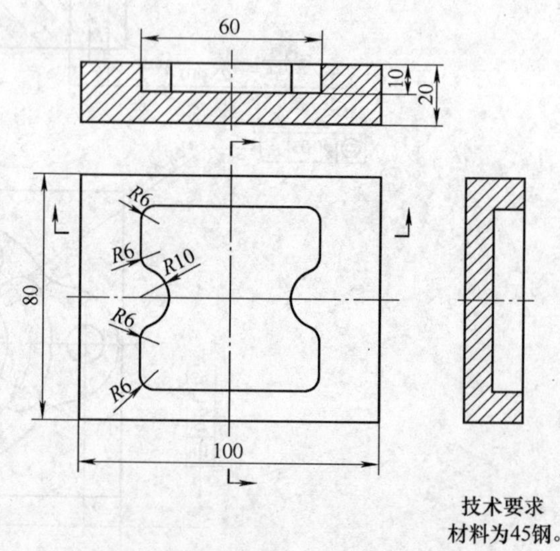

图 3-2　平面类模具零件工程图

2. 生产纲领

加工 2 件平面类模具零件。

三、工作化学习内容

（一）进行加工参数化设置前的准备工作

这里以使用 UG NX 6.0 为例，说明模具零件的 CAM 加工参数化设置的方法。首先从 UG NX 6.0 中打开平面类模具零件造型图，如图 3-3 所示，然后通过【开始】→【加工】进入 CAM 模块，如图 3-4 所示。

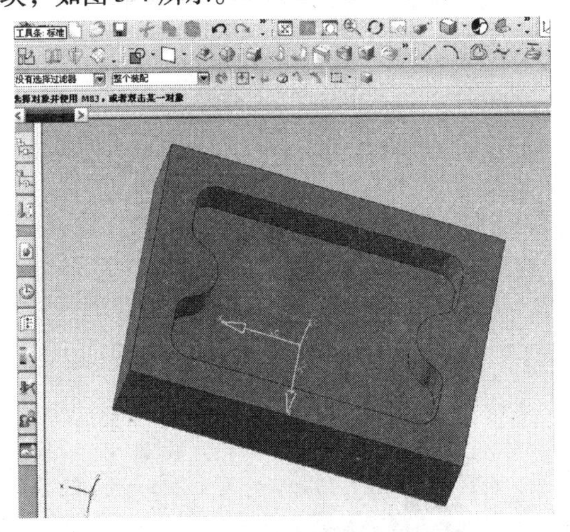

图 3-3　打开模具零件造型图

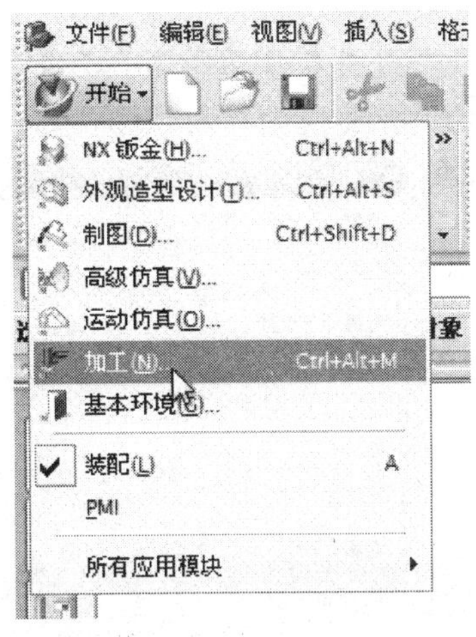

图 3-4　进入 CAM 模块

（二）创建几何体的参数设置

在左边【导航器】中选中【部件导航器】，并选中毛坯部分，再右键单击出现【显示】选项（图 3-5），则可以在右边造型零件中出现毛坯。

在左边【导航器】中选中【操作导航器】，首先切换到几何视图模式，单击【WORKPIECE】，则出现如图 3-6 所示的【工件】对话框；单击【指定毛坯】按钮，出现【毛坯几何体】对话框，在右边造型零件中选择毛坯部分，再单击【确定】按钮，毛坯便已创建好。

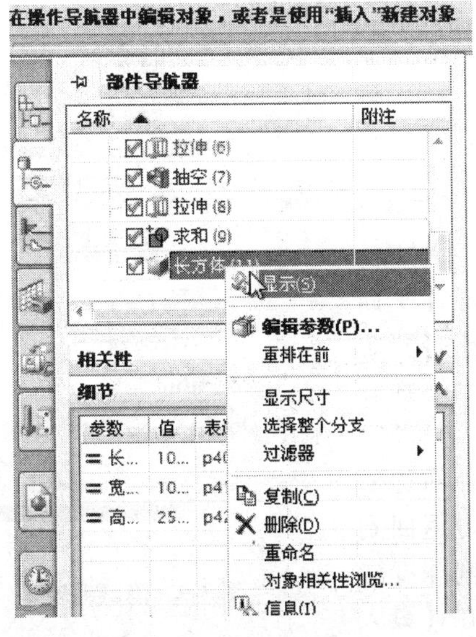

图 3-5　显示毛坯

图 3-6　创建毛坯

在工具栏中单击【创建几何体】，在【位置】→【几何体】中选择【WORKPIECE】，修改名称为【Blank】，单击【应用】，如图3-7所示，则出现【铣削边界】对话框；选择【指定毛坯边界】，出现如图3-8所示的【毛坯边界】对话框。在右边造型零件中以选择线的方式选择毛坯边界。

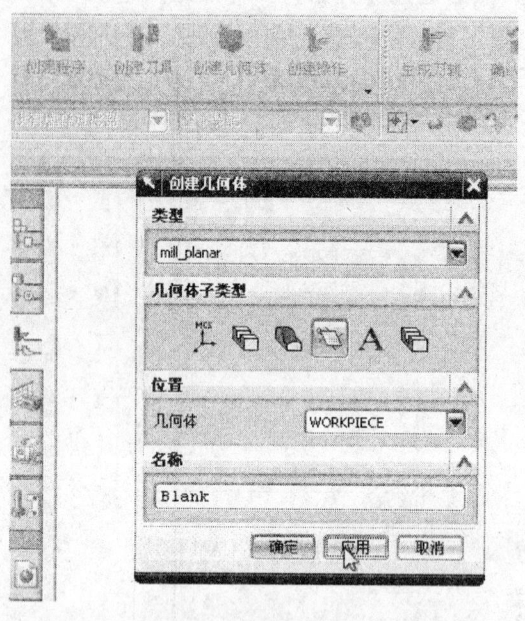

图3-7 创建几何体

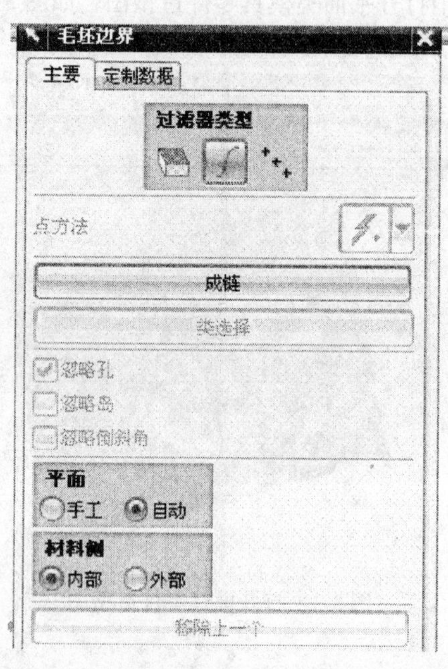

图3-8 选择毛坯边界

然后在【部件导航器】中隐藏毛坯，返回到【创建几何体】对话框，如图3-9所示；在【位置】→【几何体】中选择【BLANK】，修改名称为【Part】，再单击【应用】，如图3-10所示；在出现的【铣削边界】对话框中选定【指定部件边界】，如图3-11所示，则出现【部件边界】对话框。用同样的方法在右边造型零件中以选择面的方式选择好部件边界。

至此，几何体创建完成。

（三）创建加工方法的参数设置

在工具栏中单击【创建操作】，然后选择【操作子类型】中的【平面铣削】操作，修改操作名称为【PLANAR_ROUGH】，单击【确定】按钮，如图3-12所示，出现【平面铣】的加工方法参数设置对话框，如图3-13所示。其上【指定部件边界】和【指定毛坯边界】已经在之前设定好了，下面开始设定其他参数。

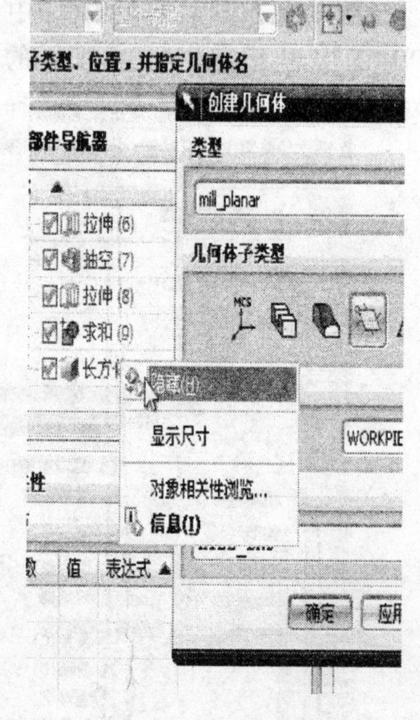

图3-9 隐藏毛坯

单击【指定底面】按钮，出现【平面构造器】，在右边造型零件中选择加工底面，然后单击【确定】按钮即可返回到【平面铣】对话框；然后单击【切削层】，出现【切削深度参数】设置对话框，把【类型】修改为【用户定义】，在【最大值】中输入加工的最大深度，如可输入5.0，然后单击【确定】按钮，如图3-14所示。

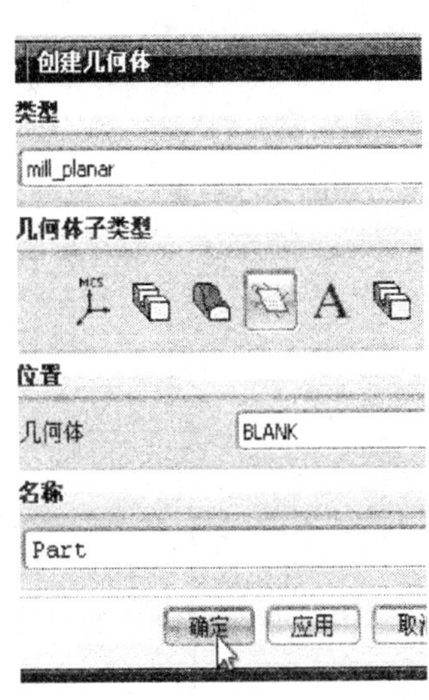

图 3-10　指定铣削边界

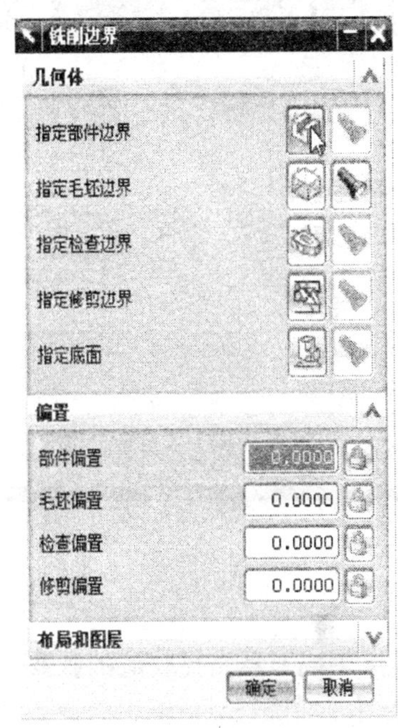

图 3-11　选择部件边界

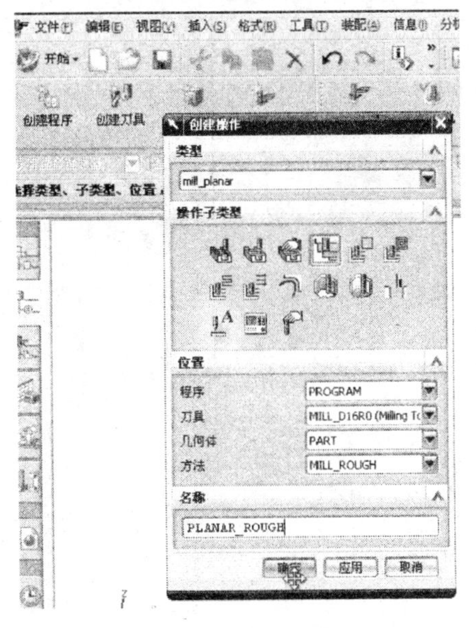

图 3-12　创建操作

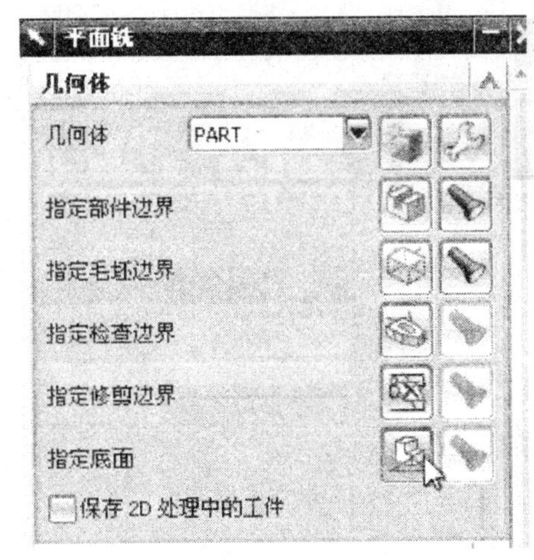

图 3-13　平面铣参数设置

在【平面铣】对话框中选择【非切削移动】，在弹出的对话框中选择【传递/快速】项目栏，将【间隙】中的【安全设置选项】设置为【自动】，【安全距离】默认为 3.0，然后单击【确定】按钮，如图 3-15 所示。

至此，加工方法的参数设置已经完成。

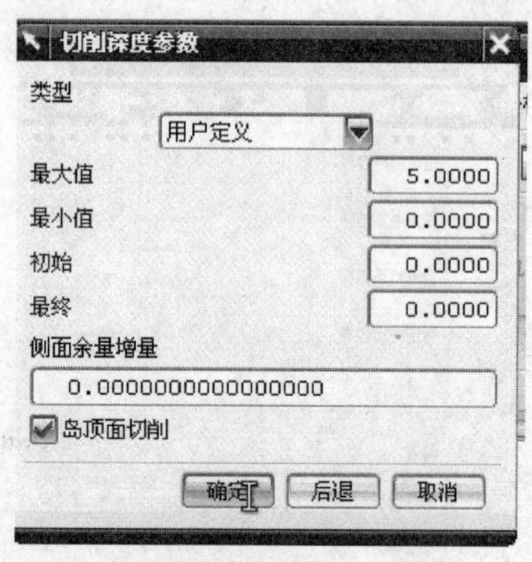

图 3-14　切削深度参数设置

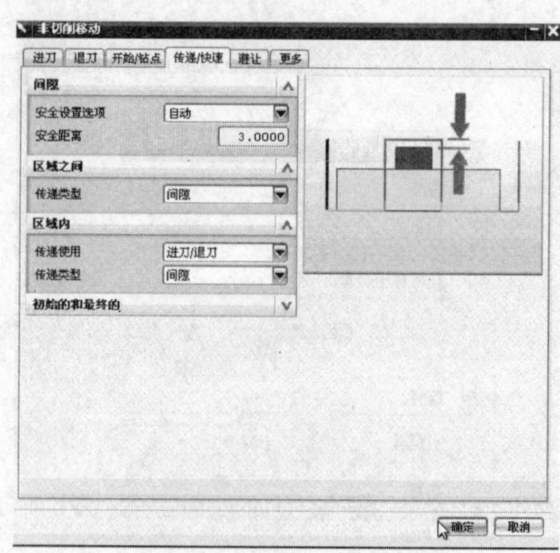

图 3-15　非切削移动参数设置

（四）生成刀具路径轨迹的参数设置

单击【平面铣】对话框中的最下面一个选项【操作】中的【生成】按钮，如图 3-16 所示，则开始生成刀具轨迹，查看右边的造型零件，即可以看到刀具路径轨迹，如图 3-17 所示。

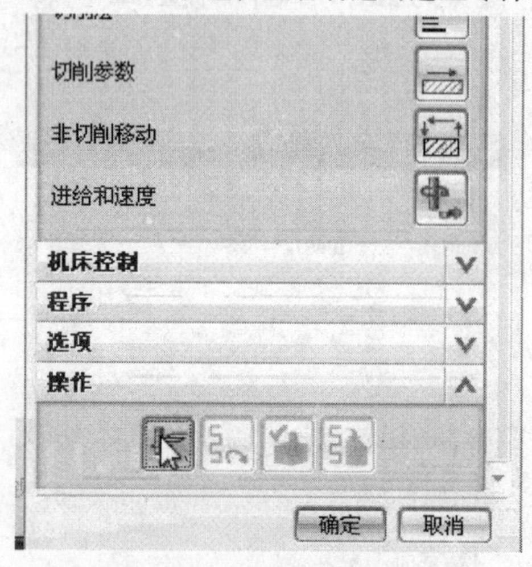

图 3-16　操作生成刀具轨迹

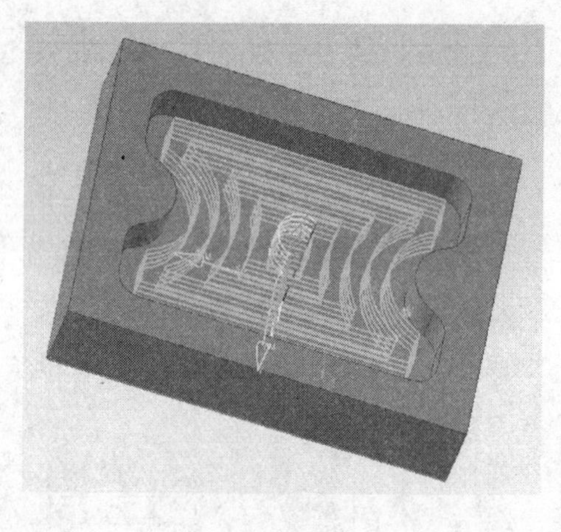

图 3-17　刀具路径轨迹

四、相关的理论知识

（一）平面铣削的基础知识

UG 是 CAD/CAM 集成度很高的一种软件，其 CAM 模块尤其出色，在同类软件中处于领先的地位，它提供了一种交互式编程工具，可计算生成精确、可靠的刀具加工轨迹，是一个功能强大的计算机辅助制造模块。一方面 UG CAM 功能强大，可以实现对形状复杂零件和特殊零件的加工；另一方面这种 CAM 编程工具易于使用。UG CAM 主要可以实现以下几种功能。

（1）平面铣　实现对平面零件的粗加工和精加工。

(2) 型腔铣　型腔铣是三轴加工，主要用于对各种零件的粗加工，特别是平面铣不能解决的曲面零件的粗加工。

(3) 固定轴曲面轮廓铣　主要用于以三轴方式对零件曲面进行的粗加工、半精加工和精加工。

(4) 可变轴曲面轮廓铣　可变轴曲面轮廓铣是以五轴方式，对比固定轴曲面轮廓铣所加工的零件形状更为复杂的零件表面作半精加工和精加工。

(5) 顺序铣　顺序铣以三轴或五轴方式实现对特别零件的精加工。其原理是以铣刀的侧刃加工零件侧壁，端刃加工零件的底面。

(6) 孔加工　钻孔、攻螺纹、铰孔、镗孔加工。

(7) 螺纹铣　凡是因为螺纹直径太大、不适合用丝锥加工的螺纹孔，都可以利用螺纹铣的加工方法解决。螺纹铣是利用特别的螺纹铣刀通过铣削方式加工螺纹的。

数控机床是按照编制好的加工程序自动地对零件进行加工的高效设备，数控程序的质量是影响数控机床的加工质量和使用效率的重要因素。

对于简单零件，可以采用手工编程；而对于复杂的零件，一般采用基于 CAD/CAM 软件技术的图形交互的自动编程方法来编制程序，进行复杂曲面的构建和加工。用 CAD/CAM 软件对零件进行设计和制造，可以缩短编程时间，提高工作效率和编程质量，还可以有效地保证零件的加工精度。

在 UG NX 6.0 中，平面铣削的加工对象是实体、曲面或线条等，其加工区域为平面的零件，均可用平面铣削来编程加工，一般采用大刀具进行加工，加工速度快、效率高。该铣削方式包括多种加工类型，最常用的刀轨为沿开放轮廓铣平面和沿封闭轮廓铣平面。

在平面铣削模板里，加工子类型一共有 15 个，当鼠标停留在某个子类型上面时，就会出现相应的名称，每个子类型按顺序排列，见表 3-1。

表 3-1　平面铣削加工子类型含义

子类型英文名称	含　义	说　明
FACE_MILLING_AREA	表面区域铣	以面来定义切削区域的表面铣
FACE_MILLING	表面铣	基本的面切削操作，用于切削实体上的平面
FACE_MILLING_MANUAL	表面手动铣	混合切削模式，各个面上都不同。其中的一种切削模式是手动
PLANAR_MILL	平面铣	基本的平面铣操作，采用多种切削模式加工二维边界及底平面
PLANAR_PROFILE	平面轮廓铣	特殊的二维轮廓铣削类型，用于在不定义毛坯的情况下轮廓铣。常用于修边
ROUGH_FOLLOW	跟随零件粗铣	使用跟随零件切削模式的平面铣
ROUGH_ZIGZAG	往复式粗铣	使用往复切削模式的平面铣
ROUGH_ZIG	单向粗铣	使用单向轮廓铣削模式的平面铣
CLEANUP_CORNERS	清理拐角	使用前一操作的二维 IPW，以跟随零件切削类型进行平面铣。常用于清除拐角
FINISH_WALLS	精铣侧壁	默认切削方法为轮廓铣削，默认深度为只有底面的平面铣削
FINISH_FLOOR	精铣底面	默认切削方法为跟随零件铣削，默认深度为只有底面的平面铣削

（续）

子类型英文名称	含　义	说　明
THREAD_MILLING	螺纹铣	使用螺旋切削铣削螺纹孔
PLANAR_TEXT	文本铣	切削制图中注释的文字，用于二维雕刻
MILL_CONTROL	机床控制	创建机床控制事件，添加后处理选项
MILL_USER	自定义方式	由自定义的 NX Open 程序生成刀具路径

1. 表面铣

表面铣是通过选择平面区域来指定加工范围的一种操作，属于一种较为特殊的平面铣。表面铣创建的刀轨在与 *XY* 平面平行的切削层上，通过平面定义来加工几何体，此平面可通过平面（选择的平面必须与 *XY* 平面垂直）、曲线、边缘来定义；同时，此平面也作为表面铣的底平面。因此，表面铣不需要再定义底平面，其操作相对于平面铣而言较为简便，当选取实体平面为加工几何体时，系统会自动避免过切。

2. 平面铣

平面铣是用于平面轮廓、平面区域或平面孤岛的一种铣削方式。它通过逐层切削工件来创建刀具路径，可用于零件的粗、精加工，尤其适合于需大量切除材料的场合。

平面铣系列在平面铣削模板内，它是基于水平切削层上创建刀轨的一种加工类型。按照加工的对象分类有精铣底面、精铣壁、铣轮廓、挖槽等。按照切削模式分类有往复、单向、轮廓等。

3. 表面铣与平面铣的对比

平面铣与表面铣的创建过程类似，即首先创建几何体、刀具、方法，然后进行操作设置并设置操作参数，最后由这些参数设置生成刀具轨迹。平面铣和表面铣也有不同之处，平面铣需指定部件边界（零件需要加工的轮廓）、指定底面（加工的深度）、指定毛坯边界（加工时区域的毛坯）等操作。

4. 平面铣的组设置

在进行平面铣加工之前，首先需要创建程序组，以便于后续操作和修改。程序组显示当前操作所使用的方法、几何体和刀具。如果在创建操作时指定了合适的方法、几何体和刀具父节点组，在这里就不需要再进行设置；如果在创建操作时没有指定合适的父节点组，在这种情况下就可以通过【组】选项卡选择父节点组，或重新指定当前操作的父节点组。

（二）平面铣参数设置

在平面铣削模板中选择一种操作方式，例如单击【平面铣】按钮，指定父节点组后单击【确定】按钮，打开【平面铣】对话框。在操作对话框中指定各项参数，这些参数将对刀轨产生影响。这些参数包括加工几何对象、切削参数、控制选项等参数，有些选项还需要通过二级对话框进行设置。

1. 设置切削方式

切削方式用于决定刀轨的样式，其中表面铣有八种切削方式，而平面铣同样有八种切削方式，这两种铣削方式有七个相同的切削方式，所不同的是平面铣包含标准驱动切削方式，而表面铣包含混合切削方式。

（1）单向切削　单向切削可创建一系列沿一个方向切削的直线平行刀轨，该铣削方式将保持一致的顺铣或逆铣切削，并在连续的刀轨间不执行轮廓切削，除非指定的进刀方式要求刀具执行该操作。刀具从切削刀轨的起点进刀，并切削至刀轨的终点，然后刀具退刀，移至下一刀轨的起点，并以相同方向开始切削。

（2）往复式切削　往复式切削创建一系列平行直线刀轨，彼此切削方向相反，但步进方向一致。此切削类型通过允许刀具在步进时保持连续的进刀状态来使切削移动最大化。切削方向相反的结果是交替出现一系列顺铣和逆铣切削。指定顺铣或逆铣切削方向并不会影响此类型的切削行为，但却会影响【清壁操作】的方向。

（3）单向带轮廓切削　单向带轮廓切削产生一系列单向的平行线性刀轨，回程是快速横越运动，在两段连续刀轨之间跨越的刀轨（步距）是切削壁面的刀轨，因此壁面的加工质量比前两种切削方式都要好。

（4）跟随周边切削　跟随周边切削创建了一种能跟随切削区域的轮廓生成一系列同心刀轨的切削图样。通过偏置该区域的边缘环可以生成这种切削图样。当刀轨与该区域的内部形状重叠时，这些刀轨将合并成一个刀轨，然后再次偏置这个刀轨就形成下一个刀轨。可加工区域内的所有刀轨都将是封闭形状。

与往复式切削相似，跟随周边切削通过使刀具在步进过程中不断地进刀，而使切削运动达到最大化。除了将切削方向指定为顺铣或逆铣外，还必须将【腔体方向】方式指定为向内或向外。

使用【向内】腔体方向时，离切削图样中心最近的刀具一侧将确定为顺铣或逆铣；使用【向外】腔体方向时，离切削区域边缘最近的刀具一侧将确定为顺铣或逆铣。

（5）跟随部件切削　跟随部件切削通过从整个指定的【部件几何体】中形成相等数量的偏置来创建切削图样。跟随周边切削方式从由部件或毛坯几何体定义的边缘环生成偏置，而跟随部件切削方式是通过整个【部件几何体】生成偏置创建切削图样，而不管该部件几何体定义的是边缘环、岛或型腔。

可以说跟随部件切削方式保证了刀具沿着整个【部件几何体】进行切削，从而无须设置【岛清理】刀轨，只有在没有定义要从其中偏置的【部件几何体】（在区域中）进行配置时，跟随部件切削才会从毛坯几何体进行配置。

（6）摆线切削　摆线切削是一种刀具以圆形回环模式移动，而圆心沿刀轨方向移动的切削方法。表面上摆线与拉开的弹簧相似。当需要限制过大的步距，以防止刀具在完全嵌入切口时折断，且需要避免过量切削材料时，使用此切削方式。

在进刀过程中的岛部件之间以及窄区域中，几乎总是会得到内嵌区域，系统可从部件创建摆线切削偏置来消除这些区域。系统沿部件进行切削，然后使用光顺的跟随部件切削方式向内切削区域。

（7）配置文件切削　配置文件（轮廓）切削是创建一条刀轨，或指定一定数量的切削刀轨来对部件壁面进行精加工的。它可以加工开放区域，也可以加工闭合区域。对于具有封闭形状的可加工区域，轮廓刀轨的构建和跟随部件切削方式切削图样相同。

（8）标准驱动切削　标准驱动切削（仅平面铣）是一种轮廓切削方式，它允许刀具准确地沿指定边界移动，从而不需要再应用【轮廓】中使用的自动边界裁剪功能。通过选择【自相交】选项，可以使用标准驱动切削方式来确定是否允许刀轨自相交。

在平面铣加工过程中，使用标准驱动切削方式创建切削刀轨时，定义的刀轨并不会像其他切削方式一样检查过切现象。

（9）混合切削　混合切削方式是表面铣加工所特有的切削方式，并且可通过手工的方式定义刀轨，应用于以上切削方式无法获得的刀轨。

选择混合切削方式后，将打开【区域切削模式】对话框。在该对话框中可选择切削方式，并且可单击【编辑】按钮，在打开的对应对话框中编辑切削方式，如在指定点手工定义切削区域刀轨的运动轨迹。选择切削方式为往复式切削方式，即可获得往复式混合切削刀轨路径效果。

2. 设置切削步距

切削步距是关系到加工效率、加工质量和刀具切削负载的重要参数。切削步距越大，走刀数量就越小，加工时间也就越短，但是切削负载增大，加工质量粗糙度也增加。其实这是速度与质量的问题，加工速度太快，一定会影响加工质量，反之，加工质量提高，加工速度就会减慢。在实际编制刀轨时，需要考虑具体情况，争取在保证质量的情况下设定较高的加工速度。

打开【平面铣】或【表面区域铣】对话框并展开【刀轨设置】面板，在【步距】列表框中提供有四个常用的切削步距方式，即【恒定切削步距】、【刀具平直】、【残余高度】和【多个可变】选项。

3. 定义切削层方式

在定义刀轨切削参数时，极有必要定义切削层参数，即定义切削层深度，以及侧面余量增量参数。

在【平面铣】或【表面区域铣】对话框中单击【切削层】按钮，打开【切削深度】参数对话框。此时可在【类型】列表框中选择参数类型定义切削层深度，各种类型的定义方法如下。

（1）用户定义　用户定义选项是通过输入数值来指定切削深度的，其中【最大值】、【最小值】、【初始】、【最终】和【侧面余量增量】选项都为可变值，可根据实际情况来设置。

1）最大值。指最大切削深度。

2）最小值。指最小切削深度。

3）初始。指第一刀的切削深度。

4）最终。指最后一刀的切削深度。

5）侧面余量增量。可给多层粗加工刀具路径中的每个后续层设置侧面余量增量值，设定侧面余量增量可维持刀具和侧壁之间的间隙，并且当刀具切削更深的切削层时，可减轻刀具的压力，适合深腔模具。

6）岛顶面切削。启用该复选框，系统将会在铣削第二层后返回主岛屿顶面清除，适合粗加工操作。

（2）仅底部面　该指定方式比用户定义方式更简单，仅指定一个切削层。当用户指定的底面在哪里，它的加工深度就在哪里。

（3）底部面和岛的顶面　只在底平面和岛顶面上创建一个切削层且岛顶面的切削层不会超出所定义岛的边界。该对话框中所有选项都为不可用状态，适合于精加工。

（4）岛顶面的层　只在岛顶面创建一个平面的切削层，该对话框中的【初始】、【最终】和【侧面余量增量】选项可根据实际情况设置。

（5）固定深度　指的是每次的切削深度，但除最后一层可能小于定义的切削深度外，其他层的切削深度都是相等的。

4. 设置切削参数

设置切削参数主要是对刀具的切削路线进行更精确地设置。单击【切削参数】按钮，弹出【切削参数】设置对话框。【切削参数】设置对话框中包含【策略】、【余量】、【拐角】、【连接】、【未切削】和【更多】等选项卡。一般软件会自动设置好各切削参数，选项默认为不变可以节省时间和精力。

（1）策略　策略指加工路线的大致设置，对加工结果的效果起主导作用。其中主要是【切削角】、【壁清理】和【毛坯】需要经常设置，其他项一般可以选择为默认值。

1）切削方向。切削方向是平面铣、型腔铣、Z 级切削、面切削操作中都存在的参数，包括

【顺铣切削】和【逆铣切削】等选项。其中顺铣切削是指沿刀轴方向向下看，刀轴的旋转方向与相对进给运动的方向一致的切削；逆铣切削是指沿刀轴方向向下看，刀轴的旋转方向与相对进给运动的方向相反的切削；跟随边界切削是指刀具按照选择边界的方向进行切削；边界反选切削是指刀具按照选择边界的反方向进行切削。

2）切削顺序。切削顺序可以用来优化刀轨，在其下拉列表中包括【层优先】和【深度优先】两个选项。其中层优先指每次切削完工件上同一高度的切削层之后再进入下一层；而深度优先是指每次切削完一个区域后再加工另一个区域。深度优先可以减少抬刀现象，因此在加工区域高度不同的零件时最好采用深度优先。

（2）余量 余量主要用在公差配合里，是指为达到某一精度时，要求在操作时留下的加工余量。【余量】选项卡中主要包括【毛坯参数】和【公差参数】两个面板。

在该选项卡中可定义各种余量参数。其中【部件余量】文本框中的输入值，表示在工件侧面为后续加工所保留的加工余量；【最终底平面余量】文本框中的输入值，表示在工件最底面和所有岛屿的顶面上为后续加工所保留的加工余量；【毛坯余量】文本框中的输入值，表示的是毛坯余量（而不是加工余量）。

（3）未切削 该选项卡主要用来定义【重叠距离】参数，以及定义是否设置为【自动保存边界】等操作。

1）重叠距离。重叠距离指切削工件侧面进刀和退刀之间发生重复切削的区间长度，可通过设置它来提高切入部位的表面质量。

2）自动保存边界。启用【自动保存边界】复选框，系统会自动保存所有未切削区域的边界，以作为永久边界。该永久边界位于存在未切削区域的工件边界上，如果存在多个这样的未切削区域，则永久边界位于最低的未切削区域的工件边界上。

（4）更多 【更多】选项卡主要包括【安全设置】和【原有的】两个面板。需在其中的【部件安全距离】文本框中输入刀具夹头与工件非切削区域的安全距离。

启用【边界逼近】复选框，可减少系统的处理时间和缩短刀具路径，也可用部分步进距离作为刀具路径中第二道与第三道路径近似公差，使刀具的线性运动延长。最靠近边界的刀轨为第一条刀具路径，其路径要严格按照切削区域的形状偏置。

5. 设置非切削运动参数

非切削运动主要是设置进刀与退刀的方式、抬刀、避让等，它在切削过程起着辅助切削的作用。零件产生过切往往主要是由于它的设置不恰当而造成的。

（1）进刀 刀具切入工件时所走的轨迹样式对零件的表面质量和刀具的选择有很大的影响。特别是在封闭的区域中，刀具选择不当会造成刀具的损坏。进刀根据区域不同分为两类：封闭区域进刀和开放区域进刀。

在【进刀类型】列表框中可选择进刀方式，可选择的进刀方法一共有四种，【螺旋】、【沿形状斜进刀】、【插铣】和【无】。【螺旋】方式进刀，刀具轨迹是螺旋线，可减少进刀时刀具对机床的冲击力。定义进刀类型为【螺旋】类型，然后分别设置封闭区域和开放区域进刀参数，即可完成对进刀切削参数的定义。

如果选择【沿形状斜进刀】方式，可减少进刀时刀具对机床的冲击力；如果选择【插铣】进刀方式，刀具将采用直接方式进刀，通常不建议使用该方式进刀；选择【无】进刀方式，则不采用任何方式进刀，也不建议使用该方式进刀。

此外，可在【进刀】选项卡下的【开放区域】面板中定义开放区域进刀类型（表 3-2），选择不同的进刀类型，可定义对应的进刀参数。

表 3-2 开放区域进刀类型含义

进刀类型	说明
与封闭区域相同	当选择【与封闭区域相同】选项时，开放区域就会默认成封闭，即【开放区域】面板中的所有选项都不可用，只能对封闭区域定义进刀类型
线性	线性进刀是指刀具逼近工件时通过走直线到达下刀点
圆弧	刀具以圆弧运动的轨迹切入工件
点	允许运动从指定的点开始进刀，选择该选项之后，可指定进刀点。使用【点构造器】或【自动判断断点】来指示系统将要用于后续移动的点
线性—沿矢量	通过一个矢量与一个距离来指定进刀运动。矢量确定进刀运动的方向，距离值确定长度
角度—角度—平面	通过两个角度和一个平面来指定进刀。运动角度可确定进刀运动的方向，平面可确定进刀起始点
矢量平面	通过一个矢量和一个平面来指定进刀运动。矢量确定进刀运动的方向，平面确定进刀起始点

(2) 退刀　在【退刀】选项卡中可定义退刀非切削参数，即选择退刀类型，然后针对刀具类型设置对应参数，即可获得退刀非切削参数的定义。其退刀类型与开放区域进刀类型基本相同，可参照进刀类型定义退刀参数，这里不再赘述。

(3) 开始/钻点　开始/钻点是对进刀/退刀更详细的设置。如进、退刀的重叠，切削的起点等。单击【开始/钻点】选项标签，打开【开始/钻点】选项卡。开始/钻点有三种方式：重叠距离、区域起点和预钻孔点。

重叠距离：指切削工件侧面进刀和退刀之间发生重复切削的区间长度，可以提高切入部位的表面质量。

区域起点：在该面板中可定义默认起点类型和距离，还可以通过【点构造器】或【自动判断断点】指定后续移动的点，并且可以定义预钻孔点与切入点的有效距离。

预钻孔点：钻孔时先预钻中心孔，以提高孔的位置精度。同样可以通过【点构造器】或【自动判断断点】指定后续移动的点，并且可以定义预钻孔点与切入点的有效距离。

6. 进给和速度

刀轨设置的主要作用是设置刀具的运动轨迹和速度。刀轨设置需要改变的参数有切削模式及进给和速度。

在零件加工的过程中，既需要提高效率又要保障加工质量，因此编程人员就要恰当设置机床的切削速度和进给率等。单击【进给和速度】按钮，将打开【进给和速度】对话框。

(1) 主轴速度　在【主轴速度】面板中要设置的参数有主轴速度和主轴方向，其中在【方向】列表框中选择【顺时针】或【逆时针】定义方向。

在【输出模式】中选择主轴输出的单位，默认使用转/分（RPM），包括 RPM（按每分钟转数定义主轴转速）、SFM（按每分钟曲面英尺定义主轴转速）、SMM（按每分钟曲面米定义主轴转速）三个选项。

(2) 进给率　【进给率】面板用于设置刀具在各种运动情况下的速度。进给速度关系到加工效率和质量。

1）切削。刀具在切削工件过程中的进给率。

2）快进。刀具从起点到下一个前进点的移动速度。【快进】选项设为零时，在刀具位置源文件中自动插入快进命令，后置处理时产生 G00 快进代码。

3）逼近。刀具从起点到进刀点的进给速度。平面铣和型腔铣时，逼近速度控制刀具从一个切削层到下一个切削层的移动速度。表面轮廓铣时，该速度作为进刀运动的进给速度。

4）进刀。刀具切入零件时的进给速度。

5）第一刀切削。第一刀切削的进给率。

6）单步执行。刀具进行下一次平行切削时的横向进给量，即通常所说的切削宽度，只适用于往复式切削方式。

7）移刀（横越）。刀具从一个加工区域向另一个加工区域作水平非切削运动时刀具移动的速度。

8）退刀。刀具切出零件时的进给速度，是刀具从最终切削位置到退刀点间的刀具移动速度。

9）离开。刀具回到返回点的移动速度。

10）单位。设置进给时进给速度的单位。

7. 表面铣其他切削参数

切削选项包括切削方式、步进、毛坯距离等，由于在前面章节已经介绍过相关选项，此处只介绍毛坯距离、每一刀切削深度和最终底部面余量。

（1）毛坯距离　定义了要去除的材料总厚度，这是在所选面几何体的平面上方，并沿刀具轴方向测量而得的。该选项与最终底部面余量选项结合使用可确定要去除的实际材料厚度，该厚度与每一刀切削深度结合使用可确定要在各个面生成多少个切削深度。

（2）最终底部面余量　它是一个特定于表面铣和平面铣的切削参数。在表面铣中，最终底部面余量可定义在面几何体的上方剩余未切削材料的厚度，而要去除的材料总厚度是指毛坯距离和最终底部面余量之同的距离。

（3）每一刀切削深度　在表面铣中，系统会按如下方法计算每个选定面的切削层：切削层=（毛坯距离 - 底面余量）×切削深度百分比。其中“毛坯距离 = 面平面与毛坯距离之间的距离”，“底面余量 = 面平面与底面余量之间的距离”。

五、思考与练习

1. 加工平面类模具零件一般如何选择刀具和夹具？

2. 除了在工具条中进行【创建刀具】、【创建操作】等操作外，还可以在什么地方进行这类操作？

3. 如何在加工软件中设置粗加工和精加工？

模块二　曲面类模具零件的 CAM 加工

一、教学目标

1. 会使用 CAM 软件（UG）对曲面类模具零件的数控加工工艺进行设置。

2. 会使用 CAM 软件（UG）对曲面类模具零件的数控加工进行参数化设置。

二、工作任务

1. 零件图样（图 3-18 和图 3-19）

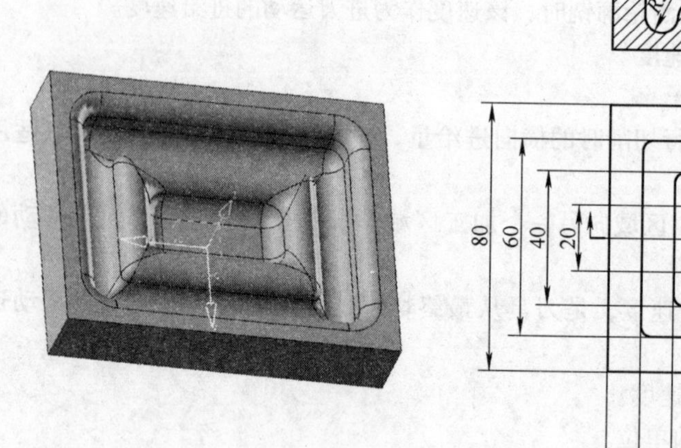

图 3-18 曲面类模具零件造型图

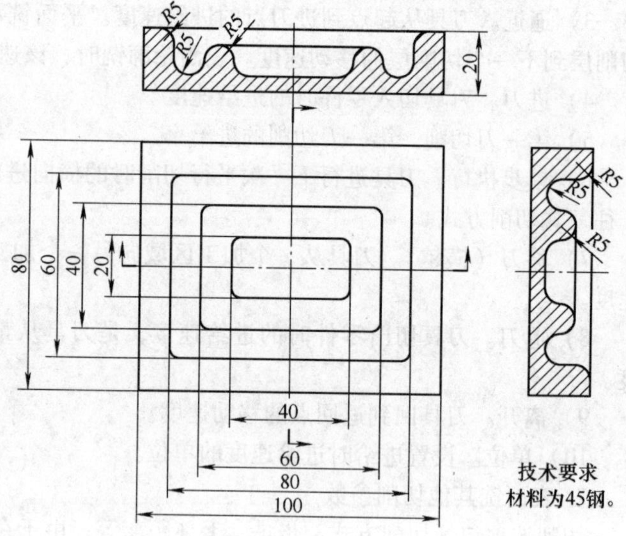

图 3-19 曲面类模具零件工程图

2. 生产纲领

加工 2 件曲面类模具零件。

三、工作化学习内容

（一）型腔 CAM 加工坐标系的设置

首先从 UG NX 6.0 中打开曲面类模具零件造型图，然后通过【开始】→【加工】进入 CAM 模块。建立【加工环境】，选择【mill _ contour】型腔铣加工环境，适合铣削一些简单的曲面类模具零件，如图 3-20 所示。

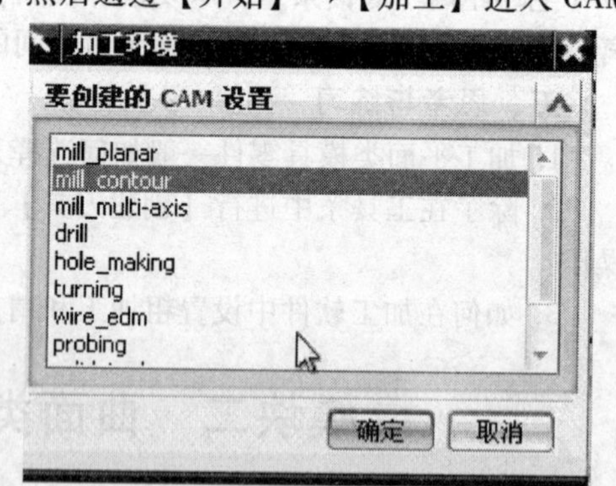

图 3-20 选择型腔铣加工环境

找到左边工具栏的【操作导航器】，切换到【几何视图】模式，双击【MCS _ MILL】来设定坐标系，如图 3-21 所示。在【机床坐标系】中单击【指定 MCS】图标（图 3-22），切换到 CSYS 坐标系设定。此时造型零件中的坐标系原点变为活动状态，可以选择坐标原点拖拽至确定的工件坐标系原点，或者直接输入坐标即可。单击【确定】按钮后返回到上一级菜单。

找到【间隙】选项中的【安全设置选项】，选择【自动】，在下面的【安全距离】中输入一个自定的安全距离值。也可以在【安全设置选项】中选择【平面】，再单击【指定平面】按钮，如图 3-23 所示，进入【平面构造器】；在【偏置】中输入 60.0，再单击【确定】按钮，如图 3-24 所示。

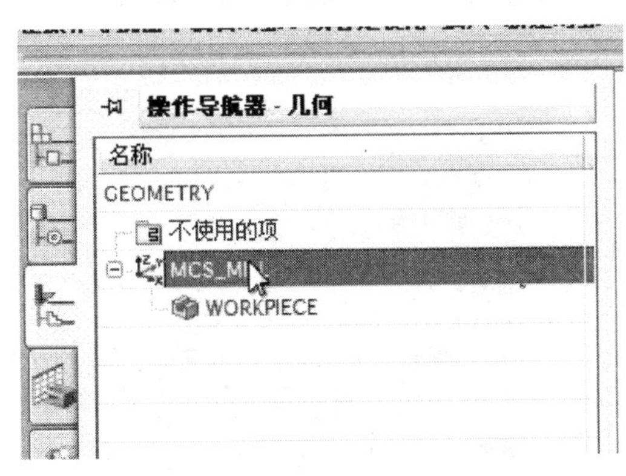

图 3-21　操作导航器

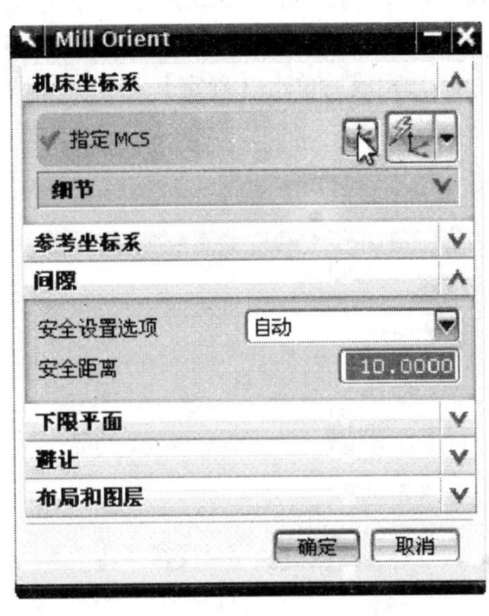

图 3-22　CSYS 坐标系设定

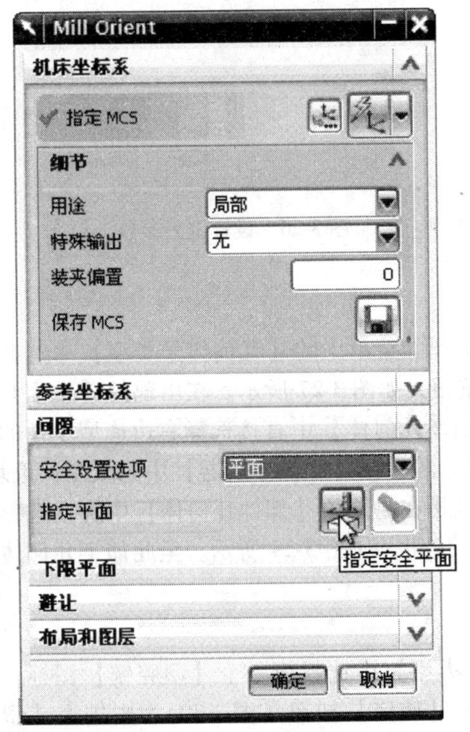

图 3-23　指定安全平面

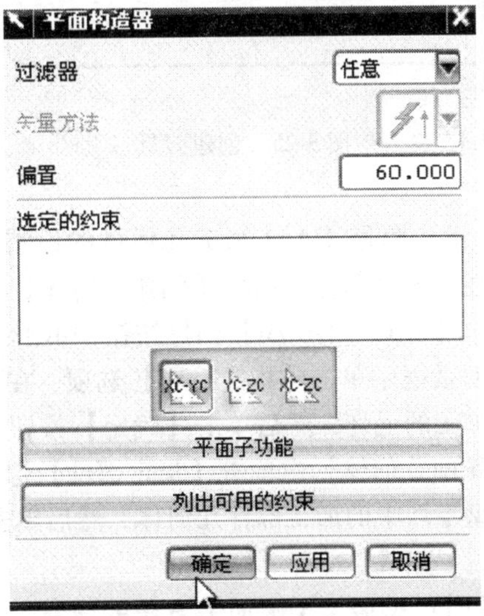

平面构造器
过滤器　任意
矢量方法
偏置　60.000
选定的约束
XC-YC　YC-ZC　XC-ZC
平面子功能
列出可用的约束
确定　应用　取消

图 3-24　平面构造器

（二）型腔 CAM 加工刀具的设置

在上侧工具栏中找到【创建刀具】操作，在【刀具子类型】中选择铣刀，修改刀具名称为【MILL _ D16R1】，如图 3-25 所示，单击【确定】按钮后进入刀具参数设置菜单。在【铣刀参数】中分别设置如下参数，【直径】为 16.0、【底圆角半径】为 1.0、【长度】为 75.0、【刀刃】个数为 4，完成后单击【确定】按钮，如图 3-26 所示。这样便设置好一把直径为 16mm 的平底圆角 4 刃立铣刀。

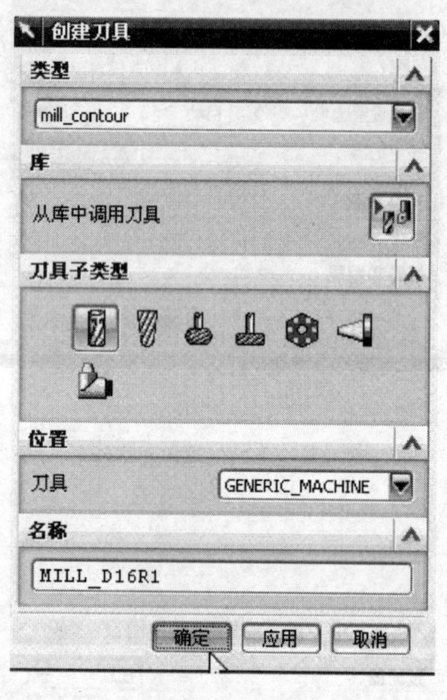

图 3-25　创建刀具

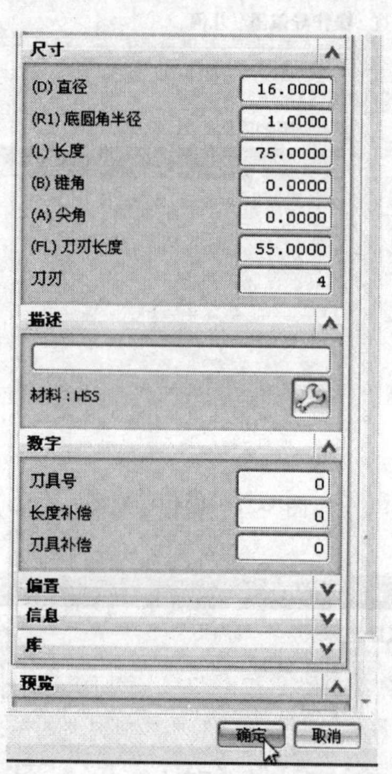

图 3-26　设置铣刀参数

（三）型腔 CAM 加工几何体的设置

在上侧菜单栏中选择【创建几何体】操作，在出现的菜单中的【几何体子类型】中选择最后一个【MILL _ GEOM】图标按钮，单击【确定】按钮，如图 3-27 所示。在出现的【铣削几何体】对话框中单击【指定毛坯】选项，在出现的【毛坯几何体】中直接选择右边造型零件的所有要加工的毛坯，然后单击【确定】按钮（图 3-28）。然后在【部件导航器】中隐藏零件毛坯。在【铣削几何体】中单击【指定部件】选项，同样也是在出现的【部件几何体】中直接选择右边造型零件中的加工部件几何体，然后单击【确定】按钮，如图 3-29 所示。至此加工几何体已全部设置完成。

（四）型腔 CAM 加工方法的设置

在上侧工具栏中单击【创建操作】，在【操作子类型】中选择第一个【型腔铣】图标，选择已设置好的程序、刀具、几何体和方法，然后单击【确定】按钮（图 3-30），则进入【型腔铣】参数设置界面。在【刀轨设置】中，选择【步距】为【恒定】，【距离】调整为 12.0mm，【全局每刀深度】修改为 1.5，如图 3-31 所示，进入【切削层】对话框。设定合适的【范围深度】，然后单击【确定】按钮，如图 3-32 所示。

图 3-27　创建几何体

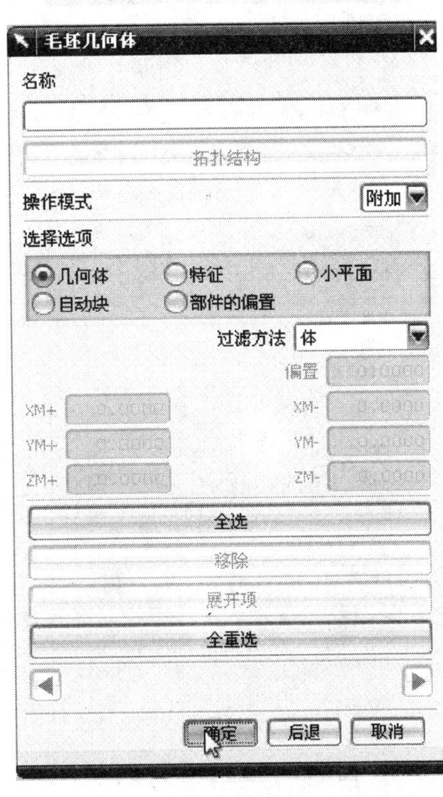

图 3 28　毛坯几何体

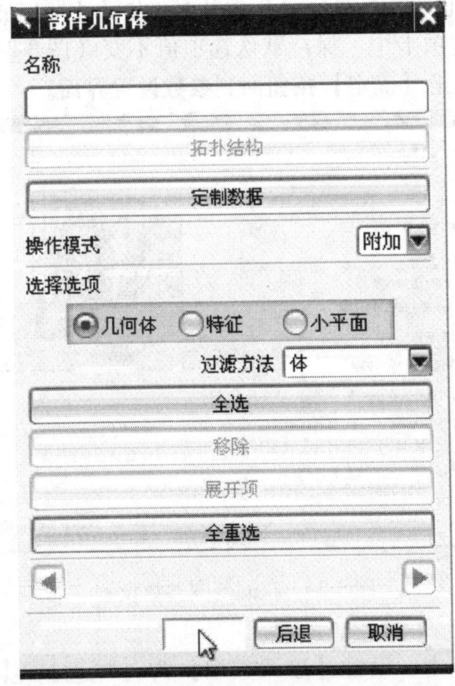

图 3-29　部件几何体

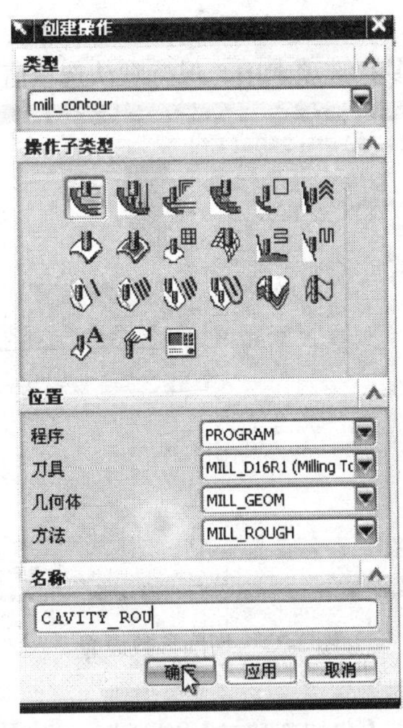

图 3-30　创建操作

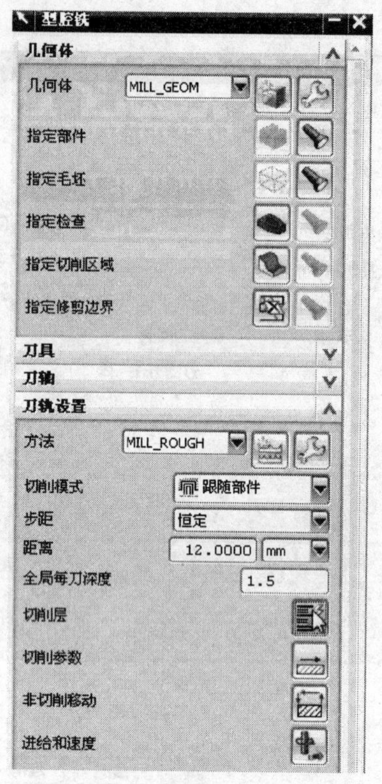

图 3-31 型腔铣参数设置

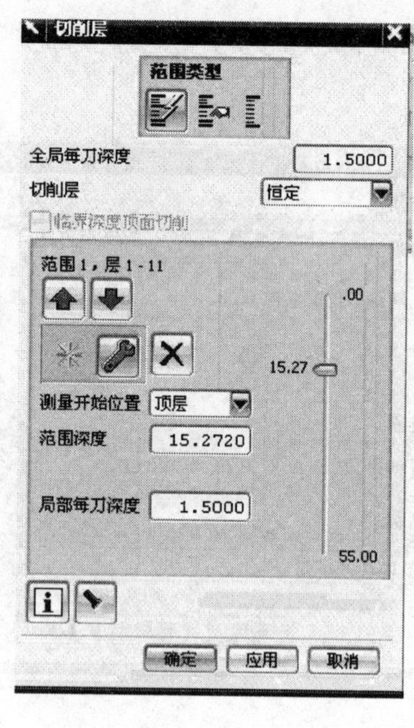

图 3-32 切削层参数设置

回到【型腔铣】参数设置界面，进入【切削参数】对话框，在【余量】选项卡中，去掉在【使用“底部面和侧壁余量一致”】前面的钩，设定【部件侧面余量】为0.5，设定【部件底部面余量】为0.3，如图3-33所示。在【空间范围】选项卡中，保持默认选项值不变（图3-34）。在【更多】选项卡中，保持默认选项值不变，然后单击【确定】按钮回到参数设置界面。

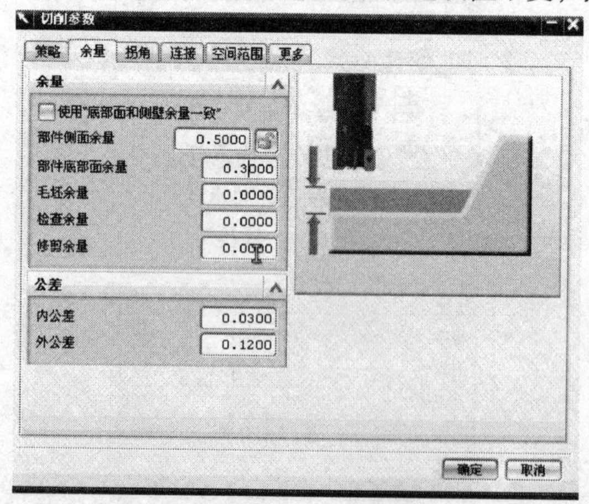

图 3-33 切削参数设置

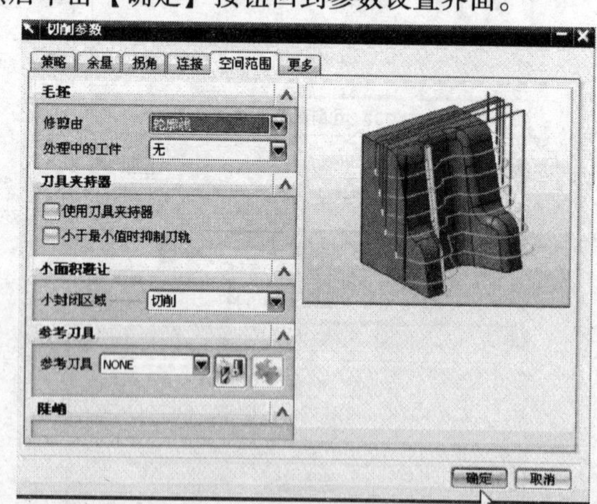

图 3-34 空间范围参数设置

进入【非切削移动】对话框，在【进刀】选项卡中，设置【进刀类型】为【螺旋】，【直径】为12.0mm，【高度】为5.0mm，如图3-35所示。在【退刀】选项卡中，选择【退刀类型】为【抬刀】，【高度】为10.0mm，如图3-36所示。在【传递/快速】选项卡中，【安全设置选项】

选为【自动】,【安全距离】设定为 5.0。

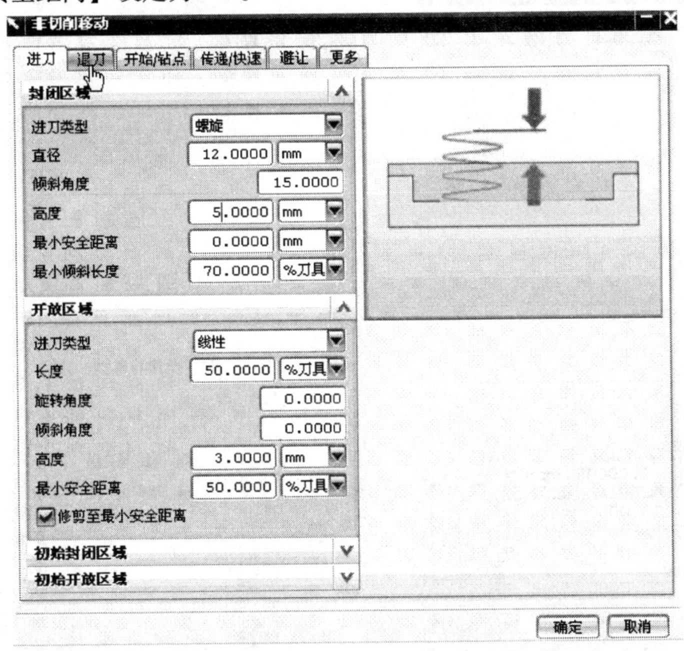

图 3-35　非切削移动中进刀设置

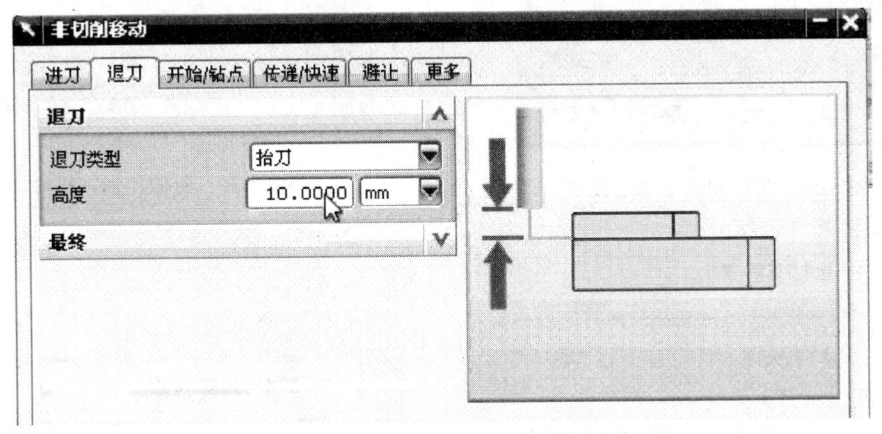

图 3-36　非切削移动中退刀设置

回到参数设置界面，进入【进给和速度】对话框，【主轴速度】设定为 1500r/min。【进给率】（单位均为 mm/min）中的【切削】设置为 600，【逼近】设置为 400，【进刀】设置为 350，【第一刀切削】设置为 300，【单步执行】设置为 400，然后单击【确定】按钮，如图 3-37 所示，返回参数设置界面。单击界面中的【生成】按钮即可生成刀具轨迹，如图 3-38 所示。

（五）CAM 精加工方法的设置

以上进行的加工参数设置过程可认定为粗加工设置，以下进行精加工设置。

首先在【操作导航器】中的机床视图下，复制粗加工操作设置，如图 3-39 所示，然后在下方粘贴，则会产生一个新的加工设置，如图 3-40 所示，通过【编辑】命令可重命名为【CAVITY_SEMI_FIN】，结果如图 3-41 所示。

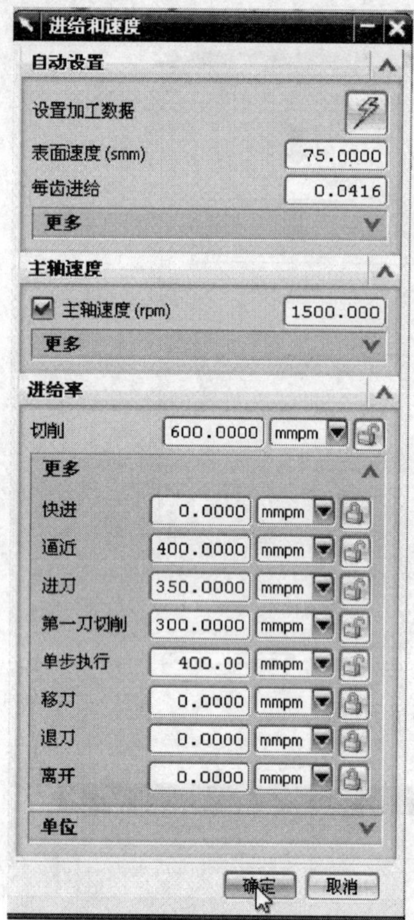

图 3-37　进给和速度参数设置

图 3-38　生成刀具轨迹

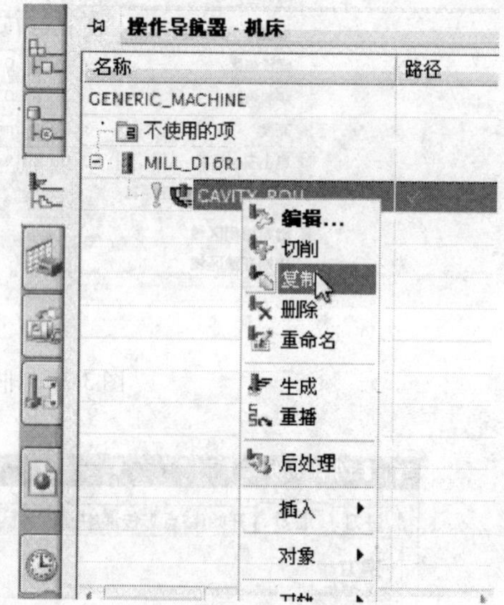

图 3-39　复制粗加工操作

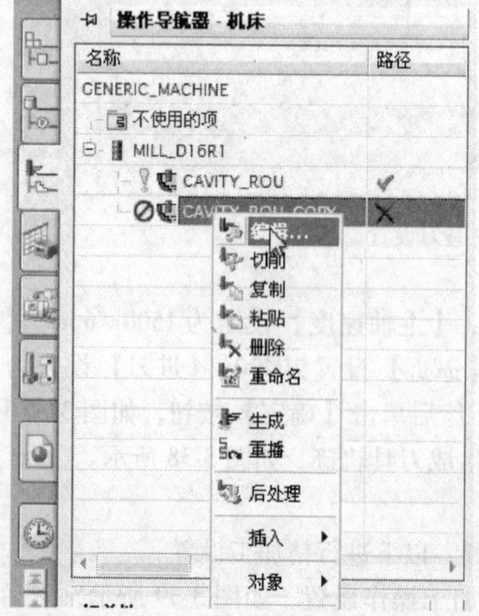

图 3-40　粘贴粗加工操作后编辑

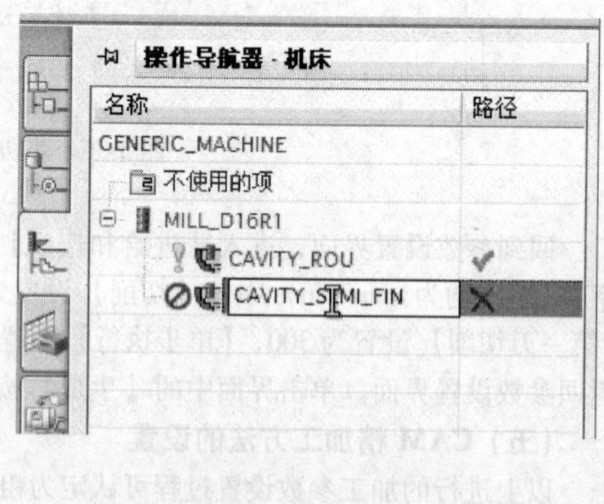

图 3-41　对新的加工设置重命名

创建一个新的刀具，因为是曲面加工，所以选定为球头铣刀。创建一个【MILL D12R6】的球头铣刀，其刀具参数设置方法同上，设置刀具直径为 12mm，刀具底部圆角为 6mm，如图 3-42 所示。

对精加工加工方式进行编辑，进入如图 3-43 所示界面，只需修改【切削模式】为【配置文件】，【步距】选择为【残余高度】，【残余高度】值设置为 0.1。

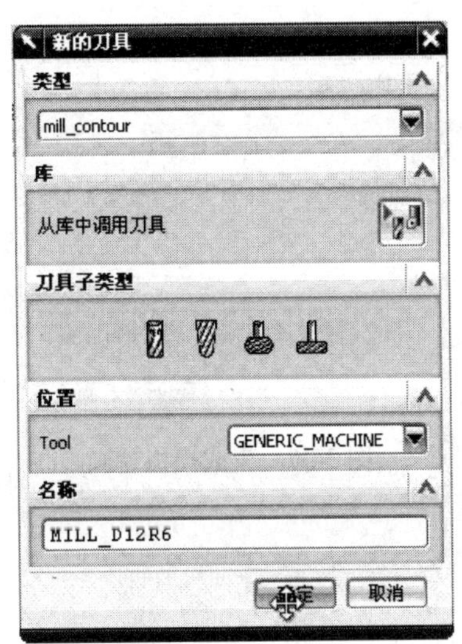

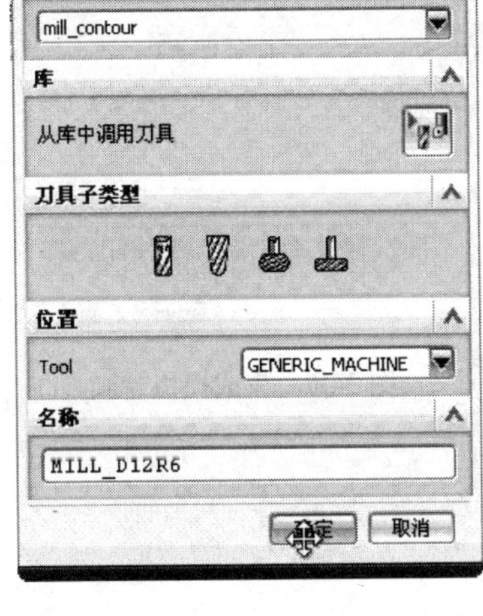

图 3-42　创建一个新的刀具

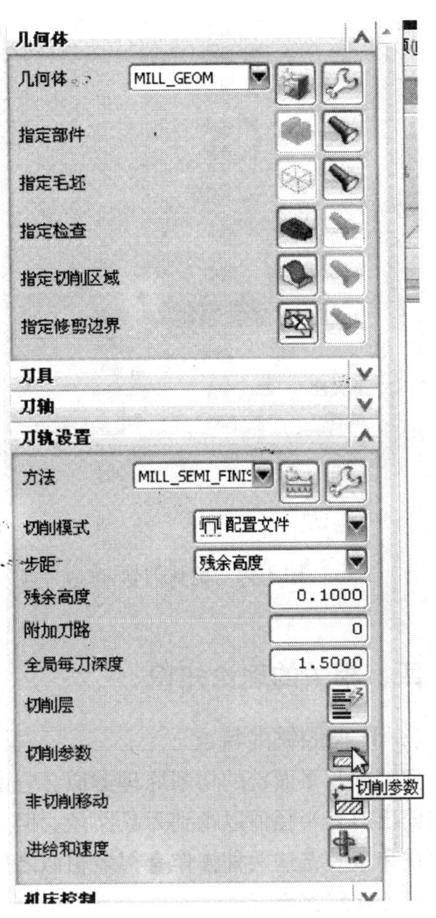

图 3-43　设定精加工参数

精加工的参数设置与粗加工参数设置大体相同，只不过在【切削模式】上有所区别，在粗加工中所选择的是【跟随部件切削】或者是【跟随周边切削】模式，加工时会自动去除周围加工余量。而在精加工中所选择的是【配置文件】模式，加工时只会加工零件轮廓，而不考虑去除周围加工余量。当然，其他的一些参数化设置，例如【主轴速度】和【进给率】等，应该根据具体的加工工艺，设定精加工参数。

参数全部设置好以后，单击【生成】按钮，生成刀轨。

（六）动态加工过程模拟的参数化设置

在【操作导航器】中的程序视图模式下，右键单击加工程序【PROGRAM】，然后在弹出的菜单中选择【刀轨】→【确认】，如图 3-44 所示，进入【刀具轨迹动态模拟】对话框，选择【2D 动态】选项卡，可以调整动画速度，再单击下方向右的箭头，即可生成模拟动画，如图 3-45 所示。

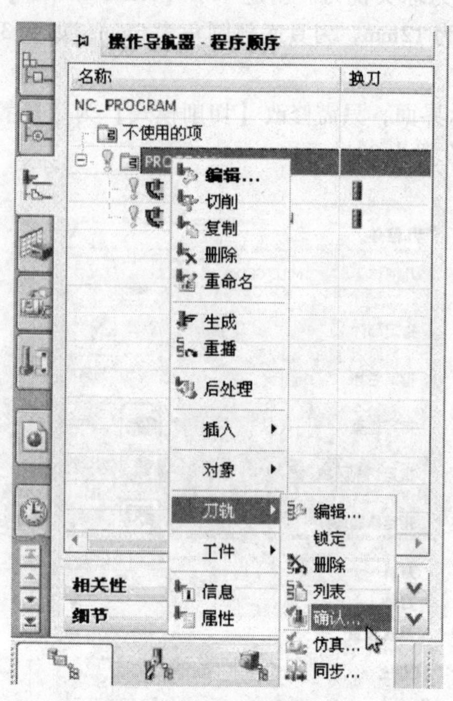

图 3-44　确认刀轨

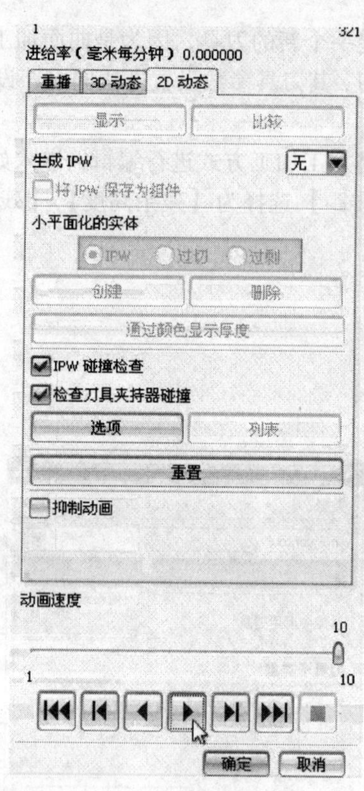

图 3-45　生成模拟动画

四、相关的理论知识

（一）型腔铣的特点

型腔铣与平面铣的切削原理类似，它由多个垂直于刀轴矢量的平面与零件表面求出交线，将交线偏出刀具半径值以得到刀具路径。但这两种铣削方式在定义几何体和铣削参数时不尽相同。平面铣和型腔铣这两种操作有很多相似之处，本模块重点讲解型腔铣与平面铣不同的参数设置方法，以方便对比学习。

1. 两种铣削方式的相同点

平面铣和型腔铣有以下相同点。

1）两种操作的刀轴都是固定的，并且垂直于切削平面，都可去除垂直于刀轴矢量的切削层中的材料。

2）两种操作的刀具路径使用的切削方法基本相同。

3）两种操作的开始点控制选项、进退刀选项完全相同，都提供多种进退刀方式。其他参数选项，如切削参数选项、拐角控制选项、避让几何选项等也基本相同。

2. 两种铣削方式的不同点

两种铣削方式不同之处，首先在于操作参数方面，定义部件几何体和毛坯几何体的对象有重大差别，即平面铣和型腔铣定义材料的方法不同。其中平面铣使用边界来定义零件材料，而型腔铣则使用边界、面、曲线和实体来定义零件材料。

其次是指定切削深度的方法也不同。平面铣通过指定的边界和底面的高度差来定义切削深度，而型腔铣通过毛坯几何体和零件几何体来共同定义切削深度，并且允许自定义每个切削层的深度。

在型腔铣加工过程中，对于复杂曲面结构进行多段面最佳化设置，可防止撞刀。即下刀动作可自动判定凸模由外向内、凹模由内向外及采用多种方式自动下刀，也可以通过用户自定义下刀及下刀方式进行下刀。

3. 型腔铣的铣削过程

平面铣和型腔铣对应操作对话框中的选项与参数基本相同，因此创建平面铣和型腔铣操作的方法也基本相同。两种铣削加工创建的过程简要介绍如下。

（1）定义加工零件几何体　对于平面铣操作，零件几何体与底平面是必须定义的，根据需要还可以定义毛坯几何体、检查几何体与修剪几何体，除底平面是以小三角平面来定义外，其他所有几何体都是通过曲线、边、永久边界或表面边界来定义的。对于型腔铣操作，一般需要定义零件几何体和毛坯几何体，也可以定义检查几何体，这些几何体用边界、表面、曲线与体来定义。

（2）指定合适的切削方式　平面铣操作对话框中有八种切削方式，型腔铣操作对话框中有七种切削方式可用。有些切削方式可以切削整个切削区域，而有些切削方式只能切削区域轮廓；有些切削方式只能切削封闭区域，而有些切削方式既可以切削封闭区域，也可以切削开放区域。应根据零件几何体特征选择合适的切削方式。

（3）设置必要的加工参数　加工参数包括切削参数、切削深度、进给量、避让、拐角、机床控制以及进、退刀运动等参数，对这些参数应根据具体情况进行设置。大部分参数可采用默认值，但有些参数则必须进行设置。

（4）生成刀具路径并进行仿真模拟　设置好所有参数后，就可以生成刀具路径。对生成的刀具路径可以进行仿真模拟，以验证刀具路径是否符合要求，若不符合要求，则应修改加工参数，直到达到要求为止。

在【型腔铣】操作对话框中指定参数，这些参数都将对刀具路径产生影响。在对话框中需设定加工几何对象、切削参数、控制选项等参数，有些选项还需要通过二级对话框进行设置。

在【型腔铣】操作对话框中指定了所有参数后，单击对话框底部的【生成刀具路径】按钮，即可按照以上参数设置生成刀具路径。单击【确定】按钮保存生成的刀具路径并关闭对话框，即可完成型腔铣操作的创建。

（二）型腔铣的类型

型腔铣用于专门加工平面铣无法加工的曲面区域，与平面铣一样多用于粗加工，通常采用大刀具进行加工，有着加工速度快、效率高的特点。型腔铣包括多种加工类型，其中最常用的加工方式为型腔铣和等高轮廓铣，掌握这两种铣削方式是学习型腔铣的关键所在。

在 UG NX 6.0 软件中打开加工零件的 CAD 数据文件，然后将当前环境切换至加工环境。当一个零件首次进入加工模块时，在打开的【加工环境】对话框中选择【mill _ contour】选项，即可进入型腔铣加工环境。

根据需要创建程序、刀具、几何体与加工方法父节点组（具体操作可参考模块一中的内容）。然后单击【创建操作】按钮，并在打开的对话框中选择【mill _ contour】选项。

对话框的【操作子类型】中的第 1 行图标选项是型腔铣子类型选项。这几个图标又可以分为两大类：前面三个图标主要用于对材料体积进行切削，也就是对大余量材料进行粗加工；后面三个图标是对零件轮廓进行切削，主要用于半精加工或精加工。

（三）型腔铣的几何体

为了创建型腔铣操作，必须定义型腔铣操作的加工几何体。在【型腔铣】操作对话框中可分别定义零件几何体、毛坯几何体、检查几何体、切削区域和修剪几何体。选择这些几何体，可定义和修改型腔铣操作的加工区域。零件几何体、毛坯几何体和检查几何体的定义方法相同，在这里只介绍前面没有叙述过的切削区域和修剪几何体。

1. 切削区域

切削区域用于创建局部刀具路径，可以选择部件表面的某个面或面域作为切削区域，而不用选择整个部件，这样就可以省去先创建整个部件的刀具路径，然后使用修剪功能对刀具路径进行进一步编辑的操作。当切削区域限制在较大部件的较小区域中时，还可以减少系统计算刀具路径的时间。

在【型腔铣】对话框中单击【几何体】面板中的【指定切削区域】按钮，将打开【切削区域】对话框，从中选择实体表面或片体来定义切削区域。

型腔铣的切削区域可以在【操作导航器】工具中的【几何节点】中定义，然后共享。也可以通过选择或编辑【切削区域】图标为此操作单独定义。选择过滤方法为【面】方式，选取多个面为切削区域。

同样，如果使用了【操作导航器】工具共享的切削区域，那么型腔铣【几何体】操作对话框中的【指定修剪边界】图标就不可用，以免重复定义。

为使型腔铣操作达到最佳效果，切削区域中需包含明确定义应去除材料体积的面。通常会遇到以下情况。

1）如果切削区域没有定义体积，则可能达不到预期的切削效果。

2）如果切削区域中仅包含竖直面，尽管系统仍将尝试定义要切除的体积，但得到的结果可能会与预期不符。应通过选择更多的面、调整延伸距离或更换毛坯，以得到应用于局部区域所需的刀具路径。

3）如果切削区域中仅包含水平面，那么将无法定义切削深度，此时切削层可能会一直延伸到毛坯顶部。要将切削深度限制在局部区域内，要么选择一些非水平的面来表示深度，要么手动调整切削层。

切削区域常用于模具和冲模加工。许多模具型腔都需要应用分区域加工策略，这时型腔将被分割成不同的独立可管理的区域，随后可以针对不同区域（如较宽的开放区域或较深的复杂区域）应用不同的加工策略，这一点在进行高速硬铣削加工时显得尤其重要。

在使用切削区域时，必须首先定义零件几何体，而且指定的切削区城必须是零件几何体的子集。在【型腔铣】操作对话框中，虽然没有显示边界几何图标，但也可以像平面铣一样使用边界来定义零件几何体、毛坯几何体、检查几何体和修剪几何体。

2. 修剪几何体

修剪几何体可用于将刀具路径包含在特定的区域内，通过将裁剪侧指定为内部或外部，或指定为左侧或右侧，可以定义要从操作中排除的切削区域的面积。在修剪几何体定义时，还可以在【切削参数】对话框中指定一个修剪余量，控制刀具与修剪几何体的距离。

刀具在运动时总位于修剪几何体上，也就是刀具中心沿刀轴方向与修剪边界重合，因此不能将刀具指定为与修剪几何体相切。

例如，以曲线边界定义修剪区域，平面的选择用于指定将选择的曲线或边缘投影至哪一个平面上产生边界，来定义修剪区域。定义平面的方法有以下两种。

（1）手工　选中此单选按钮，通过【平面构造器】对话框，由用户创建一个平面作为边界产生的平面。

（2）自动　选中此单选按钮，系统则根据选择的曲线或边缘创建平面来定义修剪区域。

在【过滤器类型】选项组中单击【点边界】按钮，对话框中的【点方式】选项激活，通过点方式在绘图区创建一些点或选择零件上的点，并将这些点以直线的方式连接起来形成边界，以定义修剪边界。

型腔铣的修剪几何边界可以在【操作导航器】工具中的【几何节点】中定义，然后共享，也可以通过型腔铣【几何体】操作对话框中的【指定修剪边界】图标按钮为此操作单独定义。同样，如果使用了【操作导航器】工具共享的修剪几何边界，那么型腔铣【几何体】操作对话框中的【指定修剪边界】图标就不可用，以免重复定义。

在【操作】对话框中定义的几何体只用于当前操作，其他操作不能使用。如果在创建操作时指定了父节点组，则父节点组中的几何体不能用【操作】对话框中的图标进行编辑或重新选择，图标都为灰色为不可用状态。

（四）型腔铣特有选项

型腔铣和平面铣在设置各种参数的方法上基本相同，但在定义切削层、切削参数、切削模式和步进等参数时有很多不同之处。这里对型腔铣加工特有的参数设置作逐一介绍，其他相同参数的设置可参照平面铣加工参数的设置。

1. 设置切削层

在型腔铣参数中，切削层是为型腔铣的操作指定切削平面，是铣削加工中最关键的参数之一，直接决定了铣削加工的成败和质量优劣。切削层由切削深度范围和每层深度来定义，一个范围由两个垂直于刀轴矢量的小平面来定义，可以同时定义多个切削范围。每个切削范围可以根据部件几何体的形状确定切削层的深度，一般部件表面区域如果比较平坦，则设置较小的切削层深度；如果比较陡峭，则设置较大的切削层深度。

（1）用户定义切削层 允许用户通过定义每个新范围的底面来创建范围，通过选择面的定义范围保持与部件的关联性，但不会检测新的水平表面。

（2）单个切削层 根据部件和毛坯几何体设置一个切削范围。顶面临界深度只在【单个】范围类型中可用。使用此选项在完成水平表面下的第一次切削后直接切削（最后加工）每个关键深度。切削层在图形窗口中显示为一个大三角形平面。

单个切削层中只能修改顶层和底层。如果修改了其中的任何一层，则在下次处理该操作时系统将使用相同的值。如果使用默认值，它们将保留与部件的关联性。不能将顶层移至底层之下，也不能将底层移至顶层之上。这将导致这两层被移动到新的层上，任何结束层旁都将显示【范围结束】符号（大三角形平面）。只有位于切削顶层和切削底层之间的结束层才会被显示和切削。系统使用【全局每刀深度】值来细分这一单个范围。

2. 设置部分切削参数

型腔铣切削参数选项和平面铣切削参数选项有很多相同之处，这里只介绍【策略】、【余量】和【更多】选项卡中对应型腔铣特有的切削参数的设置方法。

（1）策略 策略指加工路线的大致设置，对加工结果的效果起主导作用。其中主要选项【切削角】、【壁清理】和【毛坯】需要设置。还需要进行以下型腔铣特有参数的设置。

1）延伸刀轨。延伸刀轨是指加工时，为了避免刀轨直接切入工件，特指定一段距离值，使刀轨在到达切入点时，进行减速切入，有利于提高机床的寿命。

2）毛坯距离。毛坯距离是指部件边界到毛坯边界的距离。将鼠标移至【毛坯距离】文本框中，将在对话框右侧自动显示此含义的示意图。

（2）余量 在【余量】选项卡中如果启用【使用“底部面和侧壁余量一致”】复选框，则表示底部面的余量和侧壁的余量保持一致，因此在对话框中不会出现【部件底部面余量】选项；如果禁用该复选框，则表示底部面的余量和侧壁余量可以自定义输入。

（3）更多 在该选项卡中主要定义容错加工方式，以及设置底切方式。其中是否使用容错加工方式直接影响修剪毛坯参数设置的效果，具体设置方法如下。

1）原有的。容错加工参数设置是型腔铣特有的一种切削参数。对于大多数铣削操作而言，都应启用该复选框。它是一种可靠的算法，能够找到正确的可加工区域而不会过切部件。启用和禁用【容错加工】复选框，将直接影响修剪毛坯参数的效果。

2）底切。在设置型腔铣参数时，底切处理允许在生成刀轨时考虑底切几何体，以此来防止刀夹摩擦到部件几何体。【防止底切】只能应用在非容错加工中即禁用【容错加工】复选框。启用【防止底切】复选框时，系统将对刀夹应用完整的【水平间隙】（在【进刀/退刀】方式下指定），但如果【水平间隙】大于【刀具半径】，则会应用【刀具半径】。当刀夹位于底切之上且距离与【刀具半径】相等时，随着刀具更深地切过切削层，刀具将逐渐从底切处移走，当刀夹接触到底切时将应用完整的【水平间隙】。

3. 设置空间范围切削参数

型腔铣和平面铣设置切削参数时，最显著的区别在于【空间范围】选项卡中各选项的参数设置。各参数的设置如下。

（1）毛坯　在该面板中主要用来设置毛坯修剪参数、处理工件方式，以及设置刀具最小移除材料参数等。

1）修剪由。在 UG NX 6.0 中，毛坯不是必须定义的，可以在父节点组中创建毛坯，也可以不创建毛坯。当没有明确创建毛坯时，【修剪由】选项可以指定用型芯零件外形边缘，或边形轮廓作为毛坯几何体的边界来定义。

【修剪由】选项要和【更多】选项卡中的【容错加工】结合使用。当启用【容错加工】复选框时，【修剪由】下拉列表中包含【无】和【轮廓线】两个选项；当禁用【容错加工】复选框时，该下拉列表中包括【无】和【外部边】两个选项。

无：如果加工的零件是型芯并且没有指定毛坯几何体，选择【无】选项则不能正确生成刀具路径。

轮廓线：该选项使刀具沿零件几何体的外形轮廓，向外偏置一个刀具半径值来创建一条轨迹。由这个轨迹定义毛坯几何体，可以认为是用部件沿刀轴矢量的投影来定义毛坯的。此时，在父节点组中可以不定义毛坯几何体。

启用【容错加工】复选框时，使用部件几何体的轮廓来生成刀轨（这一点与【外部边】方式不同，【外部边】方式中可包含【实体几何体】类型），方法是将刀具沿部件几何体的轮廓定位，并将刀具向外偏置，偏置值为刀具的半径。可将轮廓看做是部件沿刀具轴投影得到的“阴影”。

当然，某些时候，可以使用该选项来修剪产生在部件外部的刀具路径，部件几何体轮廓向外偏置一个刀具半径作为修剪边界。

外部边：该选项是刀具沿定义部件几何体的面、片体或表面区域的外形边缘，向外偏置一个刀具半径值来创建一条轨迹的，并由这条轨迹定义毛坯几何体。需要注意的是，这些外形边缘与定义部件几何体的其他边缘不邻接。

2）处理中的工件（IPW）。IPW 是“In Process Workpiece”的缩写，指工序件。该选项主要用于二次开粗，是型腔铣中非常重要的一个选项。处理中的工件（IPW）也就是操作完成后保留的材料，包括以下三个选项。

无：该选项是指在操作中不使用处理中的工件。也就是直接使用几何父节点组中指定的毛坯几何体作为毛坯来进行切削，不能使用当前操作加工后的剩余材料作为当前操作的毛坯几何体。

在二次开粗中，如果处理中的工件选择【无】选项，则必须将前一操作进行仿真切削后生成处理中的工件，然后在二次开粗中将 IPW 指定为操作的毛坯几何体，这样当前操作才能基于前一操作的材料进行切削，否则仍以最初指定的毛坯几何体进行切削。

二次开粗实际上是加工上一把刀没有加工到的切削区域，也就是说上一把大刀加工后，再用一把小刀加工上一把大刀未加工到的区域。

使用 3D：该选项是使用小平面几何体来表示剩余材料。选择该选项，可以将前一操作加工后剩余的材料作为当前操作的毛坯几何体，避免再次切削已经切削过的区域。

在使用该选项时，必须已经在选择的父节点组中指定了毛坯几何体，否则在创建刀具路径时会弹出警告对话框，提示几何体组中没有定义毛坯几何体，不能生成刀具路径。

使用基于层的：该选项和【使用 3D】处理工件类似，也是使用先前操作后的剩余材料作为当前操作的毛坯几何体，并且使用先前操作的刀轴矢量。这样操作都要求必须位于同一几何父节点组内。使用该选项可以高效地切削先前操作中留下的弯角和阶梯面。

在二次开粗时，如果当前操作使用的刀具和先前操作的刀具不一样，建议选择【使用 3D】选项；如果当前操作使用的刀具和先前刀具一样，只是改了步距或切削深度，建议选择【使用基于层的】选项。

3）最小移除材料。在此文本框中输入最小移除材料厚度值。最小移除材料厚度值是在部件余量上附加的余量，使生成的处理中的工件比实际加大后的工序件稍大一点。比如当前操作指定的部件余量是 0.4mm，而最小移除材料厚度值是 0.3mm，则生成的处理中的工件的余量是 0.7mm。

（2）刀具夹持器（使用刀柄）　使用刀柄有助于避免刀柄与工件的碰撞，并在操作中选择尽可能短的刀具。在定义刀柄之前，系统将首先检查刀柄是否会与工序模型（IPW）、毛坯几何体、部件几何体或检查几何体发生碰撞。

系统使用刀柄形状 + 最小间隙值来保证与几何体的安全距离。任何有可能导致碰撞的区域都将会从切削区中排除，因此得到的刀轨在切削材料时不会发生刀轨碰撞的情况。需排除的材料在每完成一个切削层后都将被更新，以最大限度地增加可切削区域，同时由于上层材料已切除，使得刀柄在工件底层的活动空间越来越大。因此，必须在后续操作中使用更长的刀具来切削排除的（碰撞）区域。

1）使用刀具夹持器。不使用刀具夹持器，即禁用【使用刀具夹持器】复选框；使用刀具夹持器，即启用【使用刀具夹特器】复选框。

当启用【使用刀具夹持器】复选框时，在下方增加【IPW 碰撞检查】复选框，启用该复选框将进行碰撞检查，禁用该复选框将不进行碰撞检查。

2）小于最小值时抑制刀轨。启用【小于最小值时抑制刀轨】复选框，定义了在型腔铣操作中将计算在加工该操作中的所有材料时（毛坯或 IPW），为了不发生刀柄的碰撞需使用的最短刀具的长度。该结果将显示在此切换按钮下，但如果没有生成或更新刀轨，结果显示为未知。

该选项独立于使用刀柄的参数设置，并且不会更改当前操作的参数或所生成的刀轨。计算该值的处理时间是刀轨生成时间的两倍，因此，如果没有必要，不要在操作中设置该选项，但在以下两种典型的情况下应启用该复选框。①使用的较短刀具由于要避免刀柄的碰撞而无法切削掉全部材料时，可查看所需的刀具长度后，使用一个较长的刀具更换较短刀具，并完成切削；②使用较长的刀具可以切削掉所有材料，而且没有发生刀柄的碰撞时，可查看所需的刀具长度后，使用一个更短、更坚硬的刀具更换该刀具。

3）最小体积百分比。指定最小体积百分比参数,可以定义在一步操作中必须要将剩余材料的多大体积切下以输出刀轨,如果操作没有达到这一百分比,它的刀轨将被抑制而无法输出,也不会影响 IPW 。当定义一系列操作时,使用此选项可避免在操作中使用只能切削掉少量材料的刀具。

用户可跳过该步操作，而直接使用下一步操作中使用的更长的刀具来切削材料，这样将能够提高效率。

（3）参考刀具 当希望在拐角处加工上一个刀具错过的剩余材料时，可以使用参考刀具。此剩余材料可能是由于刀具的拐角半径太大切削不到角落而遗留在壁和底面之间的材料，此切削类似于其他的【型腔铣】操作。但是，它仅限于在拐角区域的操作。

参考刀具通常是先用来对区域进行粗加工的刀具。系统将计算使用参考刀具后剩下的材料，然后为当前操作定义切削区域，必须选择一个直径大于当前使用刀具直径的刀具。

同一最底层上的两个拐角都未被切削的情况下,系统通常不会加工右边的拐角,这是因为当系统使用参考刀具来寻找拐角并决定切削区域时,刀具在接触拐角的底面之前会先接触到拐角的其他部位(小衬垫)。此外,在【重叠距离】文本框中输入参数值,由参考刀具直径定义的区域宽度能够沿着相切曲面延伸。只有在指定了【参考刀具偏置】参数时,【重叠距离】文本框才可用。

在【参考刀具半径】和拐角半径之间的差异比较小的情况下，删除材料的厚度也比较小，可能需要指定一个更小的加工公差，或选择一个更大的【参考刀具】，以达到更好的结果。更小的加工公差可检测到更小的剩余材料的量，但是会有一个性能损失。使用严格公差处理操作时，选择较大的【参考刀具】将是一个更好的选择。

（4）陡峭 可以通过指定【陡峭角】进一步将切削区域仅限制在陡峭角部分。如果指定了【陡峭角】，则系统仅切削指定的陡峭角所包含的壁之间的陡峭区域。也可以通过指定【重叠距离】来延伸切削区域；如果指定了【重叠距离】，则系统将沿着指定距离的相切方向在壁之间的拐角区域上延伸刀轨。

4. 设置切削方式

平面铣和型腔铣操作中的【切削方式】决定了加工切削区域的刀具路径图样和走刀方式。平面铣操作有八种切削方式，而型腔铣操作有七种切削方式，比平面铣操作少一种【标准驱动切削】的方式。

对比这七种切削方式，【往复式切削】、【单向切削】和【单向带轮廓切削】生成平行直线切削刀路的各种变化，也就是常说的“行切”方式；而【跟随周边切削】和【跟随部件切削】生成一系列向内或向外偏移的同心切削刀路，这些切削类型用于从零件中切除一定体积的材料，主要用于粗加工。

其次，使用【跟随周边切削】、【往复式切削】、【单向切削】等切削方法时，可能无法切削到一些较窄的区域，从而会将一些多余的材料留给下一切削层。因此，应在切削参数中打开【清壁】和【岛清理】，以保证刀具能够切削到每个部件和岛壁，从而不会留下多余的材料。

再次，【单向带轮廓切削】和【标准驱动切削】将生成沿切削区域轮廓的单一或多条切削刀路，与其他切削类型不同，这两种切削方式不是用于切除大量材料，而是用于对零件的壁面进行精加工。

（五）等高轮廓铣

等高轮廓铣也是一种固定轴铣操作，通过多个切削层来加工零件表面轮廓，一般应用于精加工陡峭区域。该铣削方式有一个关键铣削选项，就是可以指定陡峭角度，通过陡峭角把整个零件分成陡峭区域和平坦区域，等高轮廓铣只加工零件上的陡峭区域，平坦区域则通过固定轴曲面轮廓铣进行加工。

1. 等高轮廓铣概述

等高轮廓铣是一种固定轴铣削操作，它是对从多个切削层中的实体/面建模的部件进行轮廓铣。使用此操作除了“部件”几何体，还可以将切削区域几何体指定为部件几何体的子集，以限制要切削的区域。如果没有定义任何切削区域几何体，则系统将整个部件几何体当作切削区域，在生成刀轨的过程中处理器将跟踪该几何体。

等高轮廓铣操作一般用于半精或精加工落差较大的区域，对高速加工尤其有效。在使用型腔铣粗加工凹槽区域后，使用该铣削方式进行凹槽半精加工。等高轮廓铣具有以下优点。

1）可以保持陡峭壁上的残余波峰高度。

2）可以在一个操作中切削多个层。

3）可以在一个操作中切削多个特征（区域）。

4）可以对薄壁工件按层（水平）进行切削。

5）在各个层中，可以广泛使用线形、圆形和螺旋形进刀方式。

6）可以使刀具与材料保持恒定接触。

7）可以通过对陡峭壁使用等高轮廓来进行精加工。

等高轮廓铣的一个重要功能就是能够指定【陡峭角】，以区分陡峭与非陡峭区域。将【陡峭角】切换为【开】时，只有陡峭角度大于指定陡峭角的区域才执行等高轮廓铣。将【陡峭角】切换为【关】时，系统将对整个部件执行等高轮廓铣。

在使用等高轮廓铣进行铣削加工时，需要检测部件几何体的陡峭区域，对跟踪形状进行排序，识别要加工的切削区域，以及在不过切部件的情况下对所有切削层中的这些区域进行切削。

2. 等高轮廓铣几何体

等高轮廓铣几何体包括部件几何体、检查几何体、切削区域、修剪边界等选项。其中部件几何体、检查几何体、修剪边界及其创建与型腔铣相同。在这里介绍一下等高轮廓铣切削区域的定义方法。

切削区域指几何体上要加工的区域，用于选择编辑和显示切削面或面域。切削区域的每个成员都必须是部件几何体的子集。例如，如果在切削区域中选择一个面，则此面必须选择为部件几何体，或必须属于某个已选择为部件几何体的面。如果在切削区域中选择一个片体，则必须选择该片体作为部件几何体。

在【几何体】面板中单击【切削区域】图标，将打开【切削区域】对话框。切削区域图标主要用于选择、编辑和显示切削区域。

从对话框中的【过滤方法】下拉列表框中可以看出，可选择表面区域、片体或面来定义切削区域。使用面过滤方法选取多个曲面作为切削区域。但在选择切削区域时要注意以下两点。

1）在选择切削区域时，可以随意选择对象，不必按顺序进行选择，选择的对象必须是零件几何体的子集，也就是包含在零件几何体中，不能选择零件几何体外的对象作为切削区域。

2）如果不指定切削区域，则系统会将定义的整个部件几何体（刀具不可触及的区域除外）作为切削区域，换言之，系统会将部件的轮廓作为切削区域。

3. 设置等高轮廓铣的基本参数

等高轮廓铣操作和型腔铣操作类似，创建方法也差不多。单击【创建操作】按钮，将打开【创建操作】对话框。此时在【类型】下拉列表框中选择【mill contour】选项，并在【操作子类型】面板中单击【ZLEVEL _ PROFILE】按钮。然后设置好父节点组和名称，并单击【确定】或【应用】按钮，打开【深度加工轮廓】对话框。对话框中没有切削方法。

除了切削区域、陡峭角、合并距离与最小切削长度等选项外，其余选项基本上与型腔铣操作对话框中的对应选项的功能相同，可参考模块一中的相关内容。其实等高轮廓铣操作默认以零件轮廓进行切削，所以一般适用于半精加工或精加工，而型腔铣操作一般适用于粗加工。

五、思考与练习

1. 加工曲面类零件所使用的刀具较之平面类零件有何不同？
2. 在 CAM 软件中，加工曲面有多种加工方法，分别适用于何种情况？
3. 如何使用软件设置粗加工和精加工的加工余量？

模块三　模具零件孔系的 CAM 加工

一、教学目标

1. 会使用 CAM 软件（UG）对模具零件的孔系数控加工工艺进行设置。
2. 会使用 CAM 软件（UG）对模具零件的孔系数控加工进行参数化设置。

二、工作任务

1. 零件图样（图 3-46、图 3-47）

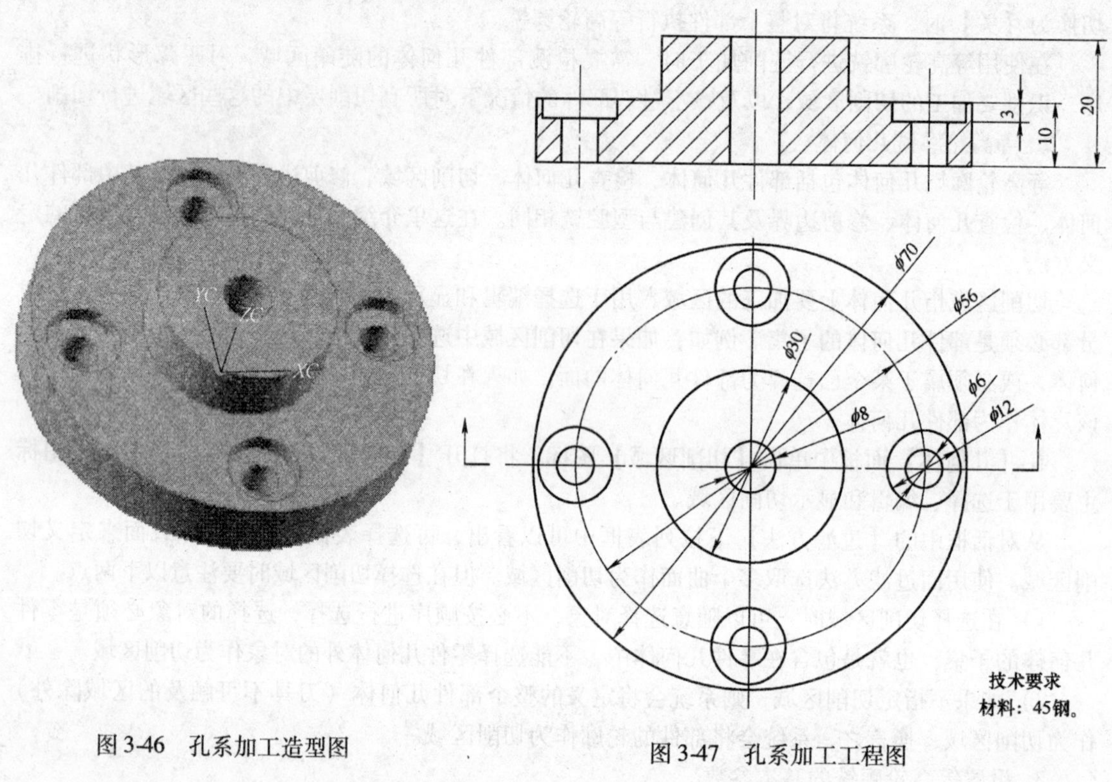

图 3-46　孔系加工造型图　　　　图 3-47　孔系加工工程图

2. 生产纲领

加工 2 件孔系零件。

三、工作化学习内容

（一）孔系 CAM 加工坐标系的设置

首先还是在 UG NX 6.0 中打开模具零件造型图，然后通过【开始】→【加工】进入 CAM 模块。进入加工环境，选择【drill】模式，即为孔系加工模式，如图 3-48 所示。与前面一样，首先也要设置加工坐标系，选择左边菜单栏的【操作导航器】中的【几何视图】模式，双击【MCS _ MILL】，则出现如图 3-49 所示的设置加工坐标系菜单。在【机床坐标系】中单击【指定 MCS】，如图 3-49 所示，在右边造型零件中调整好工件坐标系，可以通过在 *X*、*Y*、*Z* 中输入坐标值调整，也可以直接拖动坐标系原点，如图 3-50 所示。然后在出现的【CSYS】菜单中单击【确定】按钮，返回上一级菜单。

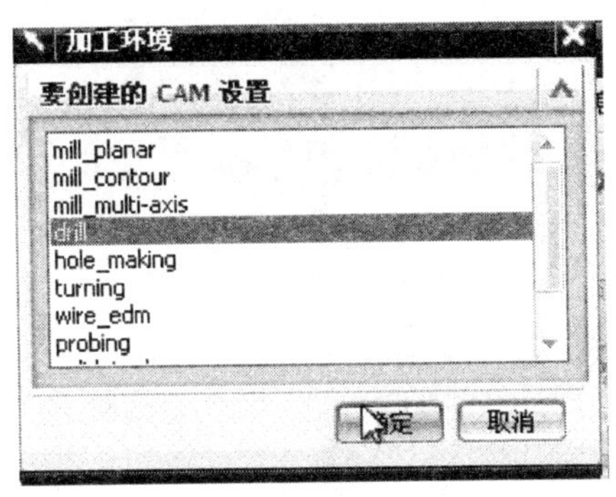

图 3-48　孔系加工模式

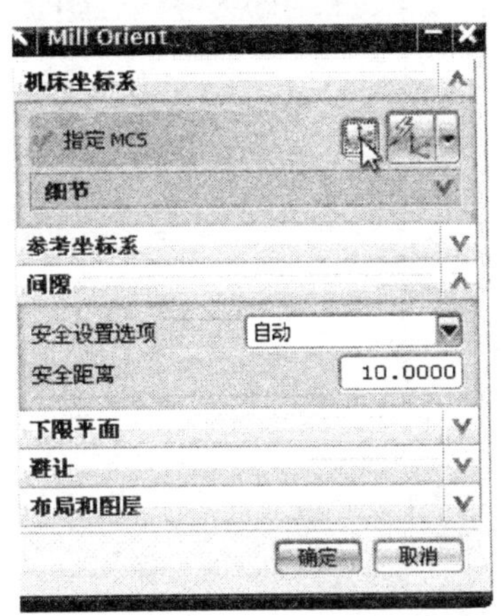

图 3-49　指定 MCS

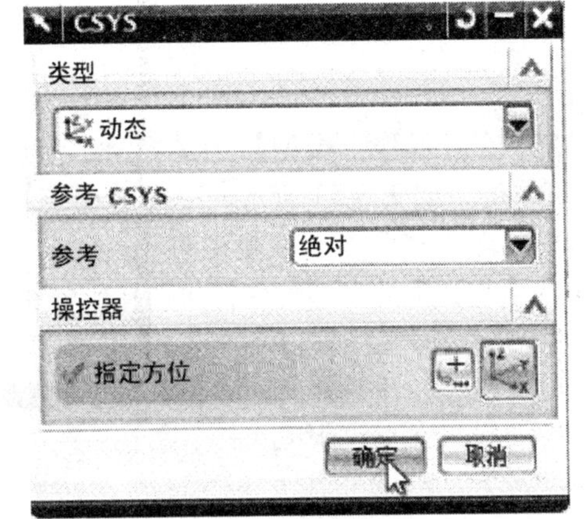

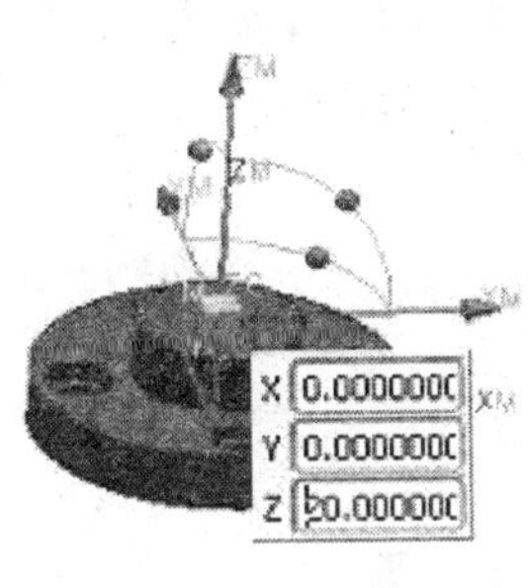

图 3-50　调整工件坐标系

坐标系设定好了以后，还需要设定安全距离。在设置加工坐标系菜单中（图 3-49），【安全设置选项】设置为【平面】，在【指定平面】中选择工件的上表面，【偏置】设定为 5.0。

这样便完成了坐标系的设定。

（二）孔系 CAM 加工刀具参数的设置

在上侧菜单栏中单击【创建刀具】按钮，在钻孔【刀具子类型】中选择第二项“点钻钻头”，再将刀具名称改为【SPOTDRILLING _ D6】，以作好标识，如图 3-51 所示。然后修改刀具参数，分别修改刀具【直径】为 6，【顶尖角度】为 118，刀具号和长度补偿号都为 1，如图 3-52 所示。单击【确定】按钮后再添加第二把刀具，在【刀具子类型】中选择第三项普通钻头，分别设置刀具【直径】为 6，【顶尖角度】为 118，【刀具】号和【长度补偿】号都为 2。单击【确定】按钮后添加第三把刀具，在【刀具子类型】中选择第五项铰刀，分别设置刀具【直径】为 8，刀具【长度】为 50，【刀刃长度】为 35，刀具号和长度补偿号均为 3。单击【确定】按钮后添加第四把刀具，在【刀具子类型】中选择第六项扩孔钻，用于加工沉头孔，分别设置刀具【直径】为 12，刀具【长度】为 50，【刀刃长度】为 35，刀具号和长度补偿号分别为 4。

至此，所有刀具便已设定好。

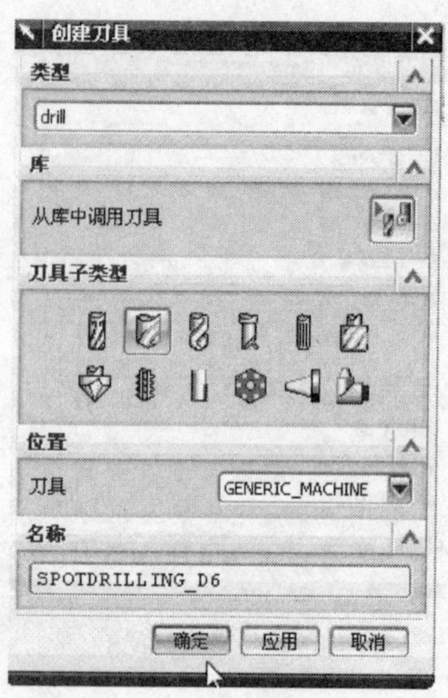

图 3-51　创建刀具

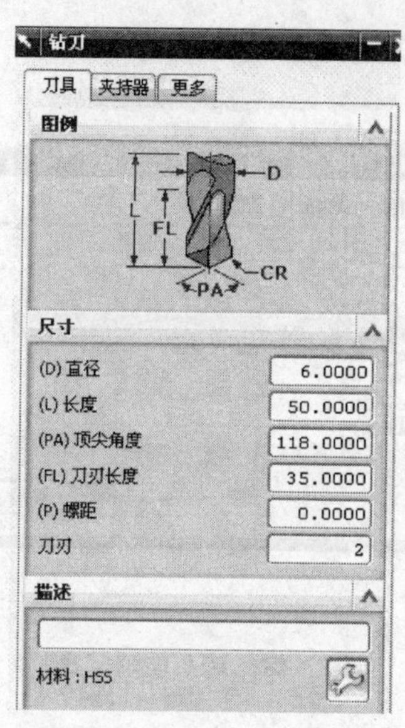

图 3-52　修改刀具参数

（三）孔系 CAM 加工方法的设置

在上侧工具栏中单击【创建操作】按钮，在【操作子类型】中选择第二项点钻操作，并选择好对应的刀具（点钻钻头），相应的几何体等，如图 3-53 所示。单击【确定】按钮后，在生成的【点钻】菜单中单击【指定孔】按钮，如图 3-54 所示。在生成的【点到点几何体】菜单中单击【选择】选项，如图 3-55 所示。接下来在右边的造型零件中依次选择所要加工的孔的位置，如图 3-56 所示。

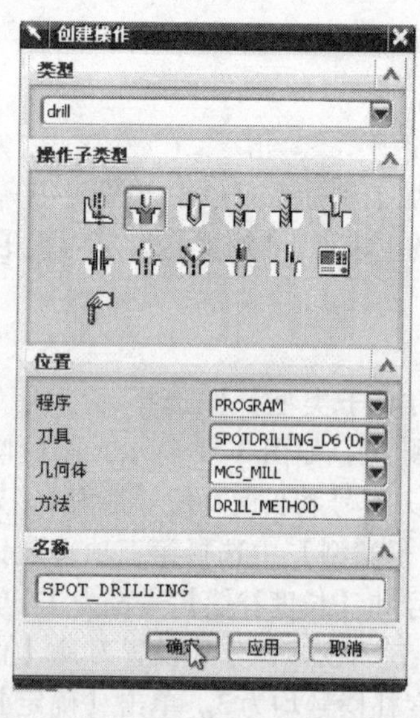

图 3-53　创建操作

图 3-54　点钻菜单

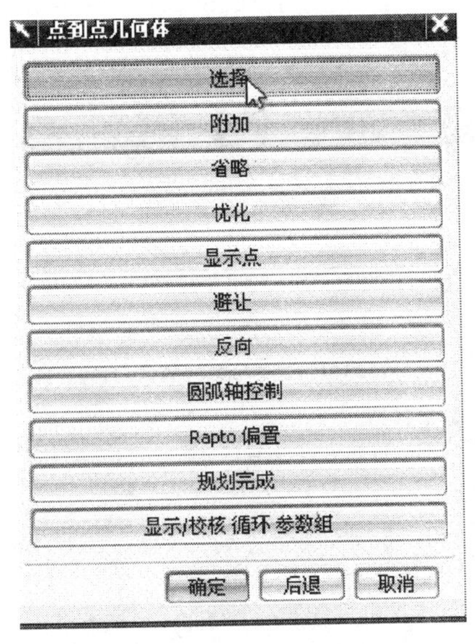

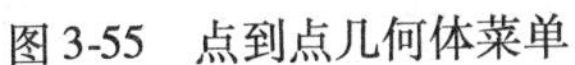
图 3-55　点到点几何体菜单

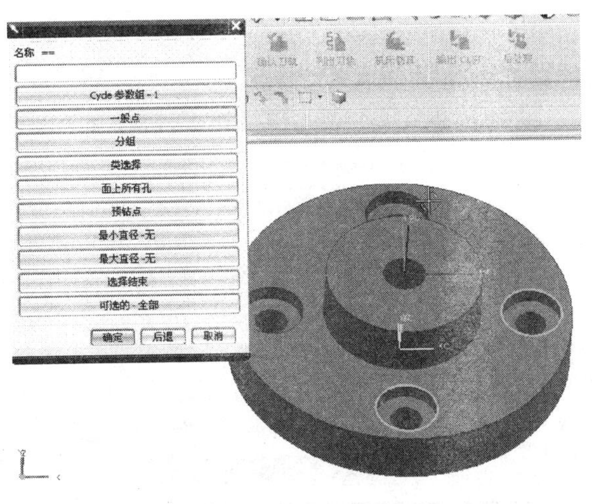

图 3-56　选择所要加工的孔的位置

等所有点都选择到了以后单击【确定】按钮，便返回到上一级菜单。这时虽然要加工的孔已经选择好，但是有时由于要加工的孔比较多，这些孔的加工顺序却没有编排好，此时可作如下处理。在图 3-57 所示的【点到点几何体】菜单中单击【优化】选项，在弹出的菜单中选择【Shortest Path】，如图 3-58 所示，再在弹出的菜单中单击【优化】选项，如图 3-59 的示，这时在右边造型零件中可以看到每个孔中有数字显示，这便是按最短路径的顺序来加工孔。然后在左边的菜单单击【接受】选项，如图 3-60 所示。

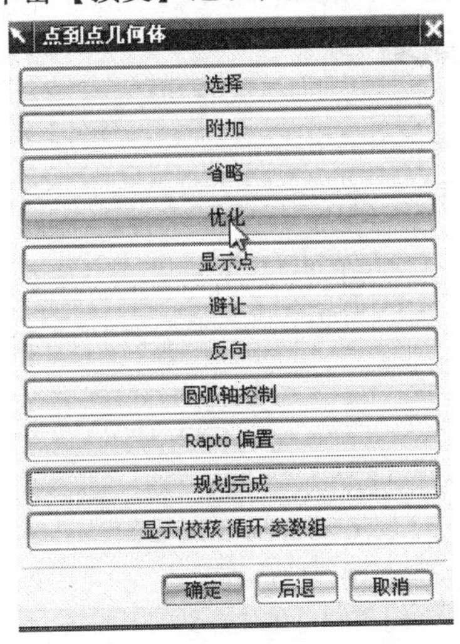

图 3-57　优化刀具路径

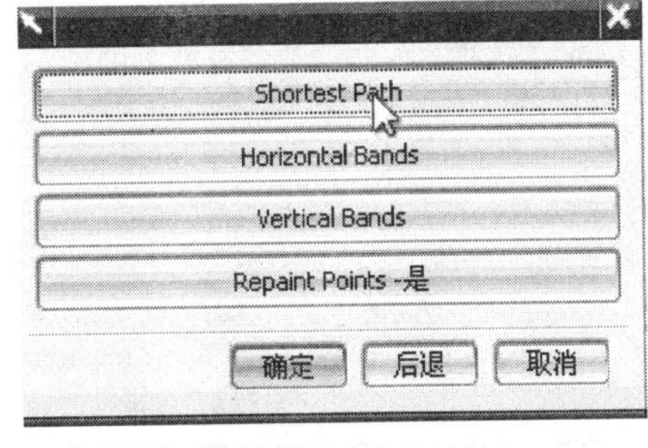

图 3-58　选择 Shortest Path

在【点钻】菜单（图 3-54）中单击【进给和速度】按钮，进入【进给和速度】菜单设置，【主轴速度】设置为 800r/min，【进给率】设置为 200mm/min，如图 3-61 所示。然后单击【确定】按钮后返回到上一级菜单，在【操作】中单击【生成】图标，如图 3-62 所示，完成点钻的刀具轨迹操作设置。

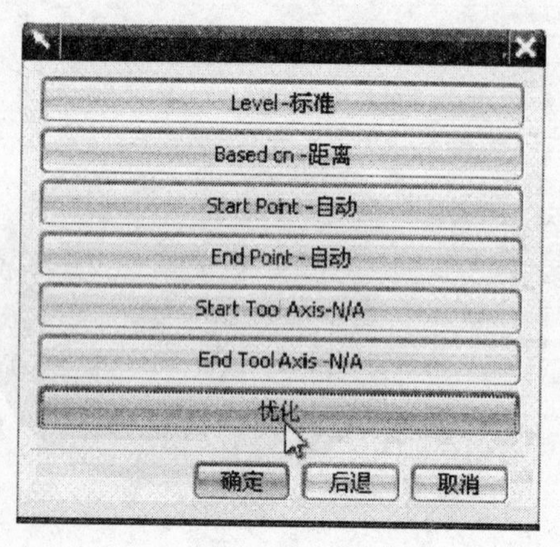

图 3-59 确定优化

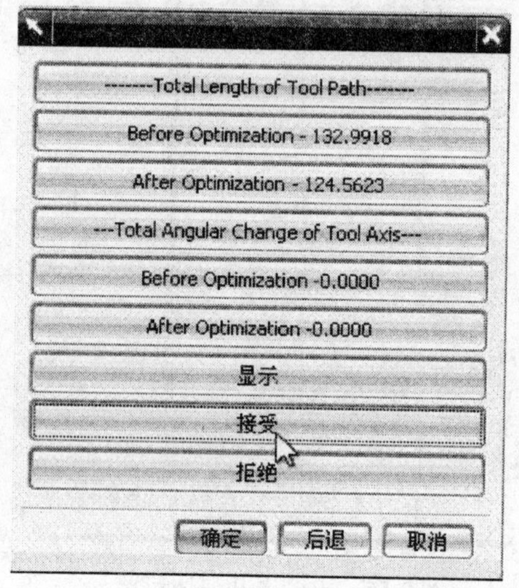

图 3-60 接受优化

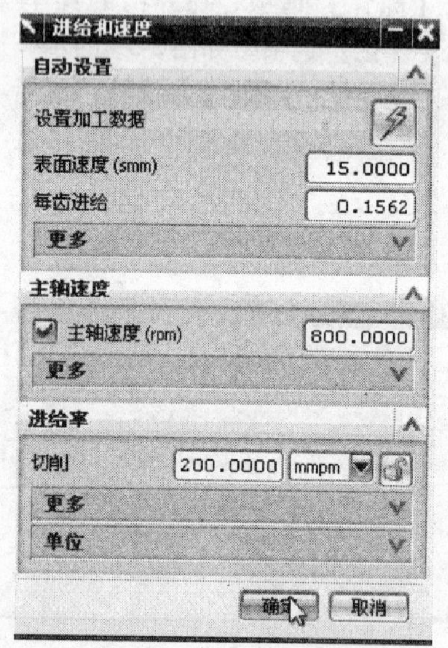

图 3-61 进给和速度

图 3-62 生成点钻刀具轨迹

使用点钻（中心钻）加工出中心孔以后，便要开始钻削加工了。在【创建操作】的【操作子类型】中选择第三项钻削加工，如图 3-63 所示。然后与刚才点钻设置方法一样，分别进行【指定孔】和【进给和速度】的参数设置，如图 3-64 所示。

接下来，以同样的方法进行铰孔和沉头孔加工的参数设置，在这里就不再重复了，分别参照图 3-65、图 3-66 和图 3-67 进行设置。

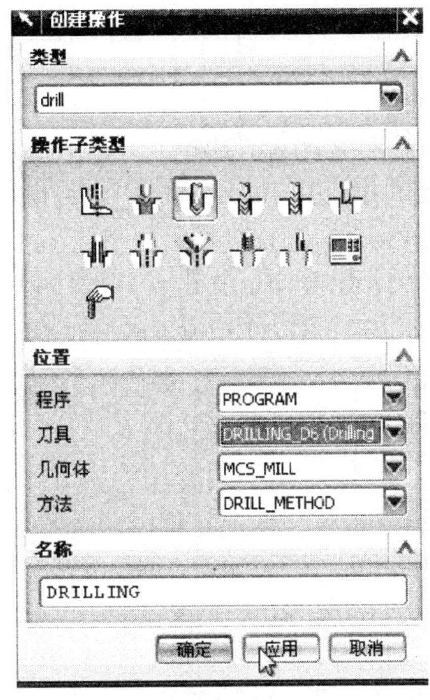

图 3-63　创建点钻操作

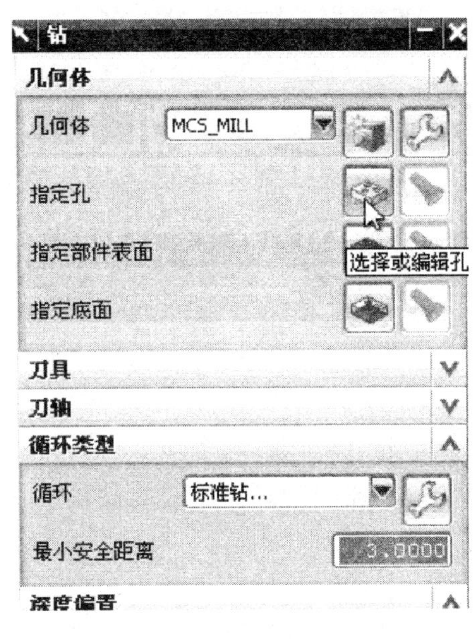

图 3-64　指定孔操作

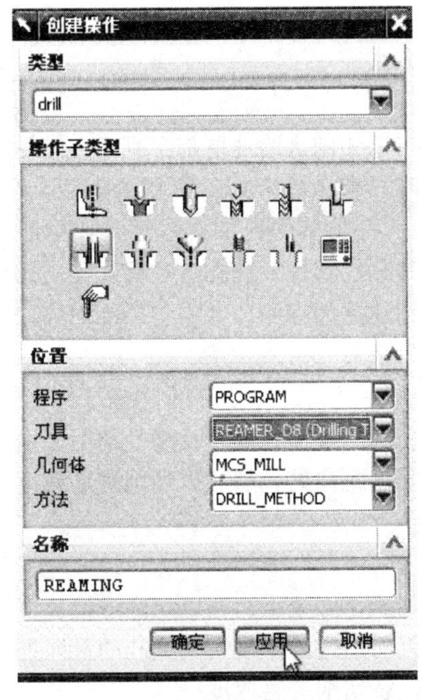

图 3-65　铰孔加工操作创建

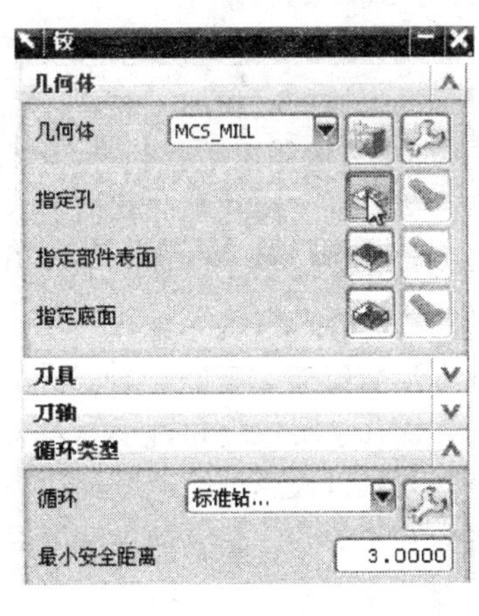

图 3-66　指定铰孔位置

至此，点钻、钻孔、铰孔、扩孔均已设置好，可以在【操作导航器】中全部选中四个操作方法，按照前面型腔加工的方法进行【生成】和【动态模拟】操作，就可以观察到整个孔系的加工过程，如图 3-68 所示。

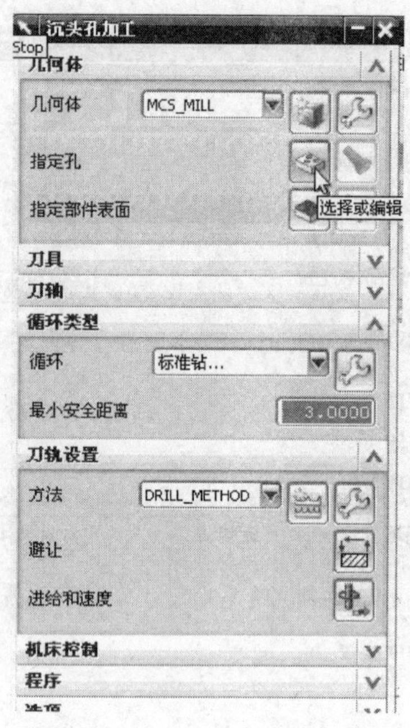

图 3-67 指定沉头孔加工位置

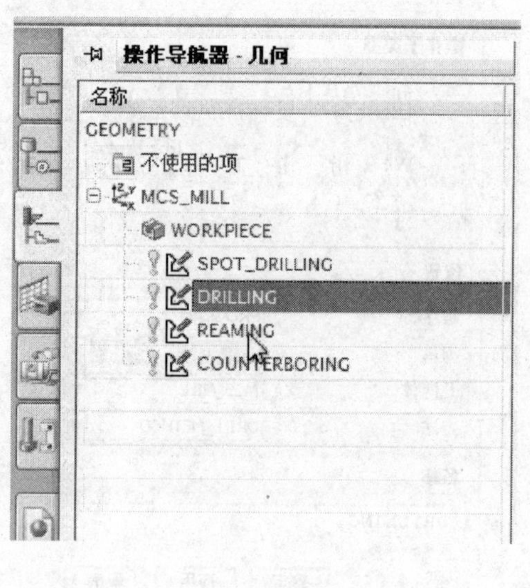

图 3-68 在操作导航器中观察操作

四、相关的理论知识

（一）孔加工的特点

孔加工是指刀具先快速移动到指定的加工位置上，再以切削进给速度加工到指定的深度，最后以退刀速度退回的一种加工类型，也就是说，孔加工时只有在机床的 Z 轴上才有切削运动。

UG 孔加工能编制出数控机床（铣床或加工中心）上各类型的孔加工程序，如中心孔、通孔、不通孔、沉孔、深孔等，其加工方式可以是锪孔、钻孔、铰孔、镗孔、攻螺纹等。孔加工的操作参数设置比较简单，设置的主要内容为孔加工位置与速度的控制，其中包括几何体、循环类型、深度偏置和刀具轨迹等参数。

孔加工是数控加工中的一种，在大部分情况下都是指钻孔加工，用来创建钻孔、镗孔、扩孔、锪孔、铰孔、定位焊和铆接等刀具路径。创建一个孔加工操作，其刀具路径的运动由三部分组成：首先刀具以快速进给速度到达加工孔上方的最小安全距离处，然后以切削进给速度进入零件加工表面开始加工，完成加工后再退回安全点。

1. 孔加工运动原理

在孔加工中，刀具首先以快进速度或进刀速度运动到操作安全点，在以切削进给速度从操作安全点运动到位于零件加工表面上的加工位置点，然后以切削进给速度切削到孔的最深处。如果使用加工循环，系统则用循环参数组中定义的进给速度代替切削进给速度。

刀具切削到孔的最深处后，可按要求停驻一定时间，接着以退刀速度或以快进速度退回到操作安全点。如果指定了多个孔加工位置，刀具再用相同的运动方式加工其他位置上的孔。

2. 孔加工专业术语

在孔加工中有一些专业术语，在学习创建孔加工操作之前，这里首先对孔加工中的一些概念进行说明。

（1）操作安全点　在孔加工中，操作安全点标明了每个切削运动的起始位置和终止位置，这个点还是一些辅助运动，如进刀和退刀、快速移动和避让等的起始位置和终止位置。

操作安全点一般位于加工位置点的正上方，如果刀轴不垂直于零件表面，则该点位于刀轴上。操作点与加工位置点之间的距离就是零件表面上的“最小安全距离”。如果没有指定“最小安全距离”，操作安全点将位于零件表面上。

（2）加工循环　在孔加工中，为满足不同类型孔的加工要求，需采用不同的加工方式。UG NX 6.0 提供了多种适用于不同类型孔的循环加工方式，主要是控制刀具的运动过程来实现不同类型孔的加工。

（3）循环参数组　对于复杂零件上的多种孔，可以将相同直径的孔作为一类，属于同类的孔使用相同的加工方式。在 UG NX 6.0 中可以将同类型的孔指定为一个循环参数组，在该循环参数组中，指定不同的深度和进给速度即可加工属于该组的所有孔。

使用不同的循环参数组可加工不同位置的孔。每个循环式钻孔可指定 1 ~ 5 个循环参数组，且必须至少指定一个循环参数组。例如，在同一个刀具路径中，可以加工不同深度的孔，切削各个孔时也可以使用不同的进给速度、停留时间和步进量。

3. 孔加工的一般步骤

孔加工虽然与前面介绍的各种铣削加工方法有所不同，但在 UG NX 6.0 软件中创建刀具轨迹的方法却有很多相似之处，以下简要介绍一般孔加工的步骤。

与其他铣削加工一样，在设置刀具参数之前，首先建立或打开加工所需的模型文件，并在加工环境中建立父节点组，其中包括几何体、刀具、程序、加工方法等。然后指定孔加工类型和循环类型，并为该循环类型设置循环参数。接着设置切削参数，并进行后处理设置。如有必要，还需要在后处理之前设置机床参数。

4. 加工程序

钻孔加工的程序比较简单，通常可以在机床上直接输入程序语句进行加工。对于使用 UG NX 6.0 软件进行编程的工件来说，使用孔加工进行钻孔程序的编制，可以节省大量输入语句和占用机床的时间，提高了工件效率，同时也降低了操作人员输入程序语句的错误率。这一点在孔的数量较多时体现特别明显。对于较复杂的工件，其孔的位置分布较复杂，而且孔的大小也不相同时，使用 UG NX 6.0 软件可以一次性完成多种类型的孔加工，而使用手工方式则很难实现这一点。

孔加工通常由六个动作构成，首先是钻头在工件上方进行 *X*、*Y* 轴定位，并快速运动到参考点（点 *R*）。然后按照参数设置进行孔加工，并加工至有效位置。加工后退回至原参考点，再分别加工其他孔特征，加工完成后快速返回到初始点。

为了简化编程工作，数控系统对典型的加工中的几个固定连续的动作，和本来需要多个程序段指令完成的加工动作，仅使用一个指令来执行，这个指令就是孔加工固定循环指令。

孔加工固定循环指令有 G73、G74、G76、G80 ~ G89 等，各指令对应的固定循环指令代码都有各自的含义，见表 3-3。

表 3-3　孔加工固定循环指令代码含义

G 代码	加工运动（*Z* 轴负向）	孔底动作	返回运动（*Z* 轴正向）	应用于
G73	分次，切削进给	—	快速定位进给	高速深孔钻削
G74	切削进给暂停	—	主轴正转切削进给	左旋攻螺纹
G76	切削进给	主轴定向，让刀	快速定位进给	精镗循环

（续）

G代码	加工运动 （Z轴负向）	孔底动作	返回运动 （Z轴正向）	应用于
G80	—	—	—	取消固定循环
G81	切削进给	—	快速定位进给	普通钻削循环
G82	切削进给	暂停	快速定位进给	钻削或粗镗削
G83	分次，切削进给	—	快速定位进给	深孔钻削循环
G84	切削进给	暂停—主轴反转	切削进给	右旋攻螺纹
G85	切削进给	—	切削进给	镗削循环
G86	切削进给	主轴停	快速定位进给	镗削循环
G87	切削进给	主轴正转	快速定位进给	反镗削循环
G88	切削进给	暂停—主轴停	手动	镗削循环
G89	切削进给	暂停	切削进给	镗削循环

5. 孔加工注意事项

钻刀具的创建中，注意钻头与铣刀的不同，并且孔加工几何体的创建主要是选择点位控制的位置。在制订孔加工方案时要注意以下事项。

1）在创建钻孔时，由于钻头顶部是不平的，所以需要增加一定的深度值。

2）选择的加工形式决定了能使用的参数。如果指定了不正确的钻孔循环方式，则操作中的部分参数可能无法使用。

3）使用数控机床不适合进行深度加工，一般用于点孔或较浅的孔加工。

4）使用数控机床进行孔加工时，一般都要先用中心钻钻出引导孔，以方便精确定位。

5）在同一循环类型中，需要采用不同参数加工各组深度不同或者进给量不同的孔。

孔加工模块高度自动化，可以识别孔特征，加工各种类型的孔。该模块支持特征识别和属性识别。特征识别通过用户自定义特征和标准特征来确定孔和生成工步。属性识别用于识别非特征几何体，包括点、边、圆弧和圆柱面等，这些非特征几何体被赋予了与CAM软件相关的信息，且使用标记功能可以为这些非特征几何体添加属性。

（二）孔加工的类型

在UG NX 6.0环境中进行孔加工，首要条件是建立或打开需要进行孔加工的零件模型，然后再进入加工环境指定孔加工方案，这一点与型腔铣和平面铣等方式完全相同。

进入孔加工模板同样有两种方法，一种是在进入加工环境时，选择【加工环境】对话框中【drill】选项；另一种是选择其他模板选项进入加工环境，只需在【创建操作】对话框中选择【drill】类型，同样可进行孔加工方案的制订。

在【插入】工具栏中单击【创建操作】按钮，打开【创建操作】对话框，然后在该对话框的【类型】列表项中选择【drill】选项。

在该对话框中的【操作子类型】面板中提供了所有孔加工操作类型的模板，共有13个创建几何体的类型，见表3-4。

表3-4 创建几何体的类型

英文名称	中文含义	说明
SPOT_FACING	扩孔	用铣刀在零件表面扩孔，适用于在斜面上钻出平位
SPOT_DRILLING	中心钻	用中心钻钻主定位孔，可以钻出精度较高的孔
DRILLING	钻孔	普通钻孔，适用于在平面上钻深度较浅的孔

（续）

英文名称	中文含义	说明
PEAK_DRILLING	啄钻	啄式钻孔，即刀具以循环进给速度移动至第一个中间增量处，适用于在平面上按啄式循环运动钻深孔
BREAKCHIP_ DRILLING	断屑钻	断屑钻孔，同样刀具以循环进给速度移动至第一个中间增量处，适用于在平面上按断屑啄式循环运动钻深孔
BORING	镗孔	利用镗刀将孔镗大，适用于在平面上对存在的底孔进行镗孔
REAMING	铰孔	用铰刀将孔铰大，适用于在平面上对已存在的底孔进行铰孔
COUNTERBORING	沉孔（锪平底孔）	沉孔锪平，适用于在平面上对存在的底孔锪平底埋头孔
COUNTERSINKING	倒角沉孔（锪锥形孔）	锥形沉头孔加工，适用于在平面上对存在的底孔锪锥形孔
TAPPING	攻螺纹	适用于在平面底孔上用丝锥攻螺纹
THREAD_MILLING	铣螺纹	用铣刀铣螺纹，该加工方法使用较少，可用普通机床代替
MILL _CONTROL	切削控制	只包括机床控制事件
MILL _USER	自定义切削	刀轨由自己定制的 NX Open 程序生成

（三）孔加工几何体

在创建孔加工操作之前，应先创建加工操作所需的程序、刀具、几何体和加工方法父节点组。其中程序、刀具和加工方法与模块一中对应设置方法完全相同，而孔的几何体的指定却与铣削加工方式有所不同，因此本节仅介绍孔的几何体的指定方法。

1. 创建几何体的类型

和平面铣相比，孔加工几何体的设置比较简单，主要是选择要加工的孔和底面。在【创建操作】对话框中选择孔加工模板类型，并在【位置】面板中指定对应的位置参数后，将打开对应的定位加工对话框，在该对话框中即可指定对应的几何体。

选择不同的孔加工类型，对应指定的几何体类型也不尽相同。以指定【啄钻】孔加工类型为例，在【创建操作】对话框下的【操作子类型】面板中选择【啄钻】按钮，然后在打开的【啄钻】对话框下的【几何体】面板中指定各几何体。

在【几何体】面板中一共有四项，即几何体、指定孔、指定部件表面和指定底面。可单击对应的按钮，进行该几何体的选择和编辑操作，具体设置方法将在后续章节中详细讲解，这里不再赘述。在定义几何体时，通常会面临以下两种情况。

（1）在【组】选项卡中定义几何体　如果已经定义了操作参数，但在创建操作之前没有选择合适的父节点组，可在对话框中选择【组】选项卡，选择【几何体】选项，然后单击【编辑】按钮，编辑之前定义的几何体。也可单击【新建】按钮，重新选择合适的父节点组。

（2）在【几何体】面板中定义全部几何体　如果在创建孔加工操作对话框中没有指定合适的几何体，可在对应【几何体】面板中分别定义几何体。在【几何体】面板中有四个图标可选，可用这四个图标设置孔加工的几何体参数。根据孔加工类型不同，对应的几何体参数也不尽相同，但都包含其中 2 ~ 4 个图标。

2. 指定孔

指定孔的作用是选择孔、移除孔以及优化加工路径等。指定孔几何体主要通过单击对应对话框下的【选择或编辑孔】按钮，为孔操作个别定义。单击该按钮，将打开【点到点几何体】对话框。在对话框中一共有 11 项指定的孔类型，包含了关于每个孔加工子模块中几何体选项的说明，可以使用这些选项来选择和操作点并创建刀轨。常用选项的具体定义方法如下。

（1）选择 【选择】选项用于选择图形区中的圆柱孔、圆弧中心和点作为加工位置（几何体对象可以是一般点、圆弧、圆、椭圆、孔）。在【点到点几何体】对话框中单击【选择】选项，打开对话框。通过该对话框来选择加工位置。选择加工位置有多种方法，既可以在图形区中直接用鼠标选择，也可以在【名称】文本框中输入对象名称选择已命名的对象，下面介绍一些常用的选择方法。

1）Cycle 参数组-无。在进行加工位置选择时，先根据需要改变循环参数组，再定义加工位置。完成点的位置指定时，也可以根据需要改变循环参数组，再继续定义加工位置。完成加工位置的定义后，单击【确定】按钮返回到上一级对话框。在图形区中显示已定义的加工位置，并且在各加工位置的旁边显示选择序号，该序号为加工顺序号。

2）一般点。该选项是用【点构造器】指定加工位置。选择【一般点】选项，将打开【点构造器】对话框，可指定点作为加工位置。产生一个点后，在图形区中显示【*】标记，表示该点的位置。此时单击【确定】按钮返回到上一级对话框。

3）类选择。利用合适的分类选择方式选择加工点位。选择【类选择】选项，即可在打开的对话框中使用【类选择器】来选择几何体。主要在已经有存在点时使用。

4）面上所有孔。该选项通过选择零件表面上的孔来指定加工位置。选择【面上所有孔】选项，并在打开对话框后选取平面，则在该平面上所有的孔将被选取，并对所选的孔按照大小进行指定排序。

如有必要还可以选择表面上某直径范围内的孔，可先选择对话框中的【最小直径】或【最大直径】选项，然后在打开的对话框下的【直径】文本框中输入限制值，则所选表面上直径在指定范围内的孔被指定为加工位置。

在使用【面上所有孔】方式定义孔时，【最大直径】和【最小直径】值仅用于建立选择标准，而不是改变循环参数。

5）预钻点。该选项指定在平面铣或型腔铣操作中产生的预钻进刀点作为加工位置点。这些进刀点保存在一个文件中。若预钻进刀点位于钻孔后，在随后的铣削加工中，刀具可沿刀轴方向运动到预钻进刀点，而不会切除材料。

当选择【预钻点】并单击【确定】按钮接收这些点后，系统将调用保存在临时文件中的预钻进刀点并显示在零件上。生成刀具路径后，系统将删除临时文件中的预钻进刀点，以便后续铣削加工保存新的一组点。如果不存在预钻进刀点，选择该选项后，系统将显示“该进程中无点”提示信息。

6）选择结束。该选项用于结束加工位置的选择，并返回到上一级对话框，也就是说该选项与单击【确定】按钮效果一样。

7）可选的-全部。当用组、类选择选项选择对象，且可用鼠标选择单个对象时，该选项用于控制所选对象的类型。当指定了某一类型后，则只能选择该类型的对象作为加工位置。

（2）附加 该选项可以将新的点附加到先前选定的一组点中。可继续选择加工位置，所选择的加工位置将添加到先前选择的组中。其操作过程与选择加工位置的操作过程完全相同。例如，选择【附加】选项并打开对话框后，分别选取大圆孔周围呈圆周均匀分布的四个小孔为附加孔。

如果选择【附加】选项，但不存在先前选定的点，系统将显示“没有选择添加的点，选新点”的提示信息。

（3）省略 该选项可以忽略先前选定的点。生成刀轨时，系统将不考虑在【省略】选项中选定的点，此时鼠标变为【+】符号。用鼠标选择加工位置，在选择的加工位置上添加圆圈以进行标识，选择完成后单击【确定】按钮。在生成刀具路径时，忽略的加工位置不生成刀具路径。

忽略点并不是删除点，指定忽略点后接着选择【显示点】选项，可以在图形区中显示忽略的点。此外，如果选择此选项时没有指定点，系统将显示“没有要省略的点”的提示消息。

（4）优化　优化刀具路径，也就是重新编排所有加工位置的顺序。通过优化可得到最短的刀具路径，这对变轴孔加工特别有利。但是，由于其他加工约束条件，如刀具夹持器位置、机床移动限制、加工台大小等，还可将刀具路径限制在水平或垂直区域内。

选择该选项，将打开优化点对话框，在该对话框中提供了以下四种优化点到点刀轨的方法。

1）Shortest Path。该选项允许处理器根据最短加工时间来对点重新排序。通常被用作首选的方法，尤其是当点的数量很大（多于 30 个点）且需要使用可变刀轴时。但是与其他优化方法相比这种方法需要更多的处理时间。

选择此选项，然后在打开的对话框中可以选择优化的级别，包括标准和高级。处理器将决定是否需要用到可变刀轴，如果需要，用户可以选择基于先刀轴后距离的方法或仅距离的方法进行优化，并显示最短刀轨定义效果。并且还可以为刀轨选择起点/终点或起始/终止刀轴。

设置好所有参数，单击【优化】按钮即可进行优化。优化完毕后，刀路总长度和刀具轴总的角度变化将显示在屏幕上，可以“接受”或“拒绝”优化结果。

在确定最短刀轨时，高级方式所需的处理时间要比标准方法长得多，但这种方法可以提高加工的效率。

2）Horizontal Bands。该选项可以定义一系列水平带，以包含和引导刀具沿平行于工作坐标 *XC* 轴的方向往复运动。每个条带由一对水平直线定义，系统按照定义顺序来对这些条带进行排序。

选择该选项，将打开对话框，在该对话框中包含两种定义水平带的方法，无论是哪一种方法，都首先需要指定多个水平带。

定义第 1 个条带的顺序后，使用鼠标在屏幕上选择一个位置，则该水平条带的第 1 条线应经过该位置，系统将显示 1 条经过该点且平行于工作坐标 *XC* 轴的直线；接下来，为第 2 条水平直线选择一个点以定义第 2 个条带位置。重复为每个条带定义两条直线的过程直至定义完所有的条带，然后单击【确定】按钮，系统将对加工位置点进行排序。

选择【升序】选项，系统将按照从最小 *XC* 值到最大 *XC* 值的顺序，对第 1 个条带中和随后的所有奇数编号的条带（1、3、5 等）中的点进行排序。在第 2 和所有后续偶数带（2、4、6 等）中的点按照从最大 *XC* 值到最小 *XC* 值的顺序排序。

如果选择【降序】选项，则系统对奇数带（1、3、5 等）中的点按照从最大 *XC* 值到最小 *XC* 值的顺序排序，对偶数带（2、4、6 等）中的点按照从最小 *XC* 值到最大 *XC* 值的顺序排序。

3）Vertical Bands。垂直路径优化与水平路径优化类似，其区别只是条带与工作坐标 *YC* 轴平行，且每个条带中的点根据 *YC* 坐标进行排序。

4）Repaint Points-是。该选项允许用户控制每次优化后所有选定点的重新控制。重新绘制点在【是】和【否】之间切换。重新绘制点设置为【是】时，系统将重新显示各点的序号。

用优化功能后，先前指定的避让距离将失效。因此，应在使用优化功能后使用【避让】选项来指定避让距离。

（5）显示点　该选项允许用户在使用【包含】、【省略】、【避让】或【优化】选项后校核刀轨点的选择情况。选择此选项将使系统显示这些点的新顺序。

（6）避让　【避让】选项用于指定可越过零件中夹具或障碍的刀具间隙。必须定义起点、终点和避让距离。避让距离表示零件表面和刀尖之间的距离，该距离必须足够大，以便刀具可以越过起点和终点之间的障碍。

选择【避让】选项，然后分别指定两点，系统将这两点组成的线作为避让参照线，将打开对话框，可选择【安全平面】或【距离】选项定义避让参数。其中定义安全平面与前面定义坐标系指定安全平面的方法完全相同，这里不再赘述。如果选择【距离】选项，即可在打开的对话框中输入避让距离，这样孔加工过程中刀具将按照避让距离进行避让加工。

在实际操作过程中，如果在本次操作过程中除已经定义的避让距离参数，还需要定义其他避让距离参数时，之前的【距离】选项将变成前一次设置的距离参数选项，选择该选项，直接在打开的对话框中单击【确定】按钮，将默认该避让距离。此外，也可在打开的对话框中输入新的避让距离。

在孔加工中刀具路径是进行直线跨越的，因此很容易产生过切。如果两个加工位置中间有高于加工位置的障碍或夹具，必须要指定避让距离。

(7) 反向　【反向】选项将颠倒先前选定的加工位置点的顺序。可以使用此功能在相同的组点上执行具有连续性的操作，如钻孔和攻螺纹，该过程可以在第一个操作结束的位置处启动第二个操作。

选择【反向】选项，并在返回的对话框中单击【确定】按钮确认操作，系统将先前排列的孔序号进行反方向排列。

在孔加工中已经执行【选择】和【避让】操作，再执行【反向】操作，则【反向】将保留【避让】关系，因此不需要重新定义避让距离。

(8) 圆弧轴控制　【圆弧轴控制】选项用于显示或反向选取的圆弧和片体孔的轴。使用此选项可确保圆弧轴和孔轴的方向正确，这些轴将作为刀具轴来使用。

选择【圆弧轴控制】选项，在弹出的对话框中选择【显示】选项，接着在打开的对话框中选择【单个】选项，使用光标选择单个圆弧或孔来显示轴的矢量方向。也可以选择【全体】选项，全部显示圆弧或孔的轴矢量方向。

此外，如果选择【反向】选项，可以反向选取单个圆弧、孔或全体圆弧，以及孔的轴矢量方向。

在选择孔时，圆弧轴只用于更改片体中圆弧轴和孔轴的方向，而实体中的点和孔的圆弧轴是自动定义的。

(9) 规划完成　完成所有参数设置后选择该选项，返回到孔加工操作对话框。此选项功能与单击【确定】按钮效果完全一样。

(10) 显示/校核循环参数组　如果存在激活的循环，可使用此功能来显示和检验循环中参数的正确性。选择该选项，在打开的对话框中选择【显示】选项，接着在打开的对话框中选择其中的一组循环，则在图形区中显示该循环组中的加工位置点。

选择【校核】选项，也可在打开的对话框中选择其中一组循环，并在打开的对话框中显示该循环组的参数设置，也可以检验循环组中参数是否正确。

3. 指定部件表面

部件表面是刀具进入材料的位置。它可以是一个已有的面，也可以是一般平面。如没有定义部件表面或已将其取消，那么每个点处默认的部件表面将是垂直于刀具轴且通过该点的平面。部件表面将作为孔加工几何体的一部分进行保存，所以操作管理器中的重新初始化功能不能再对其部件表面进行修改。

在【几何体】面板中单击【部件表面】按钮，打开【部件表面】对话框，通过该对话框来指定孔加工的起始位置。部件表面有四种定义方法，对应于该图上方的四个图标。

(1) 零件表面　选择该选项后，可以通过在文本框中输入面的名称来指定加工起始位置，或在图形区中选择实体面来指定为加工起始位置。

当使用一个平面来定义零件表面时，操作将保持与该平面的关联性。如果该面被删除，【零件表面】将变为未定义状态，刀轨名称将被添加到【列出域中已编辑操作】列表中。如果尝试编辑该操作，系统将显示“零件表面已删除”的提示信息。在重新生成刀轨前必须重新指定零件表面。

（2）一般平面 即使用平面构造器来指定平面作为孔加工的起始位置。选择该选项，打开【平面构造器】对话框，通过平面构造器来构造一个平面，具体设置方法与建模环境中指定平面的方法完全相同，这里不再赘述。

当选择了一般平面定义部件表面时，【显示】和【信息】选项被激活，选择【显示】选项，在图形区中将显示指定的部件表面；选择【信息】选项，将打开【信息】对话框，显示指定平面的信息，主要查看平面的坐标位置。

（3）正交平面 即使用正交平面（工件坐标系平面）方式定义部件表面。若选择该选项，下方的 *Izc* 平面文本框变为可用状态，可在其中输入参数值，用以指定平行于正交平面、且距离正交平面指定距离的平面作为部件平面。距离值就是文本框中输入的参数值。

（4）无 不使用部件表面，就是选择点时不指定其高度位置，而是选择点所在高度位置作为加工起始位置，也可以使用此选项来删除前面指定的部件表面。

4. 指定底面

部件底面是指允许用户定义刀轨的切削下限。部件底面可以是一个已有的面，也可以是一个一般平面。指定部件底面和指定部件表面的方法完全相同，即单击【指定底面】按钮，将打开【底面】对话框，在该对话框中可按照指定部件表面的方法指定底面。

在加工通孔时，可以使用【深度偏置】选项来指定相对于部件底面的通孔间隙距离。此外，如果指定的点没有投影到部件底面上，则此点无效。

（四）循环类型

在孔加工中，为满足不同类型孔的加工需要，可采用不同的加工方式，如普通钻孔、啄钻、深孔加工等。这些加工方式有的属于连续加工，有的属于断续加工。为了满足这些要求，UG NX 6.0 在孔加工中提供了多种循环类型来控制刀具切削运动的过程，以切削不同类型的孔。

1. 循环类型选择方法

循环类型选择以标准钻为例，打开【钻】对话框之后，在【循环类型】面板中展开【循环】下拉列表框，将显示 14 种循环类型。在该列表框中允许激活或取消点位循环操作中的任何一个操作。

对话框中的【无循环】选项表示实际上是不使用循环控制。通常情况下，可根据孔类型的尺寸要求，选择一种合适的循环类型，并在打开的【指定参数组】对话框中指定一个循环参数组。

循环参数组用于建立先前定义的循环参数组与后续选择的加工位置的关联。系统将循环参数组中设置的参数（如加工深度和进给率等）指定到随后选择的一个或多个加工位置上，直至重新选择循环参数组。系统会在各加工位置，根据与其关联的循环参数组，在刀具路径中生成 Cycle 语句，也就是循环语句。

如果采用循环加工方式，每种循环中应定义一个循环参数组，最多可以定义五个循环参数组。循环参数组也可以在定义加工位置时定义，每个循环参数组具有相同类型的循环参数，包括深度、进给率和步进量等参数，但参数值可以不相同。

指定循环参数组个数后，单击【确定】按钮，将打开【Cycle 参数】对话框。在该对话框中设置第一个循环中的参数后，单击【确定】按钮，根据提示设置下一个循环参数组。在使用时应注意提示行中提示的语句。如果指定的循环参数组个数为 1，设置完后单击【确定】按钮将直接返回到上一级的操作对话框；如果指定的循环参数组的个数大于 1，可依次对所有循环参数组的参数进行定义。

2. 无循环

无循环即是取消任何已经活动的循环类型。在【孔加工】对话框中的【循环】列表框中选择【无循环】选项，将取消任何活动循环类型，以便系统立即返回【点到点几何体】的对话框中。

在孔加工过程中，如果没有活动的循环类型时，指令系统将生成一个刀轨，包括以下序列的运动。

1）以进刀进给速度将刀具移动到第一个操作安全点处。

2）以切削进给速度沿刀轴将刀具移动至允许刀肩越过“底面”（如果有一个处于活动状态）的点处。

3）以退刀进给速度将刀具退至操作安全点处。

4）以快速进给速度将刀具移至每一个后续操作安全点处。如果“底面”不处于活动状态，刀具将以切削进给速度送到每一个后续操作安全点处。

当使用【无循环】时，【通孔安全距离】和【盲孔余量】选项不可用，因为使用【无循环】选项不能定义通孔或盲孔的状态。但是可以使用【啄钻】或【断屑循环】选项，将【深度】设置为【穿过底面】、【到底面】或【模型深度】，将【增量参数】设置为【无】，这样也可获得所需的结果。

3. 啄钻

啄钻不是指一种新的刀具或者钻头，而是指一种钻孔加工方式。一般是加工深孔或难以加工孔的时候常采用的方法，其原理为钻头每钻一定深度后就退后一点或者完全退出孔，以强制断屑或者方便排屑。一般来说，如果孔的材料属于很难断屑的材料，孔又比较深，并且钻头有内冷现象，则采用数控机床加工的时候，程序编制上可以采取每钻深 1 ~ 5mm 就退 0. 2mm 的步进进给方式。这样就可以强制断屑并由钻头的内冷将铁屑冲出，这样的孔加工方式由于退刀很少，只有 0. 2mm。因此在实际加工中几乎感觉不到退刀动作，加工出的孔的精度和表面粗糙度都能得到保证。

在 UG NX 6. 0 中的孔加工循环设置中，啄钻是在每个选定的 CL 点处创建一个模拟的啄钻循环。啄钻循环包含一系列以递增的中间增量钻入并退出孔的钻孔运动。系统使用 GOTO/命令语句来描述和生成所需的刀具运动轨迹。

在【孔加工】对话框中的【循环】列表框中选择【啄钻】选项，将打开【距离】设置对话框，在该对话框中必须输入一个非零值，来定义连续啄钻增量间的安全距离。在对话框中输入步进安全距离后，单击【确定】按钮，并在打开的对话框中指定循环参数组的个数，然后单击【确定】按钮，在随后打开的对话框中设置循环参数组的参数。

在【距离】对话框中，系统允许接收负的距离值。但是负值将导致系统创建一个 GOTO/刀具运动，使刀具以进刀进给速度钻至深度之下的某一点处，这样可能会损坏刀具或部件。

4. 断屑

该选项可在每个选定的点处生成一个模拟的断屑钻孔循环。断屑钻孔循环与啄钻循环基本相同，主要区别是：完成每次的增量钻孔深度后，系统并不使刀具从钻孔中完全退出并返回至距上一深度一定距离的某位置处，而是生成一个退刀运动使刀具退到距当前深度之上一定距离的某点处。

在【循环】列表框中选择【断屑】选项，将打开【距离】对话框，此时必须输入一个非零值，才能定义连续钻孔增量间的安全距离，即使不需要中间增量也必须输入该距离值。

在设置安全距离后，即可设置循环参数，其参数项与啄钻循环方式相同，可按照相同方法设置循环参数。

在断屑循环设置过程中，系统同样接收负的距离值，但是负值将导致系统生成一个 GOTO/刀具运动，使刀具钻至当前孔深度之下的某一点处，这可能会损坏刀具或部件。

（五）循环参数

循环控制包括选择循环类型和设置循环参数。在设置循环参数时，需要指定各循环参数值，包括【进给速度】、【暂停时间】和【深度增量】等。选择的循环类型不同，所需要设置的循环参数也有所差别，即使在同一循环类型中，也需要采用不同的循环参数来加工各种深度不同或者进给量不同的孔。

1. 钻削深度

钻削深度是指从零件加工表面到刀尖的深度。除了【标准钻—埋头】选项外，其他所有循环类型都需要设置钻削深度。在【Cycle 参数】对话框中单击【Depth】按钮，将打开【Cycle 深度】对话框。在对话框中共提供了六种确定钻削深度的方法。其几何意义如下。

（1）模型深度　【模型深度】将自动计算实体中每个孔的深度。如果孔轴与刀具轴相同，且刀具直径小于或等于孔直径，选择【模型深度】选项，将激活【允许超大型刀具】选项。该选项可以为实体建模孔指定一个超大型的刀具。它可以帮助用户完成某些特殊操作，如攻螺纹等。对于非实体孔，即点、弧和片体上的孔等，模型深度将被计算为零。

（2）刀尖深度　【刀尖深度】指定了一个正值，该值为从零件表面沿刀具轴到刀尖的深度。单击此深度确定方法，打开【深度设置】对话框，可在该对话框的文本框中输入一个正数作为钻削深度。

（3）刀肩深度　【刀肩深度】指定了一个正值，该值为从零件表面沿刀具轴到刀具圆柱部分的底部（即刀肩）的深度。单击此深度确定方法，打开【深度设置】对话框，可在对话框中的文本框中输入一个正值作为钻削深度。

（4）至底面　【至底面】是系统沿刀具轴计算的刀尖接触到底面所需的深度，该指定孔深度的方法主要用于加工通孔。

（5）穿过底面　【穿过底面】是系统沿刀具轴计算的刀肩接触到底面所需的深度。如果希望刀肩通过底面，可以在定义底面时指定一个最小安全距离。

（6）至选定点　【至选定点】是系统沿刀具轴计算从零件表面到钻孔点的 *ZC* 坐标间的深度，通常为保证孔更精确的加工精度多设置该指定深度方式。

选择某种深度定义方法后返回到上一级对话框，在对话框第一栏的深度后面会显示之前定义的深度方式。

在定义【Cycle 深度】时，如果选择【至底面】或【穿过底面】选项来确定钻削深度，则必须指定孔底面位置。

2. 进给率

在【Cycle 参数】对话框中选择【进给率】选项，将打开【Cycle 进给率】对话框。可以在文本框中输入进给率的大小。

此外，也可选择【切换单位至 MMPR】选项，从而更改进给率的单位为毫米每转，如果再次选择该选项，将切换至之前的单位。

五、思考与练习

1. 在模具零件中，加工孔系所使用的刀具较之之前使用的刀具有何不同？
2. 在 CAM 软件中，加工孔系有多种加工方法，分别用于何种情况？
3. 如何对孔系加工设置粗加工和精加工？

模块四　模具零件 CAM 加工的后置处理

一、教学目标

会使用 CAM 软件（UG）对各类模具零件进行后置处理并生成数控加工程序。

二、工作任务

1. 零件图样（图 3-69、图 3-70）

图 3-69　CAM 加工后处理零件造型图

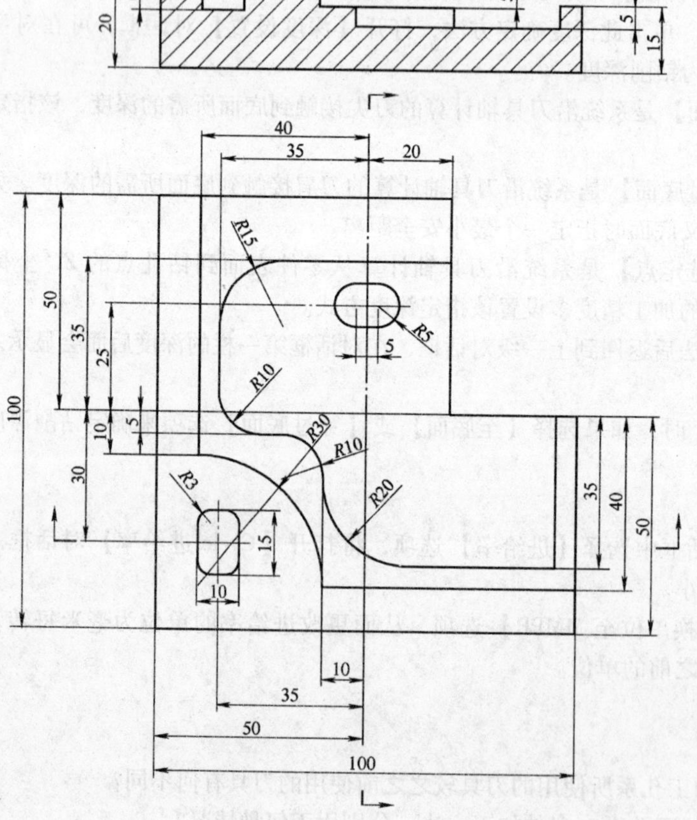

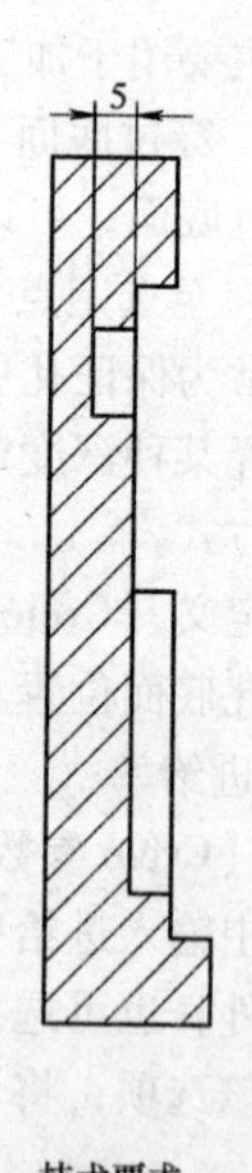

技术要求
材料：45钢。

图 3-70　CAM 加工后处理零件工程图

2. 生产纲领

加工 2 件模具零件。

三、工作化学习内容

（一）后处理构造器的设置

从【开始】→【所有程序】→【UG NX 6.0】→【加工工具】中打开【后处理构造器】（图 3-71），新建一个后处理文件，然后在出现的【新建后处理文件】中设置文件名【Post Name】，用户可自定义文件名。【输出单位】应设定为【Millimeters】，默认加工方法为铣削，然后单击【OK】按钮，如图 3-72 所示。然后根据所使用的机床进行参数设置，如图 3-73 所示。最后保存文件，即可完成对【后处理构造器】的编辑设置，如图 3-74 所示。

图 3-71　打开后处理构造器

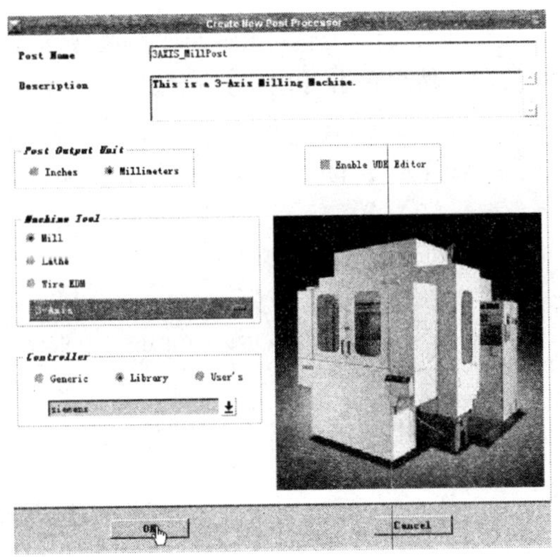

图 3-72　设置基本参数

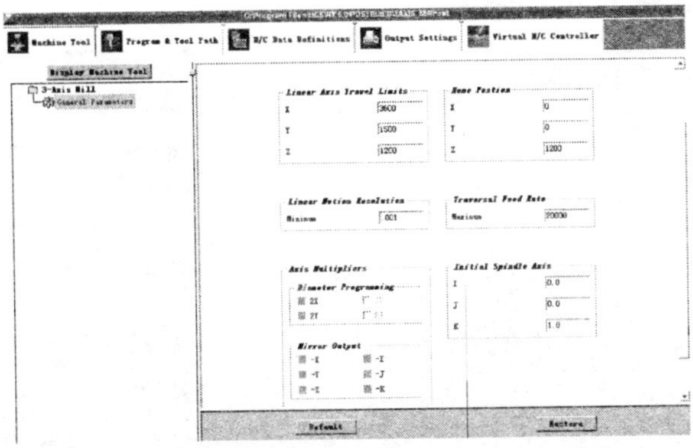

图 3-73　机床参数设置

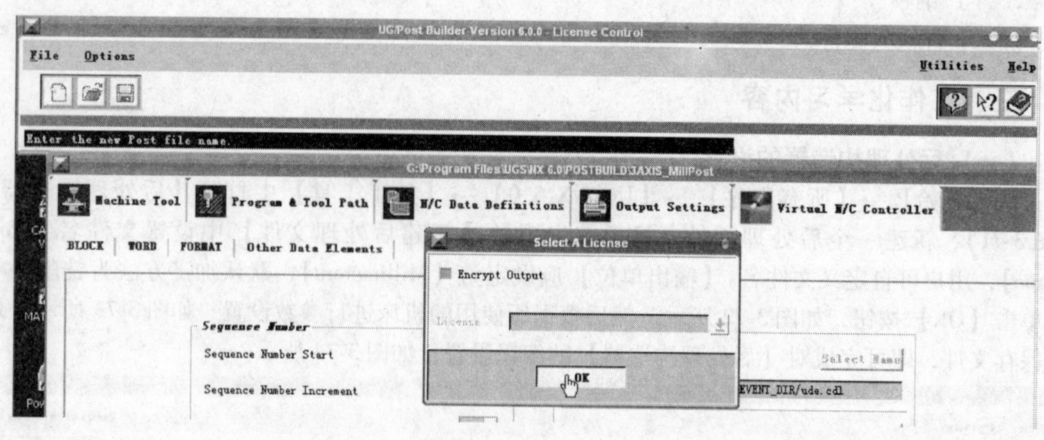

图 3-74　保存文件

（二）在软件中生成程序

返回到 UG NX 6.0 中，在上边工具栏中选择【后处理】选项（图 3-75），通过浏览选择编辑好的后处理文件，如图 3-76 所示，然后单击【确定】按钮，如图 3-77 所示，即可生成程序，如图 3-78 所示。同时，在选择好后处理文件后，可以设定文件输出的路径，这样在单击【确定】后，可以在该路径下看到一个后缀名为【. ptp】的文件，用记事本打开这个文件即可以看到由软件自动生成的程序。

图 3-75　选择后处理操作

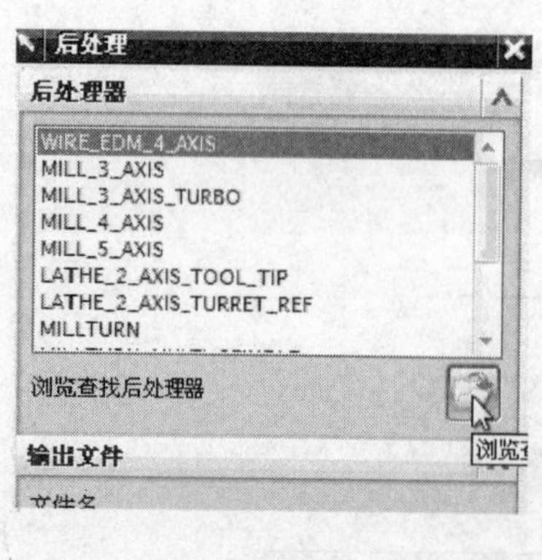

图 3-76　浏览选择后处理文件

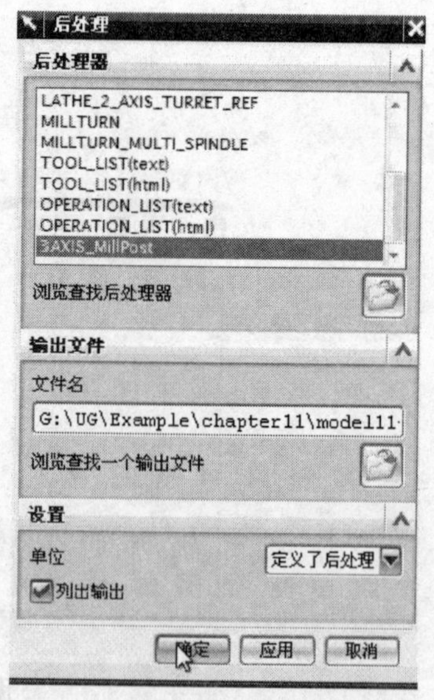

图 3-77　确定后处理

四、相关的理论知识

（一）I/O 通信

1. I/O 通信优点

FANUC-0MC 机床可与微机相连，利用标准 RS232 接口进行通信，使程序在数控系统与微机之间相互传递。因此，可以将编好的程序通过微机送入机床，省去在机床操作面板上输入程序。另外，由于系统内存较小，只有 16383bytes，故无法加工大型程序。而采用 DNC（计算机直接控制）可弥补此不足。

2. DNC 通信技术

（1）操作前注意事项　机床通信前要仔细检查智能终端设备、交换机、电脑等设备的电源、网线、串口的连接是否完好。

串口插拔时要关闭机床和智能终端的电源，否则会烧坏机床设备（烧坏主板）和智能终端。网线插拔时要关闭智能终端的电源。

机床通信时，要保证机床已处于开机状态。如果机床不是采用在线加工方式，则要保证机床拥有足够的存储空间。

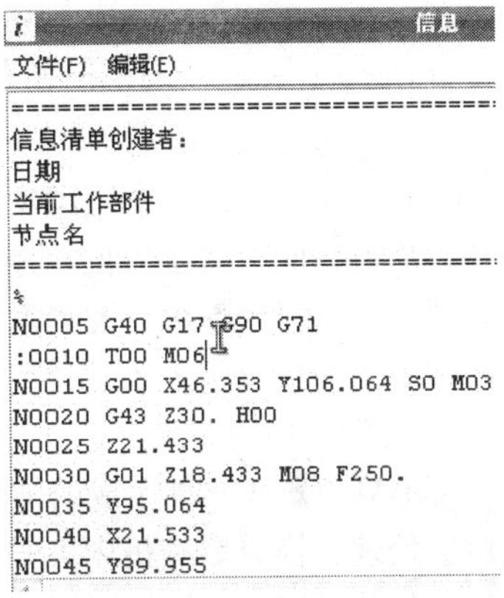

```
信息
文件(F)  编辑(E)
==================================
信息清单创建者:
日期
当前工作部件
节点名
==================================
%
N0005 G40 G17 G90 G71
:0010 T00 M06
N0015 G00 X46.353 Y106.064 S0 M03
N0020 G43 Z30. H00
N0025 Z21.433
N0030 G01 Z18.433 M08 F250.
N0035 Y95.064
N0040 X21.533
N0045 Y89.955
```

图 3-78　生成程序

（2）操作方法

1）机床端请求服务器发送代码文件。

原理：将机床作为终端设备，当机床想要从服务器端获取某个文件时，需要机床向服务器发送一个请求指令；系统将自动从该机床对应的计算机路径下找到该文件，并将其处于待发送状态；当机床处于接收状态后，系统将文件发给机床，机床即可得到所要获取的文件代码。

操作：机床的操作人员在机床上编辑一个请求的 G 代码（Q2 文件名 V），然后输出。

注意：所申请的文件首先是被保存在通信端设置的工作路径下。

2）机床端请求服务器发送文件列表。

原理：将机床作为终端设备，当机床想要从服务器端获取本机床工作路径下的文件列表时，需要机床向服务器发送一个请求指令；系统将自动从该机床对应的计算机路径下整理好此列表，并将其处于待发送状态；当机床处于接收状态后，发给机床，机床即可得到所要获取的文件代码。

操作：机床的操作人员在机床上编辑一个请求的 G 代码（Q3 文件名 V），然后输出。

3）机床端请求服务器接收机床发送的文件。

原理：将机床作为终端设备，当机床要向服务器端发送某个文件时，需要机床向服务器发送一个请求指令；系统将自动在该机床对应的计算机路径建立一个文件，并将其处于待接收状态；机床再发送此具体程序，此文件便存储在服务器上。

操作：机床的操作人员在机床上编辑一个请求的 G 代码（Q4 文件名 V），然后输出；操作人员找出要发送的程序，然后输出。

FANUC-0MC 机床程序输出步骤：机床保持在程序编辑状态下，程序钥匙也应拨到程序写状态（取消程序写保护）；在面板上按下【PROG】键后，进入操作界面，按下【操作】后，按扩展键，进入机床程序【read punch】界面中；输入需要传出的程序名（如 O123）；按下【punch】按键，再按【EXEC】启动传输，机床开始传出程序。

程序输入步骤：机床保持在程序编辑状态下，程序钥匙也应拨到程序写状态（取消程序写保护）；在面板上按下【PROG】键后，进入操作界面，按扩展键，进入机床程序【read punch】界面中；输入需要接收的程序名（如O123）；按下【read】按键，再按【EXEC】启动传输，机床开始传入程序。

（二）后置处理基本知识

数控加工技术正在逐步取代传统的机械加工技术，在制造行业中，数控加工所占有的比重越来越大。加工复杂结构的零件，必须采用三坐标至五坐标数控加工设备才能完成零件的加工，且加工中所使用的数控加工程序绝大多数都是由CAD/CAM软件自动生成的。但这也存在一个问题，CAD/CAM软件生成的只是控制刀具运动的刀位文件，必须经过后置处理形成可用于加工的数控程序才能进行加工。因此数控加工程序的后置处理是数控加工中一个非常重要的环节。

利用CAM模块生成的刀位轨迹文件（CLS文件），必须通过后置处理建立可以用于数控机床加工的G指令文件后才能用于实际的生产加工。UG NX 6.0系统提供的强大的后处理构造器工具UG/Post Builder，可以快速建立后置处理程序。同时，UG NX 6.0系统还提供了完整的集成仿真校验功能，既包括了刀位轨迹仿真校验，又包括了G代码仿真校验。仿真校验包括了整个工艺系统、整个机床系统、夹具系统和工件几何等。因此通过建立数控加工虚拟仿真系统，在零件正式加工之前模拟整个加工过程，进行加工过程的干涉检查，可以避免试切加工过程。

1. 后置处理的定义

把CAD/CAM软件生成的刀位文件转换成加工源程序的过程称为后置处理。刀位文件必须经过后置处理转换成数控机床各轴的动作信息后，才能驱动数控机床加工出设计的零件。由于机床结构和数控系统的不同，对后置处理的要求也不同，所以后置处理器通常都是对各自的机床编写的，但也可以编制通用的数控加工后置处理程序。

后置处理程序的功能主要是完成对刀具加工轨迹信息与数控系统可以控制的信息之间的转换，把刀具加工刀位文件转换成为数控加工程序。后置处理程序完成的主要任务如下。

1）刀位文件解释。

2）表达式处理及基本函数调用功能。

3）控制加工过程多轴间的速度分配。

4）输出格式控制。

2. 后置处理程序的形式

零件加工的刀位文件产生以后，其计算结果是不能直接在数控机床上使用的，这是因为数控机床中的控制系统只能识别数控指令，如G代码、M代码等。为了得到能够驱动数控机床工作的NC指令，必须将刀位文件转换成特定的数控指令，即进行后置处理。

后置处理系统分为专用后置处理系统和通用后置处理系统。前者一般是针对专用数控编程系统和特定数控机床开发的专用后置处理程序，通常直接读取刀位文件中的刀位数据，再根据特定的数控机床指令集及代码格式将其转换成数控程序输出。这类后置处理系统在一些专用数控软件中比较常见，这是因为其刀位文件格式简单，机床特性一般直接编入后置处理程序中。后者一般需要在软件中对相应的数控系统进行配置。配置不同控制系统的数控机床，对NC程序的格式要求也不一样，因此在进行后置处理前，必须要根据机床手册配置这些信息。后置处理程序根据配置文件对刀位文件进行处理，生成数控加工程序。

刀位文件是后置处理程序的入口，在刀位文件中包含了一个零件源程序经计算与处理后形成的一系列完整记录，它主要包含以下几部分。

1）刀位。刀位点与轴向。

2）后置信息。主轴、冷却、进给速度等。

3）多轴开关。指出三坐标或多坐标状态。

4）程序完。程序结束标志。

后置处理程序读入加工需要的刀位信息，通过程序中的分析模块，进行分析判断，并根据后置处理配置文件中的配置数据，完成对刀位文件的处理，生成最终要求的数控加工程序。

五、思考与练习

1. 在与机床的 I/O 通信中可以通过哪些方式实现?
2. 在设置后处理构造器中有哪些方面需要注意?
3. 对如图 3-79 ~ 图 3-86 所示的零件进行后置处理并生成加工程序。

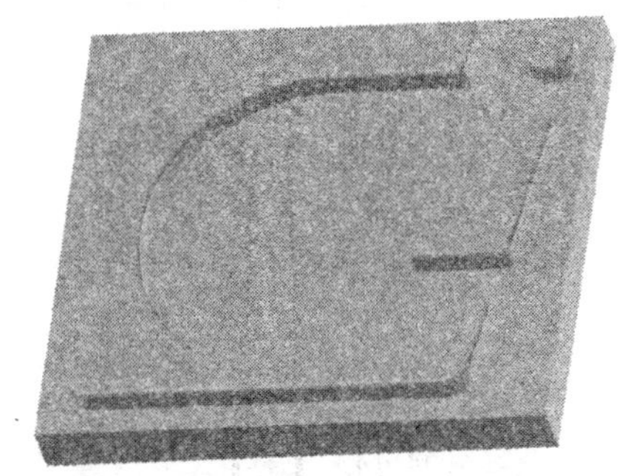

图 3-79　凸模零件 1

图 3-80　凸模零件 2

图 3-81　凸模零件 3

图 3-82　凸模零件 4

图 3-83　凹模零件 1

图 3-84　凹模零件 2

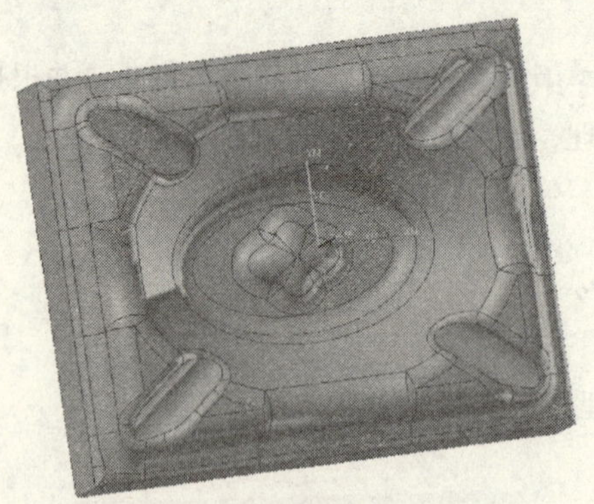

图 3-85　综合加工零件 1

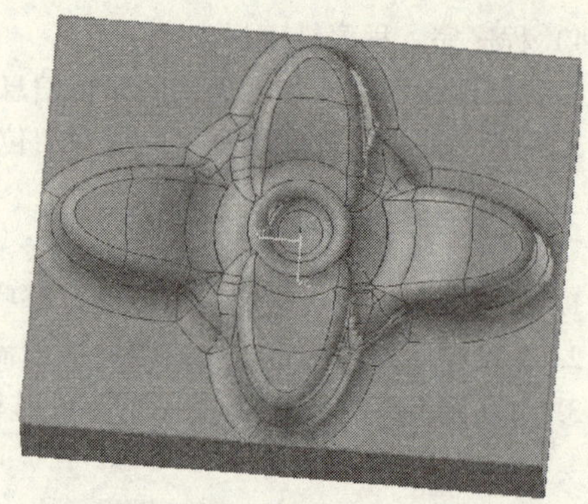

图 3-86　综合加工零件 2

项目四 模具零件的线切割加工

一、项目教学目标

1. 了解电火花线切割的加工原理及组成。
2. 会制订典型模具零件的电火花线切割加工工艺。
3. 会正确装夹、找正工件。
4. 会确定合理的电火花线切割参数。
5. 会确定合理的切割方向及进给路线。
6. 会熟练采用3B、ISO格式编程。

二、项目工作任务

完成模块一、模块二中典型模具零件的电火花线切割加工工艺编制及程序编制。

模块一 典型模具零件的内轮廓加工 ——凹模零件加工

一、教学目标

1. 了解电火花线切割加工原理、分类和组成。
2. 会制订凹模零件电火花线切割加工工艺。
3. 会确定凹模零件的装夹方案。
4. 会确定合理的凹模零件电火花线切割参数。
5. 会确定合理的凹模零件切割方向及进给路线。
6. 会熟练采用ISO格式编制凹模零件程序。

二、工作任务

如图4-1所示的落料模凹模，取电极丝的直径为0.12mm，单边放电间隙为0.01mm，编制凹模的加工程序。

三、工作化学习内容

（一）编制凹模零件的线切割加工工艺

1. 分析零件工艺性能

该零件是落料模凹模，制件的尺寸由凹模决定，模具配合间隙在凸模上缩放，故凹模的间隙补偿量为 $R = rs + \delta d =$（0.12 ÷ 2）mm + 0.01mm = 0.07mm，即要求间隙补偿中的补偿量为0.07mm。

2. 选用毛坯或明确来料状况

材料CrWMn进行淬火与回火等热处理，以达到硬度要求。再将上、下平面和一对侧面，经平面磨削达到较高的平行度和较低的表面粗糙度。切割前还应将毛坯进行退磁处理，并除去飞边

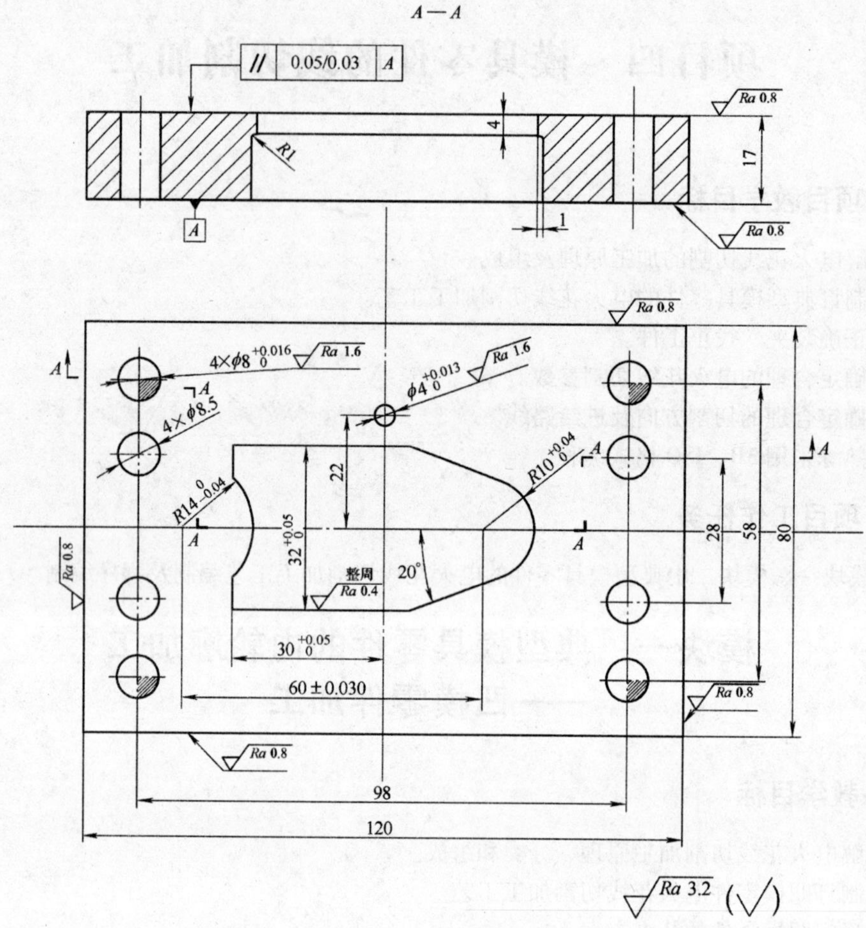

图 4-1　落料模凹模（一）

和杂物。

3. 选用数控机床

选用快走丝 DK7750 型机床。

D——类别代号（代表电加工机床）;

K——特性代号（代表数控）;

7——组别代号（电火花加工机床）;

7——型别代号（线切割机床）;

50——基本参数代号（表示工作台横向行程为500mm）。

4. 确定装夹方案

采用两端支承方式装夹。

5. 确定加工方案及加工顺序

用 CAD 工具绘制，以 O 为坐标原点建立坐标系，如图 4-2 所示，然后用 CAD 查询（或计算）凹模刃口轮廓节点和圆心的坐标值，并列于表 4-1。

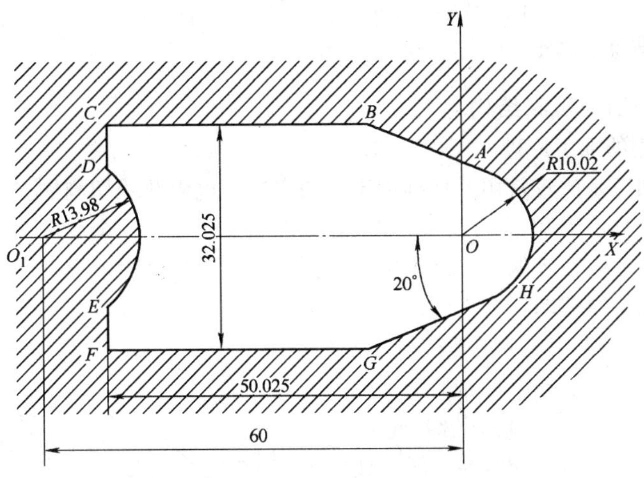

图 4-2　落料模凹模刃口轮廓图

表 4-1　落料模凹模刃口轮廓节点和圆心坐标值

节点和圆心	X 坐标值	Y 坐标值	节点和圆心	X 坐标值	Y 坐标值
O	0	0	D	-50.025	9.795
O_1	-60	0	E	-50.025	-9.795
A	3.427	9.416	F	-50.025	-16.013
B	-14.698	16.013	G	-14.6976	-16.013
C	-50.025	16.013	H	3.4270	-9.416

穿丝孔设在点 O，按 $O\rightarrow A\rightarrow B\rightarrow C\rightarrow D\rightarrow E\rightarrow F\rightarrow G\rightarrow H\rightarrow A\rightarrow O$ 顺序加工。

6. 选择合理的电火花线切割参数

脉冲宽度：4μs；峰值电流：3A；脉冲间隔：14μs；空载电压：80V。

（二）编制凹模零件的线切割加工程序

编制的凹模零件的线切割加工程序及注释见表 4-2。

表 4-2　凹模零件线切割加工程序及注释

主　程　序	注　　释
O0003	程序名
N010　G90　G92　X0　Y0	采用绝对坐标，起点为 $X=0,Y=0$ 即点 O
N020　G41　D70	左偏间隙补偿，偏移量 0.07mm
N030　G01　X3427　Y9416	直线切割从点 O 至点 A
N040　G01　X-14697　Y16013	斜线切割从点 A 至点 B
N050　G01　X-50025　Y16013	直线切割从点 B 至点 C
N060　G01　X-50025　Y9795	直线切割从点 C 至点 D
N070　G02　X-50025　Y-9795　I-9975　J-9795	顺圆弧切割从点 D 至点 E
N080　G01　X-50025　Y-16013	直线切割从点 E 至点 F
N090　G01　X-14697　Y-16013	直线切割从点 F 至点 G
N100　G01　X3427　Y-9416	斜线切割从点 G 至点 H
N110　G03　X3427　Y9416　I-3427　J9416	逆圆弧切割从点 H 至点 A
N120　G40	取消间隙补偿
N130　G01　X0　Y0	回到起点为 $X=0,Y=0$ 即点 O
N140　M02	程序结束

四、相关的理论知识

（一）电火花线切割机床结构

1. 电火花线切割的加工原理

电火花线切割加工是比较常用的特种加工方法之一。电火花线切割加工又称放电加工，它是在加工过程中利用工具电极和工件之间脉冲放电时的腐蚀现象，使金属熔化或汽化，从而实现对各种金属零件的加工。因在放电加工过程中可见到火花，故称之为电火花线切割加工，图4-3所示为电火花线切割加工原理图。

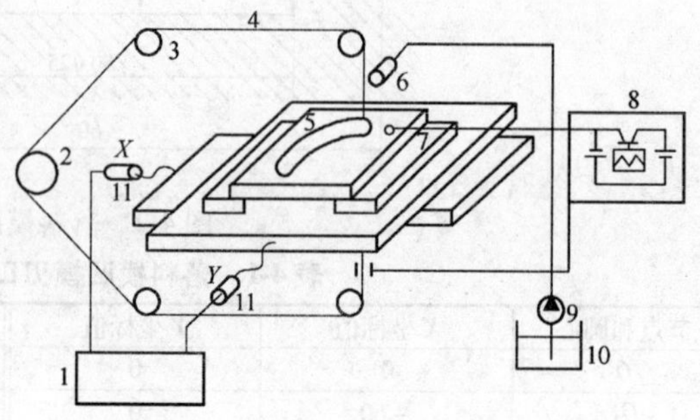

图4-3 电火花线切割加工原理
1—数控装置 2—储丝筒 3—导轮 4—电极丝 5—工件 6—喷嘴 7—绝缘板 8—脉冲电源 9—液压泵 10—水箱 11—控制步进电动机

在电火花线切割加工时，用电极丝作为工具电极来代替电火花加工中的成形电极，电极丝接脉冲电源的负极，工件接脉冲电源的正极，脉冲电源发出一连串的脉冲电压，加到工件和电极丝上。电极丝与工件之间填充足够的具有一定绝缘性能的工作液，当电极丝与工件的距离小到一定程度时，大约是0.01mm左右时，在脉冲电压的作用下，工作液被击穿，在电极丝与工件之间形成瞬间放电通道，产生瞬时高温，其温度可高达10000℃左右，高温使工件局部熔化甚至汽化而被腐蚀下来。工件安装于工作台上，由微机控制工作台带动工件不断进给，于是将一定形状的工件切割加工出来。

2. 电火花线切割的加工特点

1）采用电火花线切割加工时，无需制作相应的成形电极，只需采用一根细的金属丝作工具电极，从而大大降低了制造工具电极的时间和成本，节约了贵重的非铁金属材料。

2）电火花线切割加工时，由于电极丝的连续移动，使电极丝不断地补充和替换，从而减轻了电蚀损耗对加工精度的影响。

3）利用电火花线切割可以加工出精密、细小、形状复杂的工件。

4）电火花线切割加工零件的精度可达到±0.02~±0.05mm，表面粗糙度Ra值可达1.6~0.4μm。

5）一般不要求对被加工工件进行预加工，只需在工件上加工出穿丝孔。

3. 电火花线切割加工的应用范围

1）金属模具加工，包括冲模、粉末冶金模、压铸模、塑料模、挤压模的加工等。

2）电火花成形加工用的电极加工，包括形状复杂的电极加工、带锥度电极加工等。

3）制品及零件加工，包括金属零件的加工、小批量金属零件加工、特殊金属材料的零件加工等。

4）刀具与量具加工，包括各种卡板量具的加工、成形车刀加工等。

4. 电火花线切割机床分类

通常按电极丝运行速度的快慢，线切割机床可分为快走丝线切割机床和慢走丝线切割机床。快走丝线切割机床具有结构简单、操作方便、维护性好、加工费用低、性价比高等特点。慢走丝线切割机床采用一次性电极丝，可多次切割，有利于提高加工精度和表面粗糙度，属于精密加工设备，两种机床的主要区别见表4-3。

表 4-3　快走丝与慢走丝线切割机床对比

项目＼机床	快走丝线切割机床	慢走丝线切割机床
走丝速度/$m \cdot s^{-1}$	6～12	0.2 左右
电极丝材料	钼、铜钨合金、钼钨合金	黄铜、镀锌材料
电极丝直径/mm	0.04～0.25，常用值为 0.12～0.2	0.003～0.3，常用值为 0.2
工作液	乳化液	去离子水、蒸馏水、纯净水
加工精度/mm	±0.01	±0.005
加工成本	较低	较高
导丝方式	导轮	导向器
穿丝方式	手工	手工或自动
切割次数	通常 1 次	多次
表面粗糙度 Ra/μm	3.2～1.25	1.6～0.8

5. 电火花快走丝线切割机床的组成

电火花快走丝线切割机床由工作台、走丝机构、供液系统、脉冲电源和控制系统（控制柜）等五大部分组成，如图 4-4 所示。

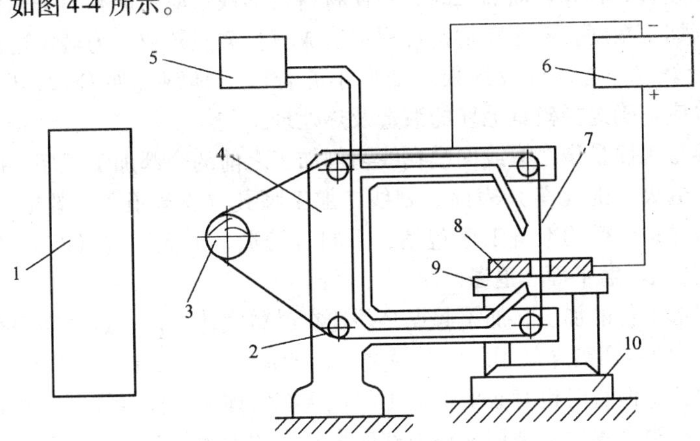

图 4-4　电火花快走丝线切割机床的主要组成示意图

1—控制柜　2—导轮　3—储丝筒　4—丝架　5—工作液筒　6—脉冲电源　7—电极丝　8—工件　9—夹具　10—工作台

（1）工作台　工作台又称切割台，由工作台面、中拖板和下拖板组成。工作台面用以安装夹具和被切割工件，中拖板和下拖板分别由步进电动机拖动，通过齿轮变速和滚珠丝杠传动，完成工作台面的纵向和横向运动。工作台面的纵、横向运动都可以手动或自动完成。

（2）走丝机构　走丝机构主要由储丝筒、走丝电动机、丝架和导轮等部件组成。储丝筒安装在储丝筒拖板上，由走丝电动机通过联轴器带动，作正或反旋转。储丝筒的旋转运动通过齿轮同时传给储丝筒拖板的丝杠，使拖板作往复运动。丝架分上丝架和下丝架，用来安装导轮和调节导轮的位置。电极丝安装在导轮和储丝筒上，开动走丝电动机，电极丝则以一定的速度作往复运动，即走丝运动。如果上丝架带有十字拖板，则通过一对步进电动机带动十字拖板运动，进而使导轮产生前、后和左、右的移动，若与工作台拖板的运动有机配合，可加工出具有锥度的零件。

（3）供液系统　供液系统为机床的切割加工提供足够、合适的工作液。线切割加工中应用的工作液种类很多，有煤油、乳化液、去离子水、蒸馏水、洗涤液、酒精等，应根据具体条件加以选用。工作液的主要作用是：①对放电通道的压缩作用；②对电极丝、工件和金属屑的冷却作用；③对放电区的消电离作用；④对放电产物的清除作用。

（4）脉冲电源　脉冲电源就是产生脉冲电流的能源装置。电火花线切割脉冲电源是影响线切割加工工艺指标最关键的设备之一。为了满足线切割加工的条件和工艺指标，对脉冲电源有以下要求：①脉冲峰值电流要适当；②脉冲宽度要窄；③脉冲频率要尽量高；④有利于减少电极丝损耗；⑤参数调节方便，适应性强。

（5）控制系统　机床的控制系统存放于控制柜中，对整个切割加工过程和切割轨迹作数字程序控制。

（二）数控电火花线切割加工工艺

数控电火花线切割加工属于特种加工，为使工件达到图样的要求尺寸、公差以及位置精度和表面粗糙度，在确定加工工艺时，需分析各种可能影响加工精度的工艺因素，从而制订出合理的加工工艺方案。

在模具制造中，通常线切割加工是最后一道工序，因此模具毛坯的材料选择与加工前的准备工序十分重要。

模具零件一般采用锻件，其线切割加工工序常在淬火与回火后进行，由于受材料淬透性的影响，当大面积去除金属材料和切断加工时，会使材料内部残余应力的相对平衡状态遭到破坏，进而产生变形，影响加工精度，甚至在切割过程中造成材料突然开裂。为避免这种情况，在设计时除应选用锻造性能好、淬透性好及热处理变形小的合金工具钢（如 Cr12，Cr12MoV，CrWMn）作模具材料外，也应正确选择模具毛坯的锻造及热处理工艺。

模具毛坯的准备工序是指凸模或凹模在线切割加工之前的全部加工工序。凹模的准备工序包括：下料、铸造、退火、铣（车）表面、划线、加工型孔（穿丝孔）、螺孔、销孔（穿丝孔）、淬火、磨平面、退磁；凸模的准备工序包括：下料、铸造、退火、铣（车）表面、划线、穿丝孔（封闭切割）、淬火、磨平面、退磁。

对凹模类封闭形工件的加工，加工起点必须选在材料实体之内，这就需要在切割前预制工艺孔（即穿丝孔），以便线切割穿丝用。对凸模类工件的加工，加工起点可以选在实体之外，这时就不必再预制穿丝孔，但有时也有必要把加工起点选在实体之内而需预制穿丝孔，这是因为坯件材料在切断时，会在很大程度上破坏材料内部残余应力的平衡状态，造成工件材料的变形，影响加工精度，严重时甚至造成夹丝、断丝和工件报废。

（三）工件的装夹与找正

1. 工件装夹

电火花线切割应用于贯穿形状的切割加工，装夹工件时要确保工件的切割部位位于机床工件台行程的允许范围之内。一般以磨削加工过的面定位切割面，装夹位置应便于找正，同时还应考虑切割时电极丝丝架的运动空间，避免加工时发生干涉。与切削类机床相比，电火花线切割加工对工件的夹紧力要求不高，只要求工件平稳，不易动即可。

常见的装夹方式有以下几种。

（1）悬臂支承方式装夹　采用悬臂支承方式装夹工件，装夹方便，通用性强，但由于工件一端悬空，易出现切割表面与工件上、下平面间的垂直度误差。一般仅在加工要求不高或悬臂较短的情况下使用，如图 4-5 所示。

（2）两端支承方式装夹　采用两端支承方式装夹工件，装夹方便、稳定、定位精度高，但工件长度应不大于台面两支承最大间距，如图 4-6 所示。

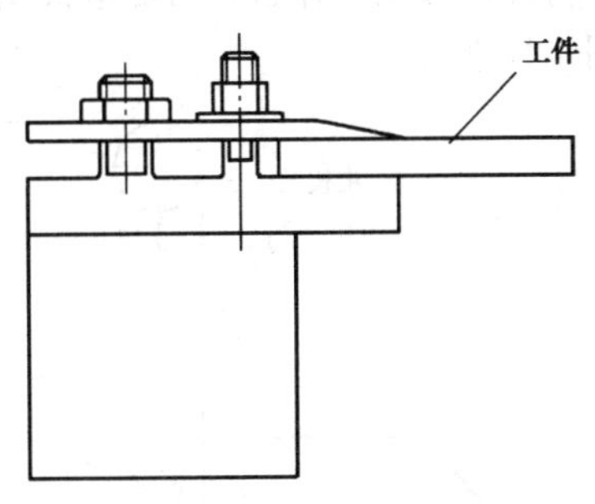

图 4-5　悬臂式装夹

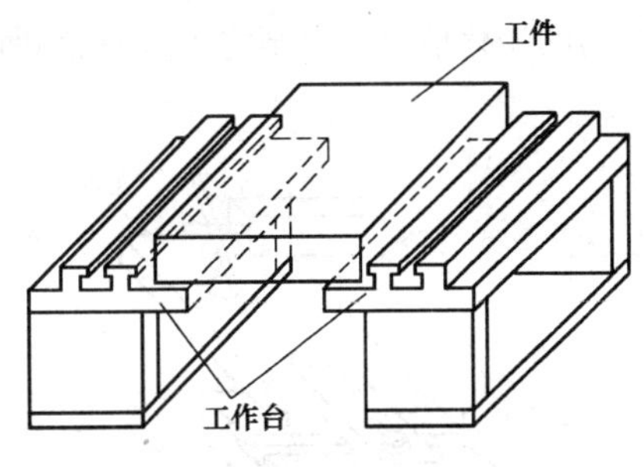

图 4-6　两端支承方式装夹

（3）桥式支承方式装夹　这种支承方式是先在工作台面上放置两条平行等高垫铁或等斜度垫铁，再装夹工件。装夹方便、灵活、通用性强，对大、中、小型具有一定角度的工件都适用，如图 4-7 所示。

（4）板式支承方式装夹　这种方式是根据常规工件的形状和尺寸大小，专门制作支承板来装夹工件，装夹精度高，但通用性较差，如图 4-8 所示。

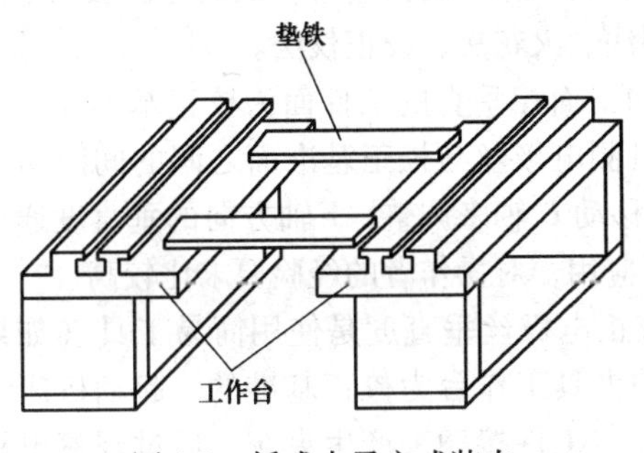

图 4-7　桥式支承方式装夹

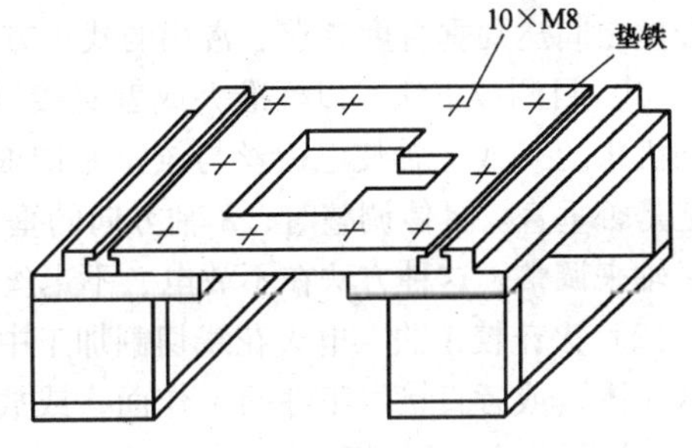

图 4-8　板式支承方式装夹

此外还可使用 V 形块、分度头等辅助夹具。对于度量加工工件，选用线切割专用夹具可大大缩短装夹与找正时间，提高生产效率。

2. 工件找正

若工件基面与切割形状有相对位置要求，则采用以上方式装夹工件时，还必须配合找正进行调整，常用的找正方法有以下几种。

（1）用百分表找正　用磁力表架将百分表固定在丝架上，百分表测头与工件基面接触，往复移动工作台，按百分表显示值来调整工件的位置，直至百分表指针的偏差范围达到所要求的数值范围（一般控制在 ±0. 01mm 范围内），如图 4-9 所示。

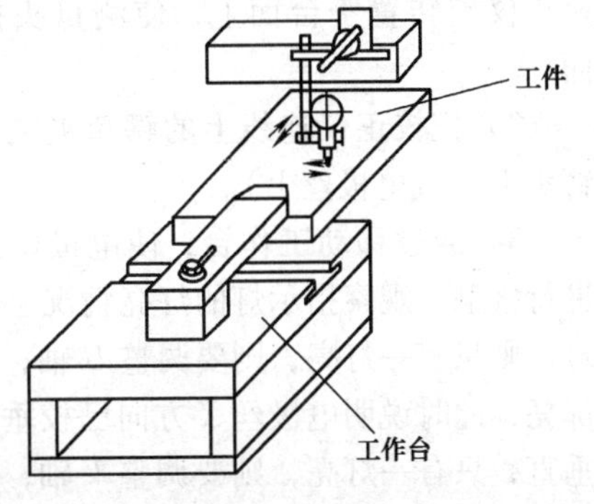

图 4-9　百分表找正法

（2）划线找正法　当工件基面与切割形状之间的相对位置精度要求不高时，可采用划线找正。使固定在丝架上的划针对准工件上划的基准线，往复移动工作台，根据划针与基准线之间的偏离情况将工件调整到正确位置，如图 4-10 所示。

（3）电极丝找正法　当工件基面与切割形状之间的相对位置精度要求不高或只要保证切割出形状时，还可采用电极丝找正。先使电极丝与工件基面之间有一定的距离，再往复移动工作台，目测电极丝与基面之间距离的变化情况，直至将工件调整到正确位置，如图 4-11 所示。

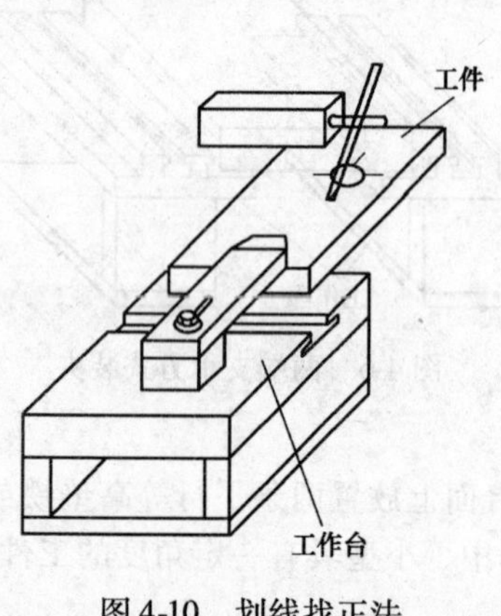

图 4-10　划线找正法

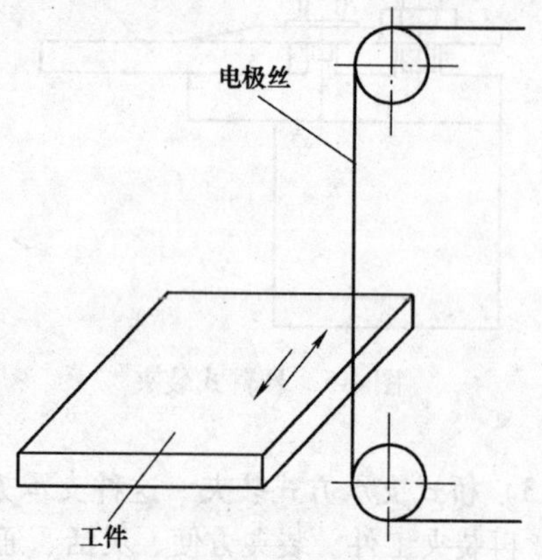

图 4-11　电极丝找正法

（四）电极丝校正

电火花线切割加工前，电极丝必须找正，使电极丝与工作台确保垂直，从而保证加工平面与电极丝之间达到垂直度要求。常用的找正方法有目测法、火花法、校正仪法。

（1）目测校正法　以标准夹或者直接以与工件加工面相垂直的工件面为校正基准面，通过移动机床的 X 或 Y 轴使电极丝与校正基准面接触，目测电极丝与校正基准面之间的间隙情况来确定是否垂直。具体调整时，X 轴方向的垂直度通过移动 U 轴来调整，Y 轴方向的垂直度通过移动 V 轴来调整。这种方法在不放电、不走丝的情况下应用，对操作者的经验要求比较高。

（2）火花校正法　电火花线切割加工中，火花校正电极丝垂直度是使用简易工具（如规则的六面体）或者直接以工件的工作面，或放置其上的夹具工作台为校正基准的。起动机床让电极丝空运行放电，通过移动机床的 X 或 Y 轴使电极丝与工件接触来产生火花，通过观察电极丝与工件表面的火花上下是否一致来确定垂直情况。具体调整时，X 轴方向的垂直度通过移动 U 轴来调整，Y 轴方向的垂直度通过移动 V 轴来调整。这种方法在调整过程中，要避免电极丝断丝，且碰火花时的放电量不能太大，否则会蚀伤工件表面。

（3）校正仪校正法　使用校正仪对电极丝进行校正，应在不放电、不走丝的情况下进行。具体校正时应做到以下几点。

1）擦干净校正仪的底面、测试面及工作台面，把校正仪旋转置于台面上，使测量头探出工件或工作台面。

2）把校正仪连线上的鳄鱼夹夹在导电块的固定螺钉头上（或电极丝上）。

3）通过移动工作台，使电极丝与校正仪的测量头进行接触，观察指示灯的灯亮情况。如果是 X 方向不垂直，则只有一灯亮，则要调整 U 轴，直至两指示灯同时都亮，此时说明电极丝 X 方向已校垂直；同样 Y 方向不垂直，只有一灯亮，则要调整 V 轴，直至两指示灯同时都亮，此时说明电极丝 Y 方向已校垂直。图 4-12 所示为校正仪结构。

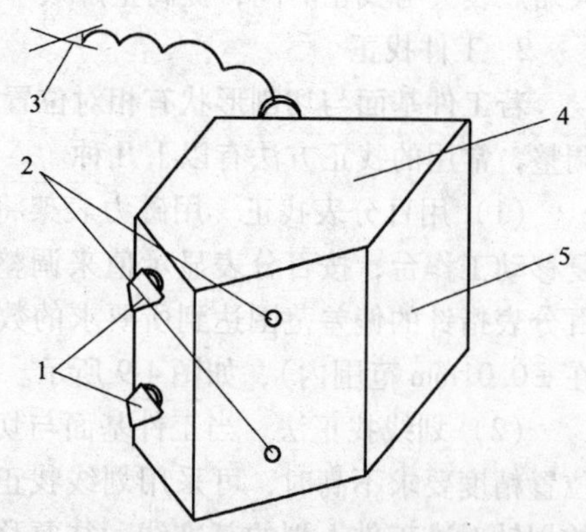

图 4-12　校正仪结构

1—测量头（凸圆）　2—指示灯　3—鳄鱼夹
4—上盖　5—支座

（五）电极丝的对刀

电火花线切割加工中的对刀即是将电极丝调整到切割的起始坐标位置上，其调整方法有以下几种。

1. 目测法

在确定电极丝与工件基面间相对位置时，对于加工要求较低的工件，可以直接利用目测法来判断电极丝与工件基面的贴合情况，如图 4-13 所示。当确认电极丝与工件基面接触或使电极丝中心与基准线重合后，记下电极丝中心的坐标值，再以此为依据计算出电极丝中心与加工起点之间的相对距离，并将电极丝移到加工起点。

2. 火花法

火花法是利用电极丝与工件在一定间隙下会产生放电火花，再通过放电火花的均匀情况来确定电极丝的坐标位置，如图 4-14 所示。对刀时，起动高频电源，移动工作台使工件的基面逐渐靠近电极丝，在出现火花的瞬间并确保基面宽度方向上的火花均匀时，记下电极丝中心的相应坐标值，再根据电极丝半径值和放电间隙计算电极丝中心与加工起点之间的相对距离，最后将电极丝移到加工起点。此法虽简单易行，但往往因电极丝靠近工件基面时产生的放电间隙，与正常切割条件下的放电间隙不完全相同（因电极丝的抖动）而产生误差。

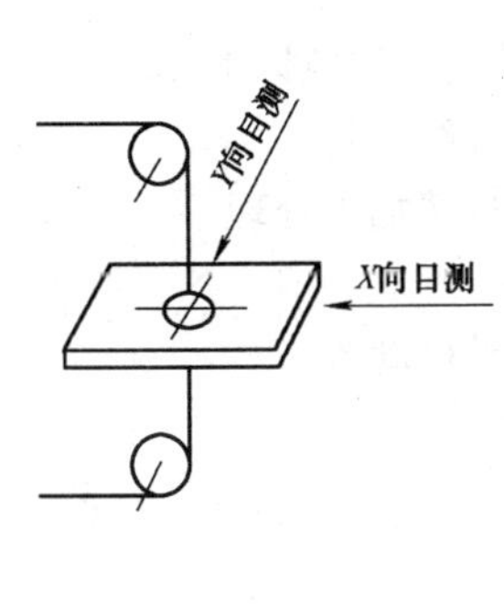

图 4-13　目测法

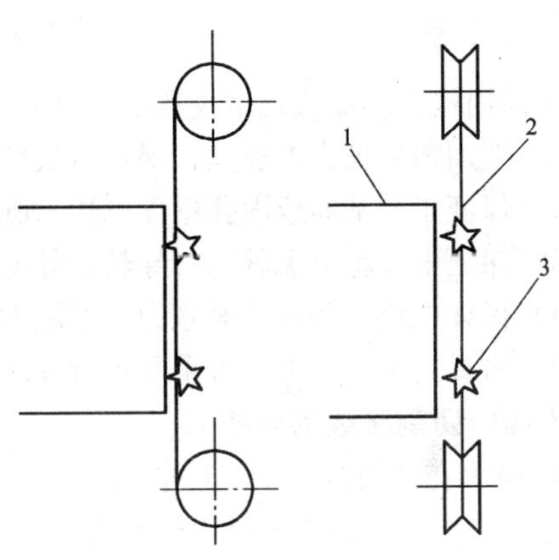

图 4-14　火花法

1—工件　2—电极丝　3—火花

3. 接触感知法

接触感知法是利用电极丝与工件基面由绝缘到短路的瞬间，两者间电阻值突然变化的特点来确定电极丝的中心坐标。电极丝接触到了工件，并在接触点自动停下来，显示的该点坐标，即为电极丝中心的坐标值。目前装有计算机数控系统的电火花线切割机床都具有接触感知功能，用于电极丝定位极为方便。如图 4-15 所示，首先启动 X（或 Y）坐标，再用同样的方法得到加工起点的 Y（或 X）坐标，最后将电极丝移动到加工起点（X_o，Y_o）。

此外，利用接触感知原理还可实现自动找孔中心，即让电极丝去接触感知孔的四个方向，自动计算出孔的中心坐标，并移动到孔的中心。工件内孔可为圆孔或对称孔。启用此功能后，机床自动横向沿 X 轴移动工作台使电极丝与孔壁一侧接触，此时当前点 X 方向坐标为 X_1、X_2，然后系统自动计算 X 方向中点坐标，并使电极丝到达 X 方向中点位置 X_o 处；接着在 Y 轴方向进行上述过程，最终使电极丝定位在孔中心坐标($X_o[X_o=(X_1+X_2)/2]$,$Y_o[Y_o=(Y_1+Y_2)/2]$)处，如图 4-16 所示。

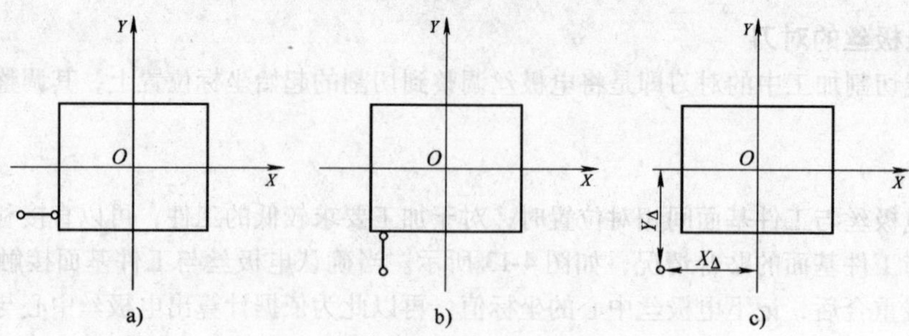

图 4-15 接触感知法 1

a) X 方向接触感知记录 X 坐标 b) Y 方向接触感知记录 Y 坐标

c) 计算后移到加工起点

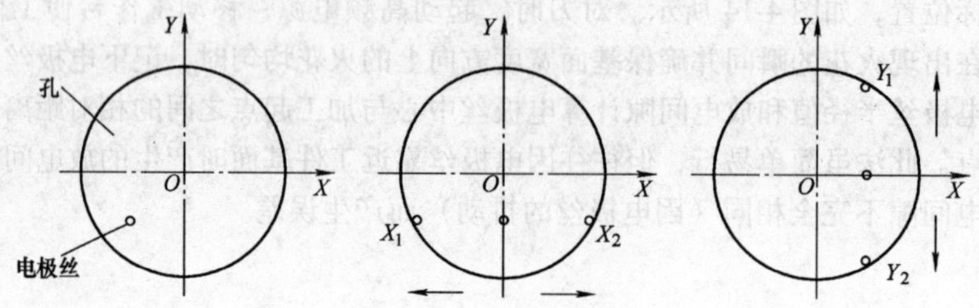

图 4-16 接触感知法 2

在使用接触感知法自动找孔中心对刀时，为减小误差，特别要注意以下几点。

1）使用前要校直电极丝，保证电极丝与工件基面或内孔母线平行。

2）保证工件基面或内孔壁无飞边、脏物，接触面最好经过精加工处理。

3）保证电极丝上无脏物，导轮、导电块要清洗干净。

4）保证电极丝要有足够张力，不能太松，并检查导轮有无松动等。

5）为提高定位精度，可重复进行几次后取平均值。

（六）切割路线的分析

1. 电火花线切割加工注意事项

电火花线切割加工选择切割路线时应尽量保持工件或毛坯的结构刚性，以免工件强度下降或因材料内部应力的释放而引起变形，具体应注意以下几点。

1）切割凸模类工件时，应尽量避免从工件端面由外向里进刀，最好从坯件预制的穿丝孔处开始加工，如图 4-17 所示。

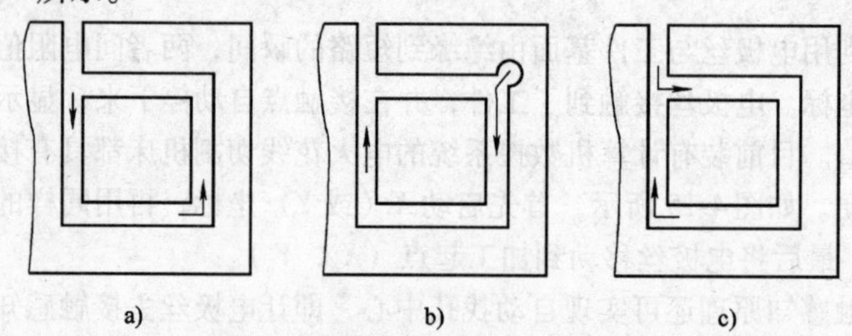

图 4-17 线切割路线选择注意点 1

a）不正确 b）好 c）不好

2）切割路线应向远离工件夹具的方向进行，即将工件与装夹部位的分离面安排在切割路线的末端。如图 4-18a 所示，若以 $O \to A \to D \to C \to B \to A \to O$ 路线切割，则加工至点 D 处时工件的刚度就降低了，容易产生变形而影响加工精度；若以 $O \to A \to B \to C \to D \to A \to O$ 为加工路线，则整个加工过程中工件的刚度保持较好，工件变形小，加工精度高。图 4-18b 所示是从 B 点引入切割，则无论顺、逆切割，工件变形都较大，加工精度也较低。

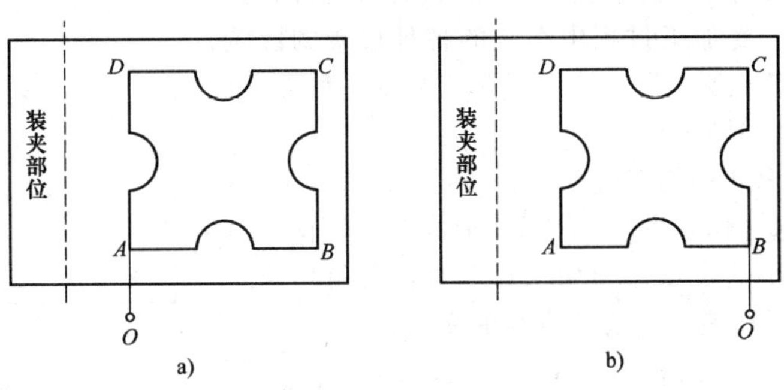

图 4-18　线切割路线选择注意点 2

3）在一块工件上要切割出两个或两个以上零件时，为减小变形，需从不同穿孔丝孔开始加工，如图 4-19 所示。

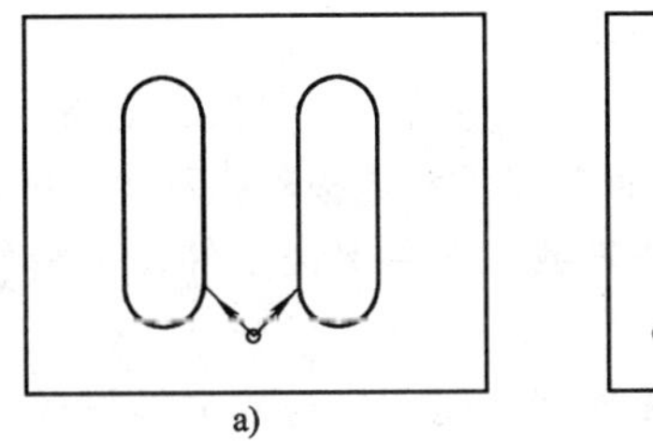

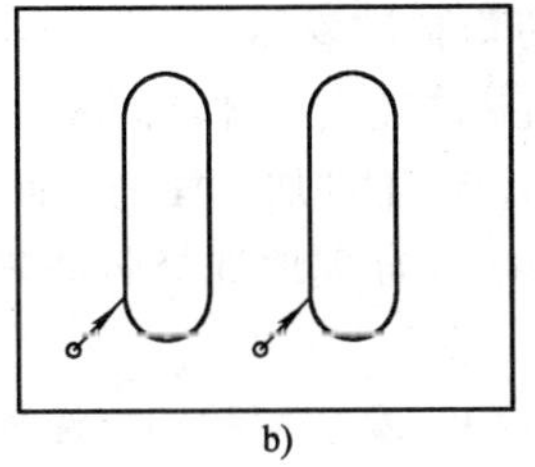

图 4-19　线切割路线选择注意点 3

a）从同一个穿丝孔切割　b）从不同穿丝孔切割

4）加工轨迹与工件边缘的距离应大于 5mm，如图 4-20 所示，以防止工件的结构强度降低而造成变形。

5）应避免工件端面切割，或切割余量太小的切割（快走丝电火花线切割的切割余量应不小于 2 倍的电极丝直径）。否则放电时电极丝单向受电火花冲击力，使电极丝运行不稳定，容易产生抖动，难以保证加工尺寸和表面精度。

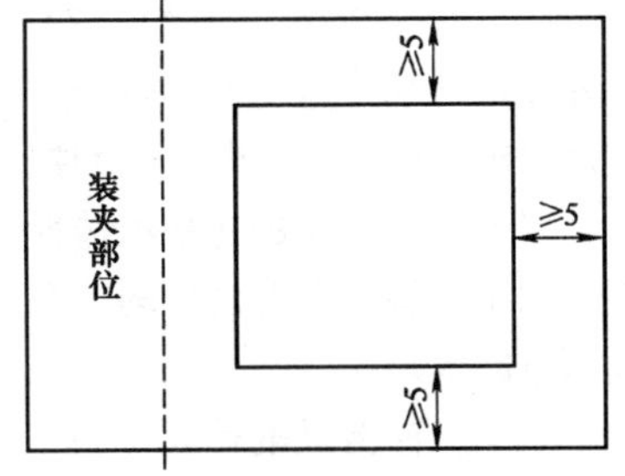

图 4-20　线切割路线选择注意点 4

2. 穿丝孔位的确定

穿丝孔是电极丝切割工件的起点，同时也是程序执行的起点。

1）穿丝孔应选在容易找正，并在加工过程中便于检查的位置。

2）切割凹模等零件的内表面时，一般穿丝孔位置也就是加工基准，其位置必须考虑运算和编程的方便，因此通常设置在工件对称中心，但此时切入行程较长，不适合大型工件的加工。考虑到切入行程，穿丝孔应设置在靠近加工轨迹的已知标点上（切入点），如图 4-21 所示。

3）在加工大型工件时，还应沿加工轨迹设置多个穿丝孔，以便发生断丝时能就近重新穿丝，再切入断丝点。

4）切割凸模需要设置穿丝孔时，其位置可在加工轨迹的拐角附近，以简化编程。

3. 切入点位置的确定

由于电火花线切割加工经常是封闭轮廓切割，所以切入点一般也是切出点。受加工过程中存在的各种痕迹的影响，加工精度和外观质量有所下降，为了避免或减少这种加工痕迹，切入点应按下述原则选定。

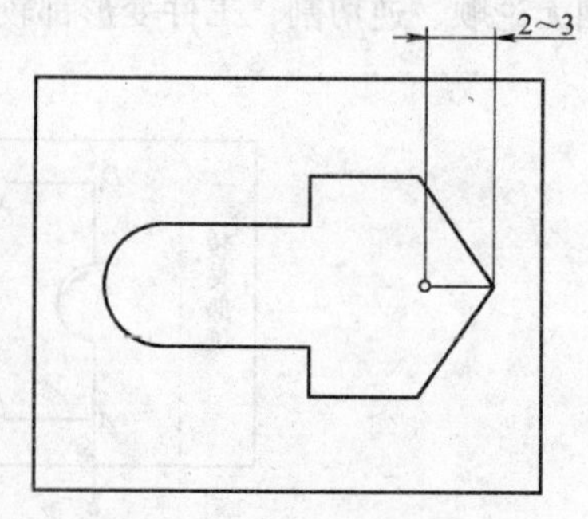

图 4-21　穿丝孔位置设置

1）被切割工件各表面的粗糙度要求相同时，应尽量在截面图形的相交点上选择切入点。当图形上有若干个相交点时，尽量选择相交角较小的交点作为切入点。当各交角相同时，切入点的优先选择顺序是：直线与直线的交点，直线与圆弧的交点，圆弧与圆弧的交点。

2）工件各表面的粗糙度要求不同时，应在粗糙度要求较低的面上选择切入点。

3）对于各切割面既无技术要求的差异，又没有形面交点的工件，切入点应尽量选择在便于钳工修复的位置上，例如外轮廓的平面、半径大的弧面，要避免选择在凹入部分与平面所成的圆弧上。

注意工件的切入处应干净，尤其对热处理工件，切入处要去除积盐及氧化皮，以保证导电。

（七）电火花线切割脉冲参数

脉冲参数主要包括脉冲宽度、脉冲间隔、峰值电流等电参数。提高脉冲频率或增加单个脉冲的能量都能提高生产率，但工件加工面的表面粗糙度和电极丝损耗也会随之增大。因此，应综合考虑各参数对加工的影响，合理地选择脉冲参数，即在保证工件加工精度的前提下，提高生产率，降低加工成本。

（1）脉冲宽度　脉冲宽度是指脉冲电流的持续时间，与放电能量成正比。在其他加工条件相同的情况下，脉冲宽度越宽，切割速度就越快，此时加工较稳定，但放电间隙大，表面粗糙度值大。相反，脉冲宽度越小，加工出的工件表面质量就越好，但切割效率就会下降。

（2）脉冲间隔　脉冲间隔是指脉冲电流的停歇时间，与放电能量成反比。在其他条件不变时，脉冲间隔越大，相当于降低了脉冲频率，减少了单位时间内的放电次数，使切割速度下降；但有利于排除电蚀物，提高加工的稳定性。当脉冲间隔减小到一定程度之后，电蚀物不能及时排除，放电间隙的绝缘强度来不及恢复，反而破坏了加工的稳定性，使切割效率下降。

（3）峰值电流　峰值电流是指放电电流的最大值。峰值电流对切割速度的影响也就是单个脉冲能量对加工速度的影响，它和脉冲宽度对切割速度和表面粗糙度的影响相似，但程度更大些。放电电流过大，电极丝的损耗也随之增大，且易造成断丝。

以上是这些参数的基本选择方法，此外电参数还与工件材料、工件厚度、进给速度、走丝速度及加工环境等有着密切的关系，需在实际加工过程中综合考虑各因素来调整参数，才能达到比较满意的效果。

（八）补偿量的确定

由于电火花线切割加工是一种非接触式加工，受电极丝直径与火花放电间隙的影响，如图 4-22 所示，实际切割后工件的尺寸与工件所要求的尺寸不一致。为此，编程时就要对原工件尺寸进行偏置，利用数控系统的线补偿功能，使电极丝实际运行的轨迹与原工件轮廓留有一定距离，如图 4-23 所示，这个距离即称为单边补偿量 F（或偏置量）。偏移的方向根据电极丝的运动方向而定，分左偏和右偏两种，单边补偿量计算公式为

$$F = d/2 + S$$

式中　d——电极丝直径（mm）；

S——单边放电间隙，通常 S 取 0.01 ~0.02mm。

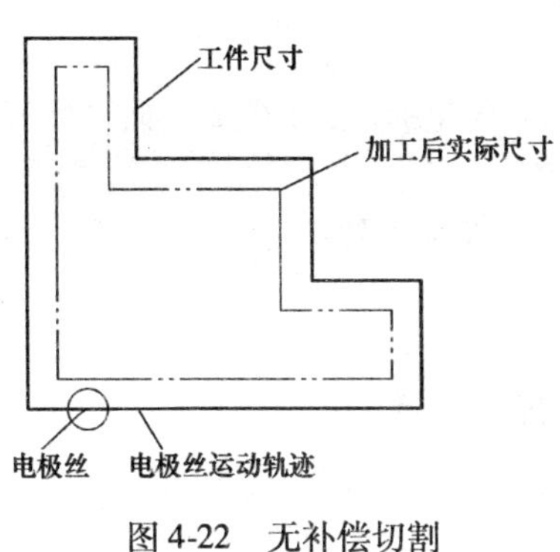

图 4-22　无补偿切割

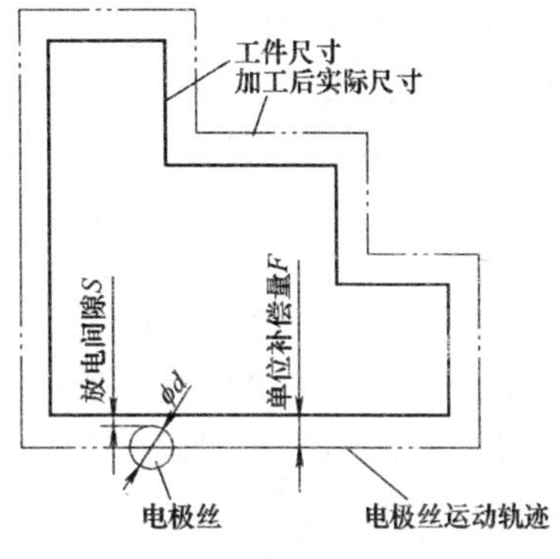

图 4-23　线补偿切割

若当加工工件要求留有加工余量时，则单边补偿量的计算公式为

$$F = d/2 + S + t$$

式中　t——工件的后续加工余量（mm）。

另外，在进行要求有配合间隙的冲裁模加工时，通过调整不同的单边补偿量，可一次编程实现凸模、凹模固定板及卸料板等模具组件的加工，节省编程时间。

（九）基本编程功能简介

对 ISO 基本编程功能指令简要介绍如下。

（1）G00 快速点定位指令　电火花线切割机床在没有脉冲放电的情况下，使电极丝以点定位控制方式快速移动到指定位置。但它只是确定点的位置，而无运动轨迹要求且不能加工工件。

格式：G00　X__　Y__；

如图 4-24 所示，从起点 A 快速移动到指定点 B，其程序为“G00　X45000　Y75000”。

（2）G01 直线插补指令　直线插补指令是直线运动指令，也是最基本的一种插补指令，可使机床加工任意斜率的直线轮廓或用直线逼近的曲线轮廓。电火花线切割机床一般有 X、Y、U、V 四轴联动功能，即四坐标。

格式：G01　X__　Y__　U__　V__；

如图 4-25 所示，从起点 A 直线插补移动到指定点 B，其程序为“G01　X16000　Y20000；” U、V 坐标轴在加工锥度时使用。注意比较 G00 和 G01 的区别。

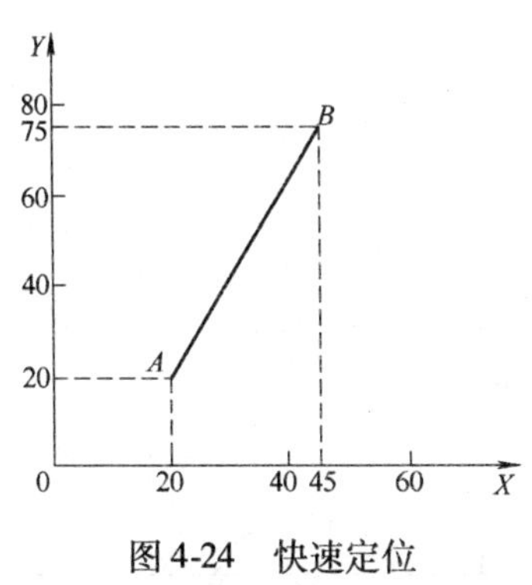

图 4-24　快速定位

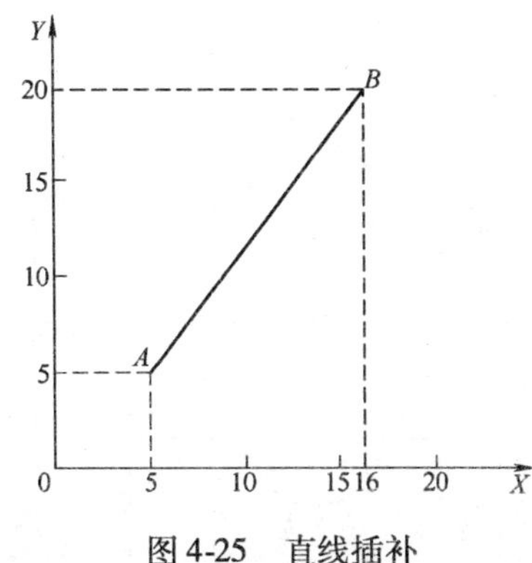

图 4-25　直线插补

（3）G02、G03 圆弧插补指令　G02 为顺时针方向圆弧插补指令，G03 为逆时针方向圆弧插

补指令。

格式：G02 X__ Y__ I__ J__；

G03 X__ Y__ I__ J__；

式中 X、Y——圆弧终点坐标；

I、J——圆心坐标相对圆弧起点的增量值，I 是 *X* 方向坐标值，J 是 *Y* 方向坐标值，其值不得省略，与正方向相同，取正值，反之取负值。

如图 4-26 所示图形，从起点 *A* 加工到指定点 *B*，再从点 *B* 加工到指定点 *C*，其程序为

N0110 G02 X15 Y10 I5 J0；

N0120 G03 X20 Y5 I5 J0；

（4）G92 定起点指令 即指定电极丝当前位置在编程坐标系中的坐标值，一般情况下将此坐标作为加工程序的起点。

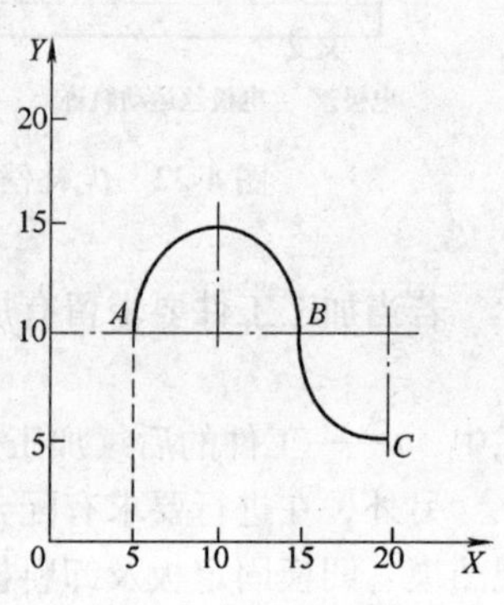

图 4-26 圆弧插补

格式：G92 X__ Y__；

如图 4-2 所示的落料模凹模刃口轮廓图，指定点 *O* 为加工起点，假使不考虑电极丝直径和放电间隙，加工路线为 *O*→*A*→*B*→*C*→*D*→*E*→*F*→*G*→*H*→*A*→*O*。

（5）G05、G06、G07、G08、G09、G10、G11、G12 镜像、交换加工指令 模具零件上有些图形是对称的，虽然也可以用前面介绍的基本指令编程，但很繁琐，不如用镜像、交换加工指令编程方便。镜像、交换加工指令单独成为一个程序段，在该程序段以下的程序段中，*X*、*Y* 坐标按照指定的关系式发生变化，直到出现取消镜像加工指令为止。

G05 为 *X* 轴镜像，关系式为 $X = -X$，如图 4-27 中的 *AB* 段曲线与 *CB* 段曲线。

G06 为 *Y* 轴镜像，关系式为 $Y = -Y$，如图 4-27 中的 *AB* 段曲线与 *AD* 段曲线。

G08 为 *X* 轴镜像，*Y* 轴镜像，关系式为 $X = -X$，$Y = -Y$，即 G08 = G05 + G06，如图 4-27 中的 *AB* 段曲线与 *CD* 段曲线。

G07 为 *X*、*Y* 轴交换，关系式为 $X = Y$，$Y = X$，如图 4-28 所示。

G09 为 *X* 轴镜像，*X*、*Y* 轴交换，即 G09 = G05 + G07。

G10 为 *Y* 轴镜像，*X*、*Y* 轴交换，即 G10 = G06 + G07。

G11 为 *X* 轴镜像，*Y* 轴镜像，*X*、*Y* 轴交换，即 G11 = G05 + G06 + G07。

G12 为取消镜像，每个程序镜像后都要加上此指令。取消镜像后程序段的含义就与原程序相同了。

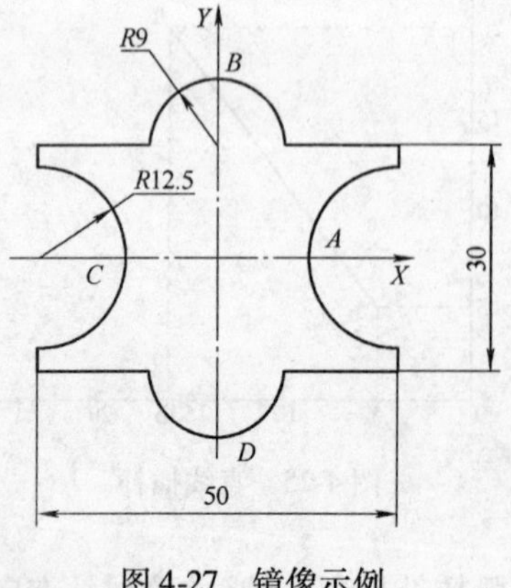

图 4-27 镜像示例

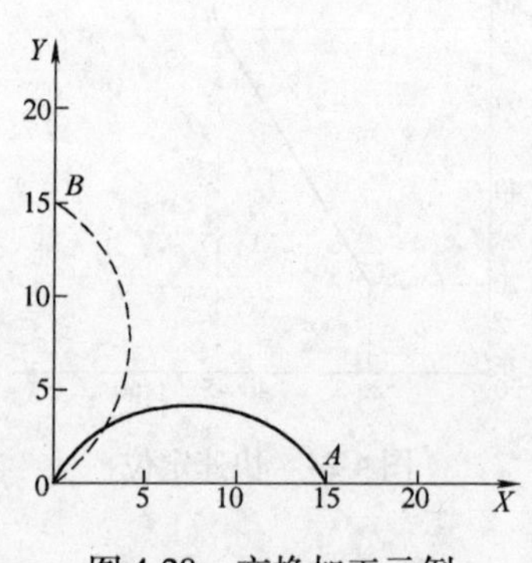

图 4-28 交换加工示例

（6）G41、G42、G40 间隙补偿指令 如果没有间隙补偿功能，则只能按电极丝中心点的运动轨迹尺寸来编制加工程序，这就要求先根据工件轮廓尺寸及电极丝直径和放电间隙计算出电极丝中心的轨迹尺寸，计算量大、复杂，且加工凸模、凹模、卸料板时需分别重新计算电极丝中心点的轨迹尺寸，重新编制加工程序。但采用间隙补偿指令后，凸模、凹模、卸料板、固定板等成套模具零件只需按工件尺寸编制一个加工程序，就可以完成加工，且只需按工件尺寸编制加工程序，计算简单，对手工编程具有特别意义。

G41 为左偏间隙补偿，沿着电极丝前进的方向看，电极丝在工件的左边。

格式：G41 D __；

G42 为右偏间隙补偿，沿着电极丝前进的方向看，电极丝在工件的右边。

格式：G42 D __；

G40 为取消间隙补偿指令。

格式：G40；

说明：

①左偏间隙补偿 G41、右偏间隙补偿 G42 的确定必须沿着电极丝前进的方向看，如图 4-29 所示。

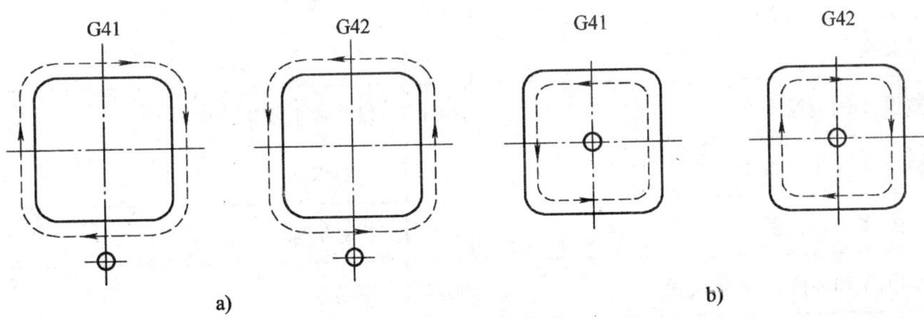

图 4-29 G41、G42 的应用

a）凸模加工 b）凹模加工

②左偏间隙补偿 G41、右偏间隙补偿 G42 程序段必须放在进刀线之前。

③D 为电极丝半径与放电间隙之和，单位为 μm。

④取消间隙补偿 G40 指令必须放在退刀线之前。

（7）G50、G51、G52 锥度加工指令 G51 为锥度左偏，即沿着电极丝前进的方向看，电极丝上段在底平面加工轨迹的左边。

格式：G51 A __；

G52 为锥度右偏，即沿着电极丝前进的方向看，电极丝上段在底平面加工轨迹的右边。

格式：G52 A __；

G50 为取消锥度加工指令。

格式：G50；

说明：

①锥度左偏 G51、锥度右偏 G52 程序段都必须放在进刀线之前。

②A 为工件的锥度，用角度表示。

③取消锥度加工指令 G50 必须放在退刀线之前。

④下导轮中心到工作台面的高度 *W*、工件的厚度 *H*、工作台面到上导轮中心的高度 *S* 需在使用 G51、G52 之前输入。

（8）G80、G82、G84 手工操作指令　G80 为接触感知指令，使电极丝从现在的位置移动到接触工件处，然后停止。G82 为半程移动指令，使加工位置沿指定坐标轴返回一半的距离，即当前坐标系坐标值的一半。G84 为微弱放电找正指令，即通过微弱放电校正电极丝与工作台面垂直，在加工前一般要先进行校正。

数控电火花线切割常用指令代码见表 4-4。

表 4-4　数控电火花线切割常用指令代号

代码	功　能	代码	功　能
G00	快速点定位	G55	加工坐标系 2
G01	直线插补	G56	加工坐标系 3
G02	顺时针方向圆弧插补	G57	加工坐标系 4
G03	逆时针方向圆弧插补	G58	加工坐标系 5
G05	*X* 轴镜像	G59	加工坐标系 6
G06	*Y* 轴镜像	G80	接触感知
G07	*X*、*Y* 轴交换	G82	半程移动
G08	*X* 轴镜像，*Y* 轴镜像	G84	微弱放电找正
G09	*X* 轴镜像，*X*、*Y* 轴交换	G90	绝对坐标
G10	*Y* 轴镜像，*X*、*Y* 轴交换	G91	相对坐标
G11	*Y* 轴镜像，*X* 轴镜像，*X*、*Y* 轴交换	G92	定起点
G12	消除镜像	M00	程序暂停
G40	取消间隙补偿	M02	程序结束
G41	左偏间隙补偿，*D* 为偏移量	M05	接触感知解除
G42	右偏间隙补偿，*D* 为偏移量	M96	主程序调用文件程序
G50	消除锥度	M97	主程序调用文件结束
G51	锥度左偏，*A* 为角度值	W	下导轮中心到工作台面的高度
G52	锥度右偏，*A* 为角度值	S	工作台面到上导轮中心的高度
G54	加工坐标系 1	H	工件的厚度

五、思考与练习

1. 电火花线切割加工的基本原理是什么？
2. 电火花线切割脉冲参数主要包括哪些？各参数对加工的影响是什么？
3. 电火花线切割加工凹模时，穿丝孔位确定时的注意点是什么？
4. 电火花线切割加工凹模时，切割路线选择时的注意点是什么？
5. 如图 4-30 所示落料模凹模，取电极丝直径为 0.12mm，单边放电间隙为 0.01mm。编写电火花线切割加工凹模的程序（采用 ISO 格式）。

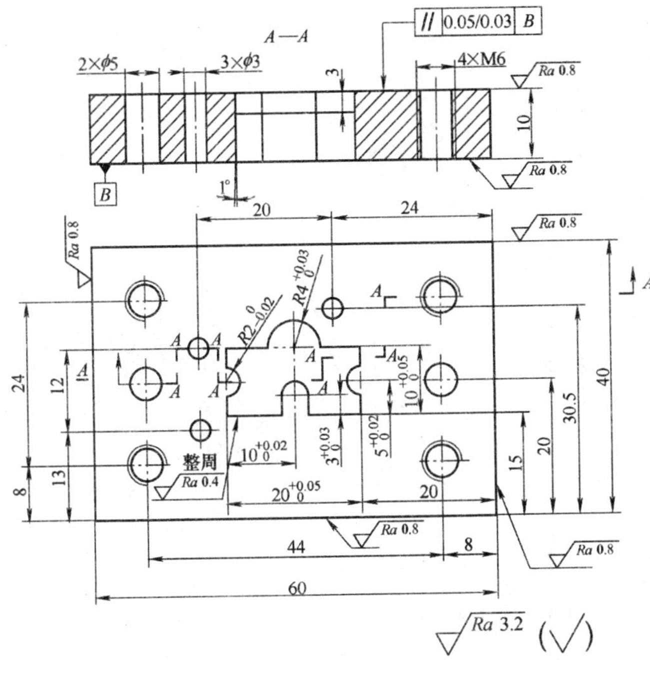

图 4-30　落料模凹模（二）

模块二　典型模具零件的外轮廓加工——凸模零件加工

一、教学目标

1. 会制订凸模零件电火花线切割加工工艺。
2. 会确定凸模零件的装夹方案。
3. 会确定合理的凸模零件电火花线切割参数。
4. 会确定合理的凸模零件切割方向及进给路线。
5. 会熟练采用 3B 格式编制凸模零件程序。

二、工作任务

如图 4-31 所示落料模凸模，取电极丝的直径为 φ0. 12mm，单边放电间隙为 0. 01mm，编制凸模的加工程序。

三、工作化学习内容

（一）编制凸模零件的电火花线切割加工工艺

1. 分析零件工艺性能

该零件是落料模凸模，凸模的尺寸根据凹模配作，模具配合间隙在凸模上缩放。图 4-31 所示凸模尺寸已根据凹模缩放，故凸模的间隙补偿量为 $R = rS + \delta d = (0.12 \div 2 + 0.01)\,\text{mm} = 0.07\text{mm}$，即要求间隙补偿中的补偿量为 0. 07mm。

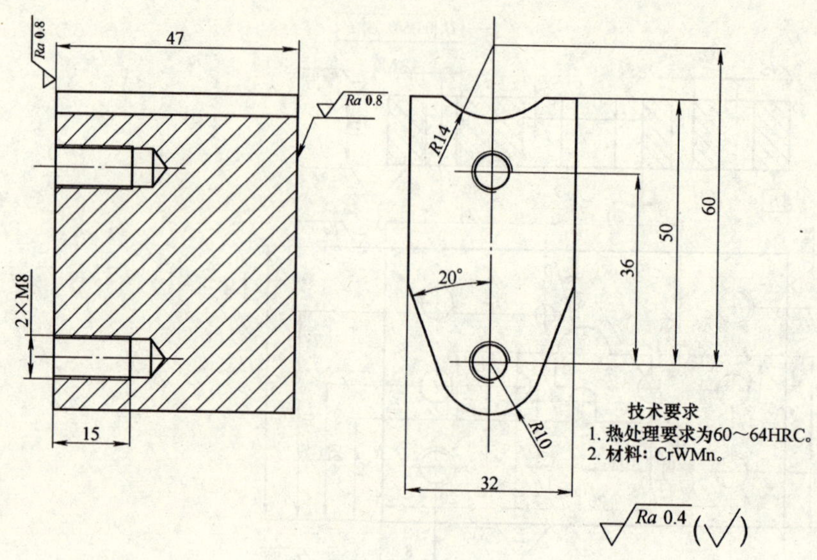

图 4-31 落料模凸模（一）

2. 选用毛坯或明确来料状况

要求选用尺寸为95mm×45mm×48mm的坯料，材料为CrWMn并进行淬火与回火等热处理，以达到硬度要求；采用封闭切割加工，保证尺寸精度要求。先将两平面经平面磨削达到47.5mm的尺寸，并留0.5mm的修磨量。切割前还应将毛坯进行退磁处理，并除去飞边和杂物。

3. 选用数控机床

选用快走丝DK7750型机床。

D——类别代号（代表电加工机床）；

K——特性代号（代表数控）；

7——组别代号（电火花加工机床）；

7——型别代号（线切割机床）；

50——基本参数代号（表示工作台横向行程为500mm）。

4. 确定装夹方案

采用两端支承方式装夹。

5. 确定加工方案及加工顺序

用CAD工具绘制，以 A 为坐标原点建立坐标系，O 为封闭切割穿丝孔，如图4-32所示，然后用CAD查询（或计算）凸模刃口轮廓节点和圆心的坐标值，列于表4-5。

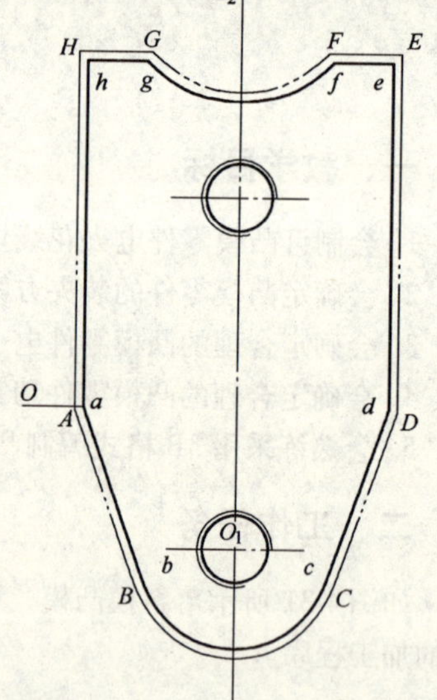

图 4-32 落料模凸模刃口轮廓图

穿丝孔设在点 O，按 $O \to A \to B \to C \to D \to E \to F \to G \to H \to A \to O$ 顺序加工。

6. 选择合理的电火花线切割参数

脉冲宽度：4μs；电流峰值：3A；脉冲间隔：14μs；空载电压：80V。

（二）编制凸模零件的线切割加工程序

编制的凸模零件的线切割加工程序及注释见表4-6。

表 4-5　落料模凸模刃口轮廓节点和圆心坐标值

节点和圆心	|X|坐标值	|Y|坐标值	节点和圆心	|X|坐标值	|Y|坐标值
O	0	0	F 相对 E	6301	0
A 相对 O	4930	10	F 相对 O_2	9769	9930
B 相对 A	6607	18153	H 相对 G	6301	0
B 相对 O_1	9463	3444	A 相对 H	0	35361
D 相对 C	6607	18153	O 相对 A	4930	10
E 相对 D	0	35361	—	—	—

注：A、B、C、D、E、F、G、H 是电极丝切割轮廓的轨迹点，O_1、O_2 分别为两圆弧的圆心点，O 为切割起始点。

表 4-6　凸模零件线切割加工程序及注释

主　程　序	注　　释
O0003；	程序名
N1　B4930　B10　B4930　GX　L4；	直线切割从点 o 至点 a
N2　B6607　B18153　B18153　GY　L4；	斜线切割从点 a 至点 b
N3　B9463　B3444　B13252　GY　NR3；	逆圆弧切割从点 b 至点 c
N4　B6607　B18153　B18153　GY　L1；	斜线切割从点 c 至点 d
N5　B0　B35361　B35361　GY　L2；	直线切割从点 d 至点 e
N6　B6301　B0　B6301　GX　L3；	直线切割从点 e 至点 f
N7　B9769　B9930　B19539　GX　SR4；	顺圆弧切割从点 f 至点 g
N8　B6301　B0　B6301　GX　L3；	直线切割从点 g 至点 h
N9　B0　B35361　B35361　GY　L4；	直线切割从点 h 至点 a
N10　B4930　B10　B4930　GX　L2；	直线切割从点 a 至点 o
N11　DD	程序结束

四、相关的理论知识

1. 3B 格式程序编程简介

前面介绍的国际通用的 ISO（G）代码，其优点是功能齐全、通用性强，是重点推广的编程代码。而我国独创的 3B 格式只能用于快走丝电火花线切割机床，功能少、兼容性差，只能用相对坐标编程，而不能用绝对坐标编程，但其针对性强，通俗易懂，被我国绝大多数快走丝电火花线切割机床生产厂采用。下面对 3B 编程格式进行简要介绍。

（1）程序格式　3B 格式的程序没有间隙补偿功能，其程序格式见表 4-7。表中的 B 为分隔符号，它在程序单上起着把 X、Y 和 J 数值分隔开的作用。当程序输入控制器时，读入第一个 B 后的数值表示 X 坐标值，读入第二个 B 后的数值表示 Y 坐标值，读入第三个 B 后的数值表示计数长度 J 的值。

表 4-7　3B 程序格式

B　X	B　Y	B　J	G	Z
X 坐标值	Y 坐标值	计数长度	计数方向	加工指令

加工圆弧时，程序中的 X、Y 值必须是圆弧起点对圆心的坐标值。加工斜线时，程序中的 X、Y 值必须是该斜线段终点对其起点的坐标值。斜线段程序中的 X、Y 值允许把它们同时缩小相同的倍数，只要其比值保持不变即可，因为 X、Y 值只用来确定斜线的斜率，但 J 值不能缩小。对于与坐标轴重合的线段，在其程序中的 X 或 Y 值可不必写或全写为零。X、Y 坐标值只取其数值，不管正负，X、Y 坐标值都以 μm 为单位，1μm 以下的按四舍五入计。

（2）计数方向 G 和计数长度 J

1）计数方向 G 及其选择。为保证所要加工的圆弧或线段长度满足要求，电火花线切割机床是通过控制从起点到终点、某坐标轴进给的总长度来达到目的的。因此在计算机中设立了一个计数器 J 进行计数，即将加工该线段的某坐标轴进给总长度的数值，预先置入计数器 J 中。加工当被确定为计数长度的坐标，每进给一步，计数器 J 就减 1，这样，当计数器 J 减到零时，则表示该圆弧或直线段已加工到终点。接下来该加工另一段圆弧或直线了。

加工斜线段时，必须用进给距离比较大的一个方向作为进给长度控制方向。若线段的终点为 $A(X,Y)$，当 $|Y| > |X|$ 时，计数方向取 G_Y；当 $|Y| < |X|$ 时,计数方向取 G_X。确定计数方向时，可以以 45°线为分界线，斜线在阴影区内时，取 G_Y，反之则取 G_X。若斜线正好在 45°线上时，可任意选取 G_X 或 G_Y，如图 4-33 所示。

加工圆弧时，计数方向的选取应由圆弧终点的情况而定。从理论上分析，当加工圆弧达到终点时，最后一步走的是哪个坐标，就应选该坐标作为计数方向，这很不方便，因此还是以 45°线为分界线。若圆弧坐标终点为 $B(X,Y)$，当 $|X| < |Y|$ 时，即终点在阴影区内，计数方向取 G_X；当 $|X| > |Y|$ 时，即终点不在阴影区内，计数方向取 G_Y；当终点在 45°线上时，可任意取 G_X 或 G_Y，如图 4-34 所示。

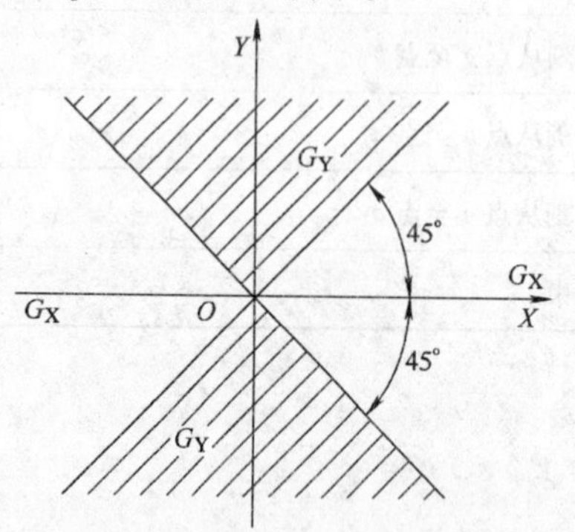

图 4-33　斜线段计数方向选择

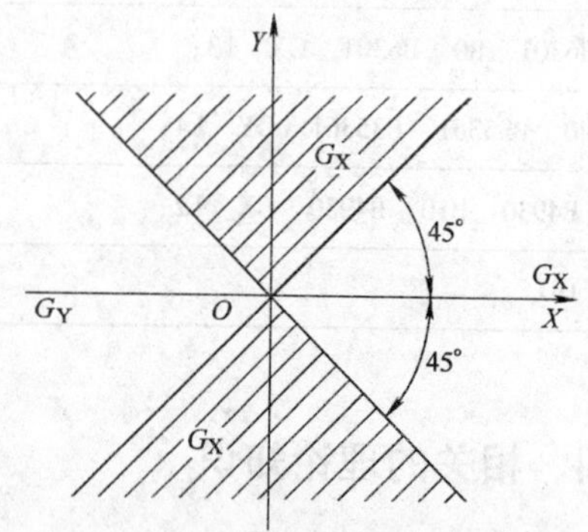

图 4-34　圆弧计数方向选择

2）计数长度 J 的确定。当计数方向确定后，计数长度 J 应取计数方向上从起点到终点移动的总距离，即圆弧或直线段在计数方向的坐标轴上投影长度的总和。如图 4-35a 所示图形，取 $J = X_e$，如图 4-35b 所示图形，取 $J = Y_e$ 即可。

对于圆弧，它可能跨越几个象限，如图 4-36 所示的圆弧都是从点 A 加工到点 B。

在图 4-36a 中，计数方向为 G_X，$J = J_{X_1} + J_{X_2}$。

在图 4-36b 中，计数方向为 G_Y，$J = J_{Y_1} + J_{Y_2} + J_{Y_3}$。

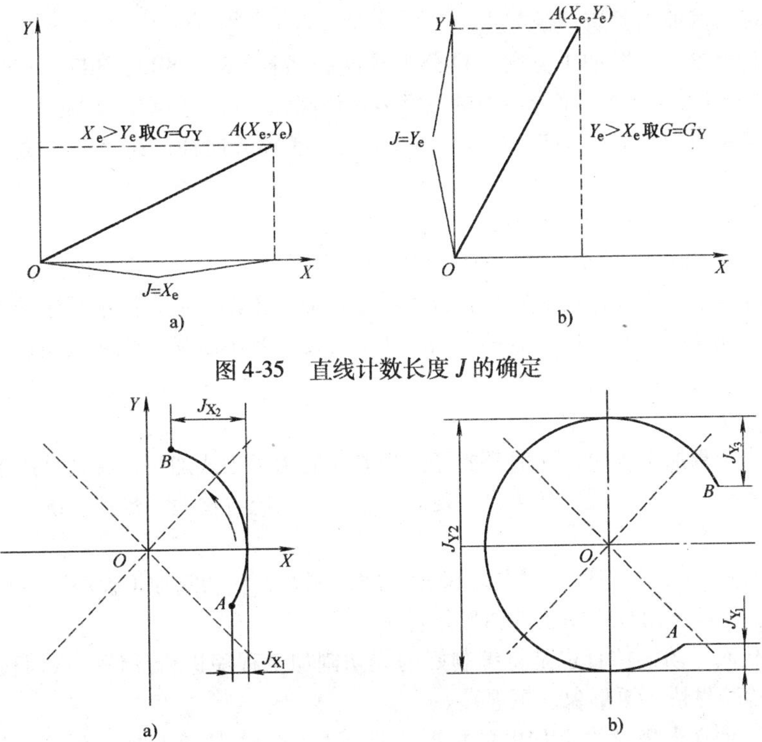

图 4-35 直线计数长度 J 的确定

图 4-36 圆弧计数长度 J 的确定

(3) 加工指令 Z 加工指令 Z 是用来确定轨迹的形状、起点、终点所在坐标象限和加工方向的，它包括直线插补指令 L 和圆弧插补指令 R 两类。

直线插补指令 L1、L2、L3 和 L4 表示加工的直线终点分别在坐标系的第一、第二、第三和第四象限。如果加工的直线与坐标轴重合，则根据进给方向来确定指令 L1、L2、L3 和 L4，如图 4-37a、b 所示。

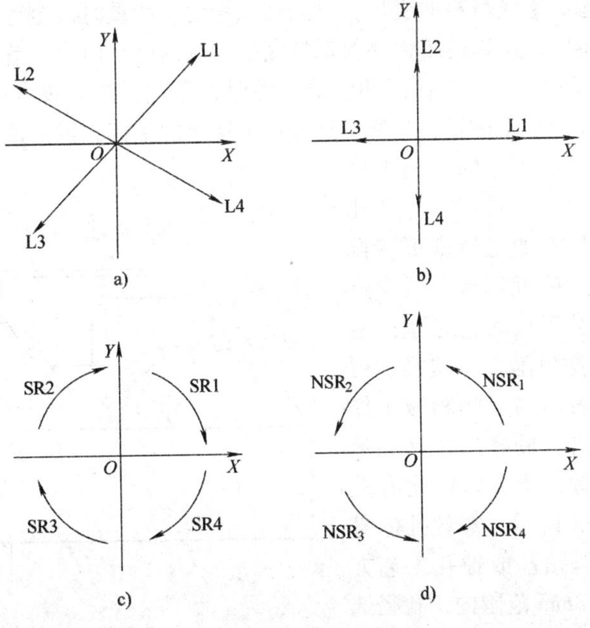

图 4-37 加工指令 Z

注意：坐标系的原点是直线的起点。

圆弧插补指令 R，根据加工方向又可分为顺圆弧插补 SR1、SR2、SR3、SR4 和逆圆弧插补 NSR1、NSR2、NSR3、NSR4。字母后面的数字表示该圆弧的起点所在的象限。SR1 表示顺圆弧插补，其起点在第一象限，如图 4-37c 所示，NSR1 表示逆圆弧插补，其起点在第一象限，如图 4-37d 所示。

注意：坐标系的原点是圆弧的圆心。

（4）程序的输入方式　将编制好的线切割加工程序输入机床有以下两种方式①人工直接敲键盘输入，这种方法直观，但费时麻烦，且容易出现输入错误，适合简单程序的输入；②由通信接口直接传输到线切割控制器中，这种方法应用更方便，且不容易出现输入错误，是最理想的输入方式。

2. 程序检验方法

编制好的线切割加工程序，一般都要经过检验才能用于正式加工，特别是用手工编制的线切割加工程序，因计算十分繁琐，难免会出现问题，更应该经过检验。数控系统大都提供程序检验的方法。

（1）画图检验（反读程序）　画图检验就是将编制好的线切割加工程序进行反读，检查程序中是否存在语法错误和由程序得出的图形是否正确。

（2）轨迹仿真　轨迹仿真也是将编制好的线切割加工程序进行反读，从而检查程序是否正确。它比画图检验更快、更形象、更逼真。

（3）空走　即在电极丝没有加电的情况下运行程序，总体检验加工程序的实际加工情况，包括加工中是否存在干涉和碰撞等现象。

（4）试切割　用薄钢板等廉价材料代替工件实际材料，在机床上用通过上面测试的线切割加工程序进行试加工，从而检验加工程序的正确性和工件尺寸的准确性，并进行必要的调整。

3. 穿丝孔的加工

（1）穿丝孔的作用　因凹模图形是封闭的，所以工件在切割前必须加工出穿丝孔，以保证工件的完整性。凸模类工件虽然可以直接从工件外缘切入，但在坯件材料切断时，会破坏材料内部残余应力的平衡状态，造成材料的变形，影响加工精度，严重时甚至造成断丝，使切割无法进行。当采用穿丝孔切割时，可以使工件坯料保持完整，从而减小由形变造成的误差。

（2）穿丝孔的位置和直径　在切削凹模类工件时，穿丝孔最好设在凹模的中心位置。因为这既能准确设置穿丝孔的加工位置，又便于计算加工轨迹的坐标，但是这种方法切割的无用行程较长，因此只适合中、小尺寸的凹模工件的加工。加工大孔形凹模工件时，穿丝孔可设在切入点附近，且沿加工轨迹可多设置几个，以便在断丝后就近穿丝，减少进刀行程。在切割凸模类工件时，穿丝孔应设在加工轮廓轨迹的拐角附近，这样，可以减少穿丝孔对模具表面的影响和减少修磨。同理，穿丝孔的位置最好选在已知坐标点或便于运算的坐标点上，以简化有关轨迹的运算，如图 4-38 所示。穿丝孔的直径不宜太大或太小，以钻孔或镗孔工艺方便为宜，一般选在 1～8mm 范围内，孔径选取整数较好。

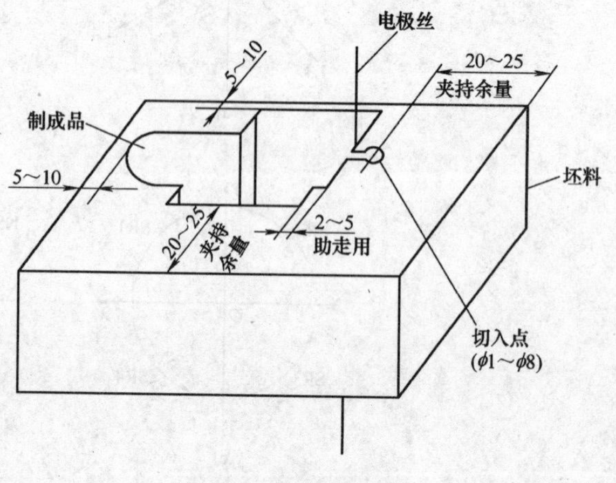

图 4-38　穿丝孔的位置

（3）穿丝孔的加工　由于许多穿丝孔要作为加工基准，因此穿丝孔的位置精度和尺寸精度要等于或高于工件的精度。因此要求在有较精密坐标工作台的机床上进行钻铰、钻镗等较精密加工。有的穿丝孔要求不高时，只需作一般加工。

4. 工作液的选择

（1）工作液的配制和使用方法

1）工作液的配制方法。将一定比例的自来水注入乳化油中，使工作液充分乳化，且呈均匀的乳白色。天冷（在0℃以下）时可先用少量开水冲入拌匀后，再加冷水搅匀。

2）工作液的配制比例。根据不同的加工工艺指标，其比例一般在5% ~20%范围内（乳化油5% ~20%，水95% ~80%），按质量比均匀配制。在要求不太严时，也可大致按体积比配制。

（2）工作液的使用

1）对于要求切割速度高或大厚度工件，浓度可适当小些，约5% ~8%，这样便于冲下电蚀物，加工比较稳定，且不易断丝。

2）对于加工表面粗糙度值较小和精度要求比较高的工件，浓度比可适当大些，约10% ~20%，这样可使加工表面洁白均匀。

3）对于材料为Cr12的工件，工作液要用蒸馏水配制，浓度稍小些，这样可减少工件表面的黑白交叉条纹，使工件表面洁白均匀。

4）新配制的工作液，使用约2天以后效果达到最好，继续使用8 ~10天后就易造成断丝。这是因为新配制的工作液不易形成放电通道，经过一段放电加工后，工作液中会存有一些悬浮的放电产物，此时容易形成放电通道，有较好的加工效果。但工作时间过长时，工作液中悬浮的加工屑过多，使间隙消电离变差，且容易发生二次放电，对放电加工不利，这时应及时更换工作液。

5）加工时供液一定要充分，且使工作液要包住电极丝，这样才能使工作液顺利进入加工区，达到稳定加工的效果。

5. 慢走丝电火花线切割机床的机构组成

慢走丝机构主要包括供丝绕线轴、伺服电动机恒张力控制装置、电极丝导向器和电极丝自动卷绕机构。电极丝一般采用黄铜丝制造。电火花线切割时，电极丝的行走路径为：电极丝由供丝绕线轴送出，经一系列轮组恒张力控制装置，由上部导向器引至工作台处，再经下部导向器和导轮走向电极丝自动卷绕机构，被自动卷绕机构中的拉丝卷筒和压紧卷筒夹住，并靠拉丝卷筒的等速回转缓慢移动。在运行过程中，电极丝由丝架支承，通过电极丝自动卷绕机构中两个卷筒的夹送作用，并依靠伺服电动机恒张力控制装置在一定范围内调整张力的作用，使电极丝保持一定的直线度，且稳定地运行。电极丝经放电后就成为废弃物，不能再使用，应被送到专门的收集器中或卷绕至收丝卷筒上回收。

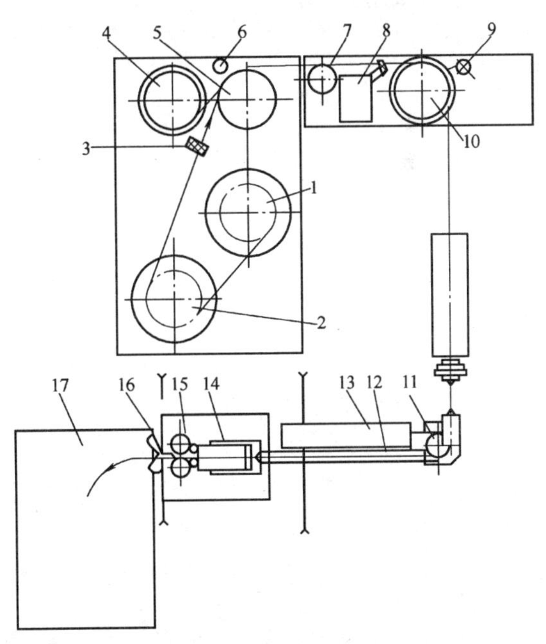

图4-39　慢走丝电火花线切割机床的机构

1—储丝筒　2—圆柱滚轮　3—导向孔模块　4、10、11—滚轮　5—张紧轮　6—压紧轮　7—毛毡　8—断丝检测器　9—毛刷　12—导丝管　13—下臂　14—接丝装置　15—电极丝输送轮　16—废丝孔模块　17—废丝箱

慢走丝电火花线切割机床的机构组成如图4-39所示。

五、思考与练习

1. 电火花线切割加工中，3B 程序格式是什么？

2. 电火花线切割加工中，检验程序的常用方法是什么？

3. 电火花线切割加工凸模时，穿丝孔位确定的注意点是什么？

4. 电火花线切割加工凸模时，切割路线选择的注意点是什么？

5. 如图 4-40 所示的落料模凸模，取电极丝直径为 0.12mm，单边放电间隙为 0.01mm。编写线切割加工凸模的程序（采用3B 格式）。

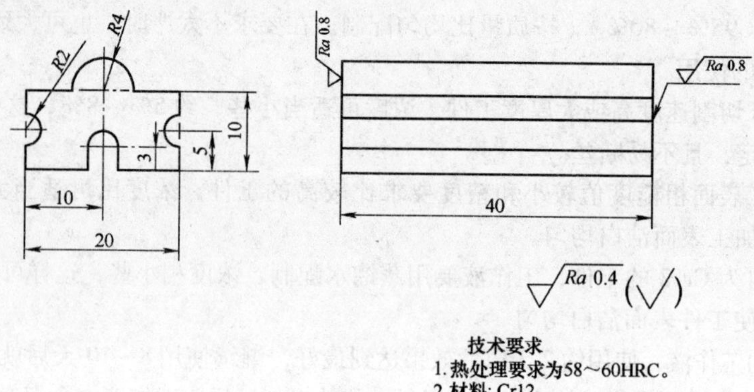

图 4-40　落料模凸模（二）

参 考 文 献

[1] 周保牛. 数控车削技术 [M]. 北京: 高等教育出版社, 2007.

[2] 刘宏军. 模具数控加工技术 [M]. 大连: 大连理工大学出版社, 2007.

[3] 武友德, 陈洪涛. 模具数控加工 [M]. 北京: 机械工业出版社, 2006.

[4] 周保牛. 数控铣削与加工中心技术 [M]. 北京: 高等教育出版社, 2007.

[5] 马雪峰. 数控编程实用技术 [M]. 北京: 北京师范大学出版社, 2007.

[6] 王贵明. 数控实用技术 [M]. 北京: 机械工业出版社, 2001.

[7] 于春生, 韩旻. 数控机床编程及应用 [M]. 北京: 高等教育出版社, 2001.

[8] 詹华西. 数控加工与编程 [M]. 西安: 西安电子科技大学出版社, 2004.

[9] 数控加工技师手册编委会. 数控加工技师手册 [M]. 北京: 机械工业出版社, 2005.

[10] 杨宁宁, 钟新安, 李乃文, 等. UG NX 6 中文版数控加工案例解析 [M]. 北京: 清华大学出版社, 2010.

[11] 云杰漫步科技 CAX 设计教研室. UG NX 6.0 中文版数控加工 [M]. 北京: 清华大学出版社, 2009.

[12] 云杰漫步科技 CAX 设计教研室. UG NX 7.0 中文版模具设计与数控加工教程 [M]. 北京: 清华大学出版社, 2011.

[13] 张学仁. 数控电火花线切割加工技术 [M]. 哈尔滨: 哈尔滨工业大学出版社, 2000.

[14] 张荣清. 模具制造工艺 [M]. 北京: 高等教育出版社, 2006.

[15] 李发致. 模具先进制造技术 [M]. 北京: 机械工业出版社, 2003.